高等学校教材

暖通空调设计与计算方法

The Third Edition
第三版

顾洁 主编
王晓彤 牛永红 副主编

化学工业出版社
·北京·

《暖通空调设计与计算方法》第三版介绍了暖通空调工程的设计程序及内容，结合民用建筑特点，侧重介绍高层民用建筑采暖、通风及空调系统的设计与方法。另外，还介绍了与采暖、通风及空调系统有关的冷热源设计与方法，多层公共建筑空调设计与方法，与工程实际结合紧密，为工程技术人员提供了大量可参考的数据和设计、计算方法。在第三版修订中，增加了“BIM简介”“勘察设计注册公用设备工程师考试”介绍，供读者参考。

本书可供建筑供暖、通风的设计人员参考，还可作为相关专业学生毕业设计的教学参考书。

图书在版编目(CIP)数据

暖通空调设计与计算方法/顾洁主编．—3版．北京：化学工业出版社，2018.2（2021.10重印）
ISBN 978-7-122-31209-9

Ⅰ.①暖… Ⅱ.①顾… Ⅲ.①房屋建筑设备-采暖设备-建筑设计②房屋建筑设备-通风设备-建筑设计③房屋建筑设备-空气调节设备-建筑设计 Ⅳ.①TU83

中国版本图书馆CIP数据核字（2017）第313289号

责任编辑：袁海燕　　装帧设计：王晓宇
责任校对：边　涛

出版发行：化学工业出版社（北京市东城区青年湖南街13号　邮政编码100011）
印　　装：三河市双峰印刷装订有限公司
787mm×1092mm　1/16　印张10½　字数251千字　2021年10月北京第3版第5次印刷

购书咨询：010-64518888　　售后服务：010-64518899
网　　址：http://www.cip.com.cn
凡购买本书，如有缺损质量问题，本社销售中心负责调换。

定　价：35.00元

前　　言

暖通空调是建筑环境与能源应用工程专业的主要方向，它通过创造一个适宜的人工环境来满足人们生活和生产的需要，在社会发展中发挥着重要的作用。

《暖通空调设计与计算方法》第三版针对暖通空调方向，介绍了工程设计的基本程序和内容，结合工程设计的规范和措施，介绍了相关工程设计的方法和要点，对建筑环境与能源应用工程专业的专业课程学习起到补充作用。在本次修订过程中，除根据新的现行标准对主体内容进行更新外，还对应用较多的 BIM（建筑信息模型）进行了介绍，并就该专业的相关国家考试“勘察设计注册公用设备工程师考试”进行了介绍，以方便读者了解相关政策。

本书可作为建筑环境与能源应用工程专业及相关专业的教学参考用书，也适合施工和运行技术管理人员选用。

本书由内蒙古科技大学建筑环境与能源应用工程专业教师合作完成，在此对参加编写的作者表示感谢。

由于水平有限，书中疏漏之处敬请批评指正。

编者

2017 年 7 月

前　言

第一版前言

随着我国国民经济的快速发展，高层建筑与大型公共建筑层出不穷。为了适应高层建筑的设计要求，本书结合民用建筑特点，侧重介绍高层民用建筑采暖、通风及空调系统的设计与计算方法。另外，还介绍了与采暖、空调系统有关的冷、热源的设计与计算方法，多层公共建筑空调设计与计算方法，与工程实际联系密切。

同时，针对“建筑环境与设备工程”专业，毕业设计的选题主要集中在高层建筑供暖、高层建筑空调和多层公共建筑空调这三大方面的特点，本书的编写对“建筑环境与设备工程”专业课程的学习起到补充作用，并对学生完成毕业设计，在设计步骤、方案选择、设计计算等方面有参考指导作用。对于工科院校，课程设计、毕业设计是本科教学中的一个重要的教学环节，希望本书的出版能为毕业设计提供帮助和指导。

本书由内蒙古科技大学建筑环境与设备工程系老师合作完成。其中第一、二章由顾洁编写，第三章由王晓彤编写，第四章由金光编写，第五章由牛永红编写。顾洁担任本书主编，王晓彤担任本书副主编。在编写过程中得到研究生马玖晨的帮助，在此表示感谢。

本书适合建筑环境与设备工程专业大、专院校学生及教师，技术及运行管理人员，建筑学等相关专业技术人员选用。

由于时间仓促，水平有限，书中错漏之处，敬请大家批评指正。

编者

2007 年 7 月

第二版前言

《暖通空调设计与计算方法》结合民用建筑暖通空调设计的特点，侧重介绍了高层民用建筑采暖通风、防排烟及公共建筑空调系统的设计与计算方法。

全书共分5章：第一章，暖通空调专业工程设计程序及内容；第二章，高层建筑供暖；第三章，民用建筑空调设计；第四章，高层民用建筑防火排烟设计；第五章，公共建筑空调设计特点。

本书紧密结合暖通空调工程设计，对设计工作者在设计过程中明确设计步骤、优化设计方案、进行合理设计计算等方面有一定指导作用。同时可作为建筑环境与设备工程专业学生的教学参考用书。

本书由内蒙古科技大学建筑环境与设备工程系顾洁担任主编，王晓彤、牛永红担任副主编。教程第一、二章由顾洁编写、第三章由王晓彤编写，第四章由金光编写，第五章由牛永红编写。

本书适合建筑环境与设备工程、土木工程、建筑学等专业学生及教师、暖通空调技术及运行管理人员选用。

本书参考了大量文献资料，一并附在参考文献中，在此对原著作者表示感谢。由于时间仓促，水平有限，书中难免存在疏漏之处，敬请广大读者批评指正。

编者

2012年6月

目　　录

1

暖通空调专业工程设计程序及内容

供暖（又称采暖）、通风与空气调节工程是基本建设领域中一个不可缺少的组成部分，它对改善劳动条件、提高生活质量、合理利用和节约能源及资源、保护环境、保证产品质量以及提高劳动生产率等方面都有着十分重要的意义。

1.1 暖通空调专业工程设计程序

建筑工程设计是以建筑专业为主体，结构、暖通、给排水、电力等专业共同配合进行的综合设计。

民用建筑工程设计和一般工业建筑（房屋部分）工程设计过程中各设计阶段分方案设计、初步设计和施工图设计三个阶段，其中方案设计阶段的设计文件应满足初步设计的需要，初步设计阶段的设计文件应满足施工设计的需要，施工图设计阶段的设计文件应满足设备材料采购、非标设备制作和施工的需要。

1.2 暖通空调专业工程设计内容

1.2.1 方案设计阶段

设计说明书内容包括专业设计说明（设计依据、设计要求和主要技术经济指标等）及投资估算等。主要有：

① 设计方案要点；

② 室内、室外设计参数及设计标准；

③ 冷、热源选择及参数；

④ 系统形式，简述控制方式；

⑤ 方案设计新技术采用情况、节能环保措施和需要说明的其他问题等。

1.2.2 初步设计阶段

1.2.2.1 设计说明书

（1）设计依据

① 与本专业有关的批准文件和建设方要求；

② 本工程采用的主要法规和标准；

③ 其他专业提供的本工程设计资料等。

(2) 设计范围

根据设计任务书和有关设计资料，说明本专业设计的内容和分工。

(3) 设计计算参数

① 室外空气计算参数；

② 室内空气设计参数等。

(4) 设计说明

供暖设计说明：

① 供暖热负荷；

② 热源状况及热媒参数、系统补水及定压；

③ 供暖系统形式及管道敷设方式；

④ 供暖分户热计量与控制；

⑤ 供暖设备类型、管道和保温材料的选择等。

通风设计说明：

① 需要通风房间或部位；

② 通风系统形式和换气次数；

③ 通风系统设备的选择和风量平衡；

④ 通风系统的防火技术措施等。

空调设计说明：

① 空调冷、热负荷；

② 冷源及冷媒选择、冷冻水及冷却水参数；

③ 热源供给方式及参数；

④ 空调风、水系统简述，必要的气流组织说明；

⑤ 监测与控制简述；

⑥ 防火技术措施；

⑦ 主要设备选择等。

1.2.2.2 设计图纸

包括：① 图例；②系统流程图；③主要平面图。

供暖平面图中，注明散热器位置，供暖管道入口、走向等。

通风、空调和冷、热源机房平面图中，注明设备位置，管道走向，风口位置，设备编号，连接设备的主要管道等。

1.2.2.3 材料设备表

材料设备表中应列明工程选用的主要材料类别、规格、数量，设备品种、规格和主要尺寸等。

1.2.2.4 计算书（供内部使用）

对热负荷，冷负荷，风量，空调冷、热水量，冷却水量，管径，主要风道尺寸及主要设备的选择做初步计算。

设计计算和设备选择完毕后，需要向相关专业提出如下设计要求。

土建专业：冷冻机、锅炉、空调机组、冷却塔等设备基础（包括基础外形尺寸、预埋件位置、设备重量等)，管道及管道井安装位置及占用建筑面积等。

电力专业：暖通空调系统总耗电量、防排烟系统控制要求等。

给排水专业：暖通空调系统所需的供水点、供水压力、供水量等。

1.2.3　施工图设计阶段

对技术要求简单的民用建筑工程，经有关部门同意，并且合同中有不做初步设计的约定，可在方案设计审批后直接进入施工图设计阶段。

1.2.3.1　图纸目录

先列新绘图纸，后列选用的标准图或重复利用图。

1.2.3.2　设计、施工说明

用工程绘图无法表达清楚的，或难于表达的诸如管道连接、固定、竣工验收要求、施工中特殊情况处理措施，或施工方法要求严格必须遵守的技术规程、规定等可用文字写出的设计、施工说明，写在图纸中。

(1) 设计说明　说明设计工程概况和设计参数，工程概况包括供暖热负荷（耗热指标)、空调冷负荷（耗冷指标)、系统总阻力等；设计参数包括暖通空调室内外设计参数，热源、冷源情况及热媒、冷媒参数等。

说明设计依据，包括主要采用的设计规范和标准。说明设计范围，当本专业的设计内容分别由两个或两个以上单位承担设计时，应明确交接配合的设计分工。

说明设备选择及系统划分，如散热器和通风空调设备种类，系统形式及控制方法，必要时，说明系统使用操作要点，例如空调系统季节转换、防排烟系统的风路转换等。

(2) 施工说明　说明设计中使用的材料和附件，防腐、保温做法，系统工作压力和试压要求，施工安装要求及注意事项等。

供暖系统中，说明如管道连接方式，散热设备的选择、安装，防锈、防腐及保温，水压试验等。

通风、空调系统中，说明如管材的选择，管道连接、阀门安装，设备安装要求，防锈、防腐及保温等。

1.2.3.3　设备表

施工图阶段，设备型号、规格应详细注明技术数据。

1.2.3.4　设计图纸

(1) 平面图　绘出建筑轮廓，主要轴线号、轴线尺寸，底层平面图上绘出指北针。

供暖平面图中，绘出散热器位置，注明片数或长度，供暖干管及立管位置，管道的阀门、放气、泄水、固定支架、伸缩器、疏水器、管沟、检查井的位置，标注干管管径等。

通风、空调平面图中用双线绘出风管，单线绘出冷热水管、凝水管。标注风管尺寸、水管管径，各种设备、附件及风口安装的定位尺寸等。

(2) 剖面图　管道与设备连接交叉复杂的部位，应绘制剖面图或局部剖面图。绘出风管、水管、风口、设备等与建筑梁、板、柱及地面的尺寸关系。注明风管、水管、风口等的尺寸和标高等。

（3）系统图　系统图也称轴测图。采暖、空调冷热水、风系统，当平面图不能表示清楚时，应绘制系统图，系统图比例与平面图一致，按 45°或 30°轴测投影绘制，其绘法取水平、轴测、垂直方向与平面布置图比例相同（此点与工程制图差别仅轴测部缩小 1/2）。这是因为这种绘制法不但能清楚表达出管道系统的空间位置，而且便于工程中各种管道材料测量不出现错误。系统图上应注明管径、坡向、标高、散热器片数等。

热力、制冷系统应绘制系统流程图，流程图可不按比例绘制，但管道分支应与平面图相符。流程图应绘出设备、阀门、控制仪表等。

（4）详图　凡平面布置图、系统图中局部构造，因受图面比例限制，表达不完善或不能表达，为使施工概预算及施工不出现失误，必须绘出施工详图，施工详图首先采用标准图。

绘制施工详图应尽量详细注明尺寸，不应以比例代尺寸。

1.2.3.5 计算书（供内部使用）

供暖设计中，包括热负荷计算，散热设备计算，系统水力计算，附件选择计算等。

通风及防排烟设计中，包括通风量、局部排风量计算，空气量平衡及热平衡计算，风系统阻力计算，排烟量计算，防烟楼梯间及前室正压送风量计算，通风系统设备选型计算等。

空调设计中，包括冷、热、湿负荷计算，新风负荷计算，风管水力计算，冷冻水管、冷却水管水力计算，气流组织计算，空调系统设备选型计算等。

设计计算和设备选择完毕后，需要向相关专业核实提出过的设计要求。

1.3 常用设计规范

设计规范是设计工作必须遵循的准则，规范规定的原则、技术数据以及设计方法，是设计的重要依据和主要标准，设计规范集中反映了本专业技术、经济方面的重要问题，同时，也贯彻了有关国家现行经济、能源、安全、环保等方面的政策。

常用规范如下：

《民用建筑供暖通风与空气调节设计规范》GB 50736—2012

《建筑设计防火规范》GB 50016—2014

《建筑给水排水设计规范》GB 50015—2003（2009 年版）

《锅炉房设计规范》GB 50041—2008

《冷库设计规范》GB 50072—2010

《城镇供热管网设计规范》CJJ 34—2010

《城镇燃气设计规范》GB 50028—2006

《建筑给水排水及采暖工程施工质量验收规范》GB 50242—2002

《通风与空调工程施工质量验收规范》GB 50234—2002

1.4 图例

（1）管道及附件　见表 1.1。

表 1.1 管道及附件

序号	名称	图 例	序号	名称	图 例
1.1	管道(可见) 管道(隐藏)		1.11	弧形伸缩器	
			1.12	球形伸缩器	
1.2	供水(汽)管 回(凝结)水管 其他管道		1.13	管帽螺纹	
			1.14	丝堵	
1.3	保温管 保温层		1.15	管端盲板	
			1.16	活接头	
1.4	软管		1.17	法兰	
1.5	流动方向		1.18	滑动支架	
1.6	送回风气流方向		1.19	固定支架	
1.7	管道坡向		1.20	管架(通用)	
1.8	方形伸缩器		1.21	同心异径管	
1.9	套管伸缩器		1.22	偏心异径管	
1.10	波形伸缩器		1.23	放空管	

(2) 阀门 见表 1.2。

表 1.2 阀门

序号	名称	图 例	序号	名称	图 例
2.1	截止阀		2.12	节流孔板	
2.2	闸阀		2.13	疏水器	
2.3	蝶阀		2.14	散热器放风门	
2.4	球阀		2.15	手动排气阀	
2.5	止回阀		2.16	自动排气阀	
2.6	弹簧安全阀		2.17	减压阀	
			2.18	执行机构手动暗杆	
2.7	重锤安全阀		2.19	执行机构手动明杆	
2.8	散热器三通阀		2.20	执行机构自动	
2.9	角阀		2.21	执行机构电动	
2.10	三通阀		2.22	执行机构电磁	
2.11	四通阀		2.23	执行机构气动	

(3) 采暖设备 见表 1.3。

表 1.3 采暖设备

序号	名称	图 例	序号	名称	图 例
3.1	散热器		3.6	暖风机	
3.2	集气阀		3.7	离心泵	
3.3	管道泵				
3.4	除污器		3.8	热交换器	
3.5	Y型过滤器				

（4）风管　见表1.4。

表1.4　风管

序号	名称	图　例	序号	名称	图　例
4.1	通风管		4.3	风管(及弯头)	
4.2	砖混凝土风道				

（5）管件　见表1.5。

表1.5　管件

序号	名称	图　例	序号	名称	图　例
5.1	异径管		5.8	圆形三通(45度)	
5.2	异形管(方圆管)		5.9	矩形三通	
5.3	带导流片弯头		5.10	伞形风帽	
5.4	消声弯头				
5.5	风管检查孔		5.11	筒形风帽	
5.6	风管测定孔		5.12	锥形风帽	
5.7	柔性接头				

（6）风口　见表1.6。

表1.6　风口

序号	名称	图　例	序号	名称	图　例
6.1	送风口		6.4	圆形散流器	
6.2	排风口		6.5	单面吸送风口	注
6.3	方形散流器		6.6	百叶窗	

（7）通风空调阀门　见表1.7。

表1.7　通风空调阀门

序号	名称	图　例	序号	名称	图　例
7.1	风管插板阀	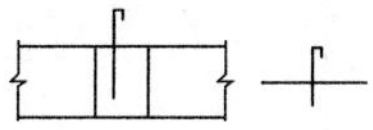	7.4	对开式多叶调节阀	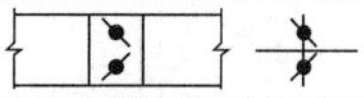
			7.5	风管止回阀	
7.2	风管斜插板阀		7.6	风管防火阀	
7.3	风管蝶阀		7.7	风管三通调节阀	

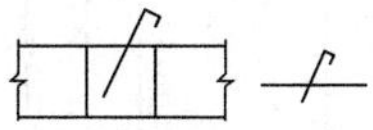

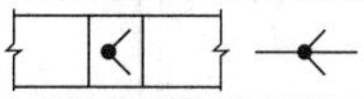

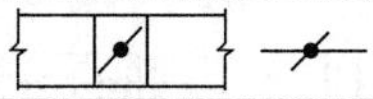

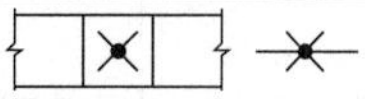

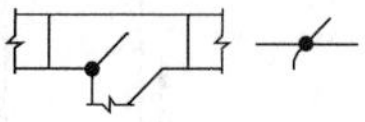

（8）通风空调设备　见表1.8。

表1.8　通风空调设备

序号	名称	图　例	序号	名称	图　例
8.1	空气过滤器	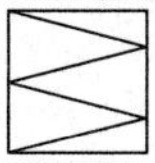	8.8	窗式空调器	
8.2	加湿器	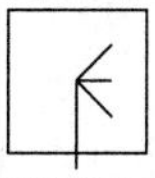	8.9	空气幕	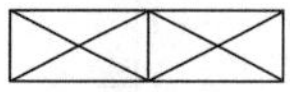
8.3	电加热器	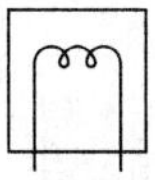	8.10	离心风机	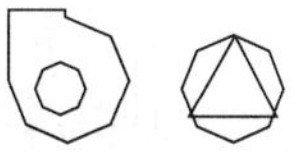
8.4	消声器		8.11	轴流风机	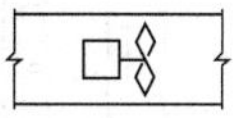
8.5	空气加热器	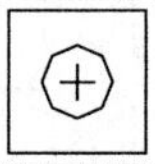	8.12	屋顶通风机	
8.6	空气冷却器	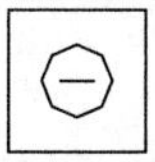	8.13	电动机	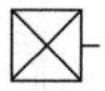
8.7	风机盘管	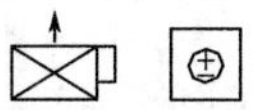	8.14	压缩机	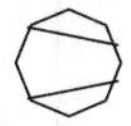

（9）制冷设备　见表1.9。

表1.9　制冷设备

序号	名称	图　例	序号	名称	图　例
9.1	吸收式制冷机组	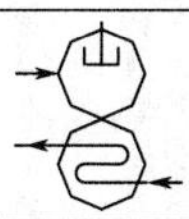	9.5	冷却塔	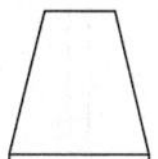
9.2	离心式制冷机组	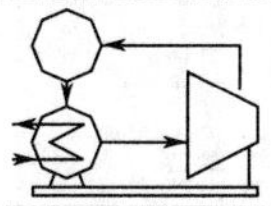			
9.3	活塞式制冷机组	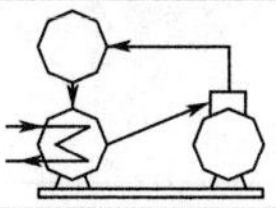	9.6	容器(储罐)	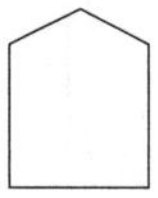
9.4	螺杆式制冷机组	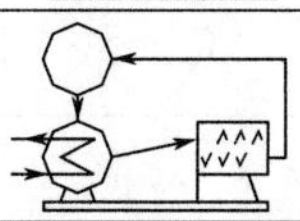	9.7	一般设备	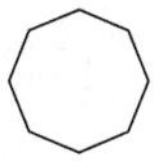

1.5 设计实例

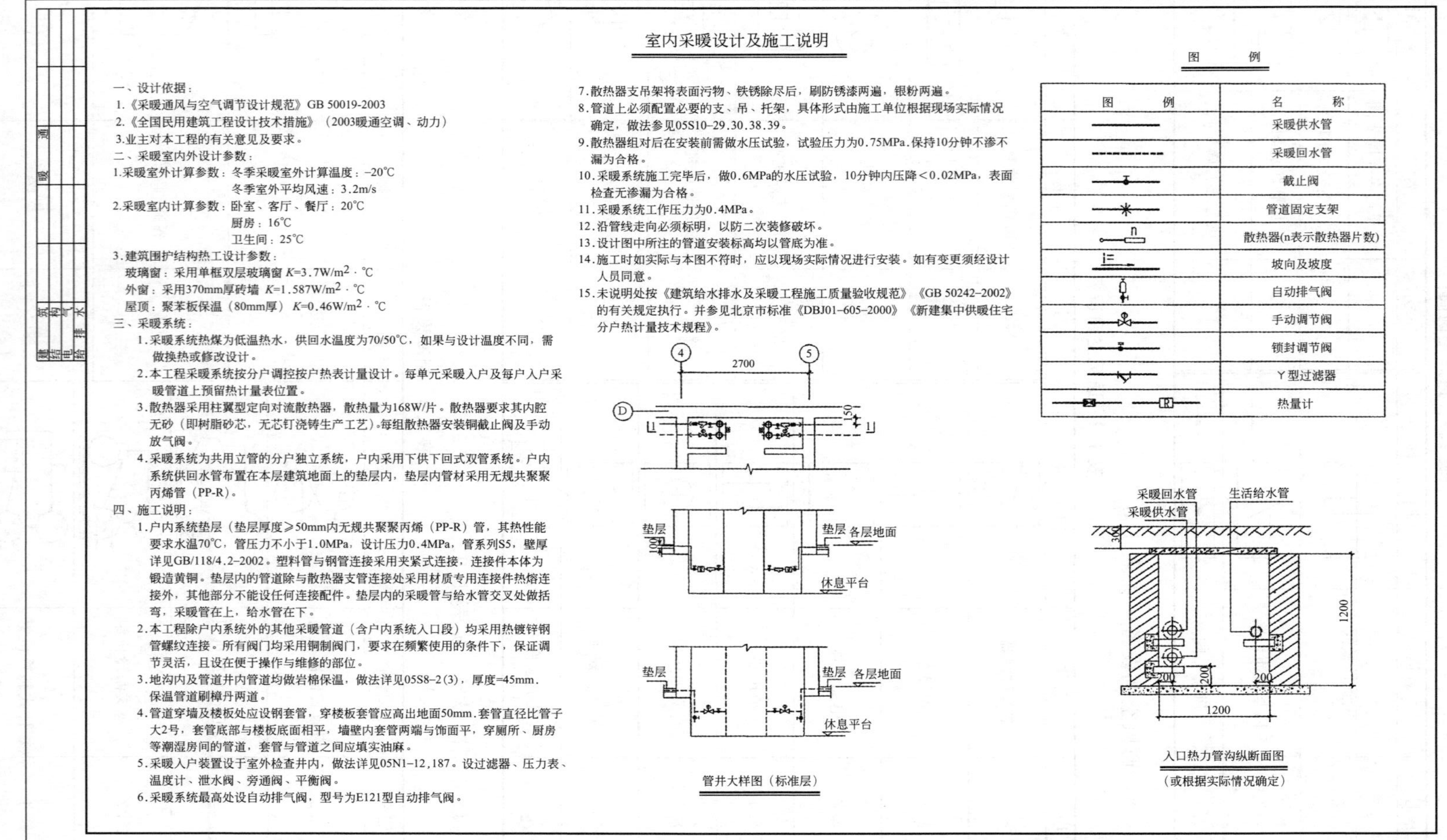

室内采暖设计及施工说明

一、设计依据：
1.《采暖通风与空气调节设计规范》GB 50019-2003
2.《全国民用建筑工程设计技术措施》（2003暖通空调、动力）
3.业主对本工程的有关意见及要求。

二、采暖室内外设计参数：
1.采暖室外计算参数：冬季采暖室外计算温度：−20℃
冬季室外平均风速：3.2m/s
2.采暖室内计算参数：卧室、客厅、餐厅：20℃
厨房：16℃
卫生间：25℃
3.建筑围护结构热工设计参数：
玻璃窗：采用单框双层玻璃窗 K=3.7W/m^2·℃
外窗：采用370mm厚砖墙 K=1.587W/m^2·℃
屋顶：聚苯板保温（80mm厚）K=0.46W/m^2·℃

三、采暖系统：
1.采暖系统热媒为低温热水，供回水温度为70/50℃，如果与设计温度不同，需做换热或修改设计。
2.本工程采暖系统按分户调控按户热表计量设计。每单元采暖入户及每户入户采暖管道上预留热计量表位置。
3.散热器采用柱翼型定向对流散热器，散热量为168W/片。散热器要求其内腔无砂（即树脂砂芯，无芯钉浇铸生产工艺）。每组散热器安装铜截止阀及手动放气阀。
4.采暖系统为共用立管的分户独立系统，户内采用下供下回式双管系统。户内系统供回水管布置在本层建筑地面上的垫层内，垫层内管材采用无规共聚聚丙烯管（PP-R）。

四、施工说明：
1.户内系统垫层（垫层厚度≥50mm内无规共聚聚丙烯（PP-R）管，其热性能要求水温70℃，管压力不小于1.0MPa，设计压力0.4MPa，管系列S5，壁厚详见GB/118/4.2-2002。塑料管与钢管连接采用夹紧式连接，连接件本体为锻造黄铜。垫层内的管道除与散热器支管连接处采用材质专用连接件热熔连接外，其他部分不能设任何连接配件。垫层内的采暖管与给水管交叉处做括弯，采暖管在上，给水管在下。
2.本工程除户内系统外的其他采暖管道（含户内系统入口段）均采用热镀锌钢管螺纹连接。所有阀门均采用铜制阀门，要求在频繁使用的条件下，保证调节灵活，且设在便于操作与维修的部位。
3.地沟内及管道井内管道均做岩棉保温，做法详见05S8-2(3)，厚度=45mm．保温管道刷樟丹两道。
4.管道穿墙及楼板处应设钢套管，穿楼板套管应高出地面50mm．套管直径比管子大2号，套管底部与楼板底面相平，墙壁内套管两端与饰面平，穿厕所、厨房等潮湿房间的管道，套管与管道之间应填实油麻。
5.采暖入户装置设于室外检查井内，做法详见05N1-12,187。设过滤器、压力表、温度计、泄水阀、旁通阀、平衡阀。
6.采暖系统最高处设自动排气阀，型号为E121型自动排气阀。
7.散热器支吊架将表面污物、铁锈除尽后，刷防锈漆两遍，银粉两遍。
8.管道上必须配置必要的支、吊、托架，具体形式由施工单位根据现场实际情况确定，做法参见05S10-29.30.38.39。
9.散热器组对后在安装前需做水压试验，试验压力为0.75MPa．保持10分钟不渗不漏为合格。
10.采暖系统施工完毕后，做0.6MPa的水压试验，10分钟内压降<0.02MPa，表面检查无渗漏为合格。
11.采暖系统工作压力为0.4MPa。
12.沿管线走向必须标明，以防二次装修破坏。
13.设计图中所注的管道安装标高均以管底为准。
14.施工时如实际与本图不符时，应以现场实际情况进行安装。如有变更须经设计人员同意。
15.未说明处按《建筑给水排水及采暖工程施工质量验收规范》《GB 50242-2002》的有关规定执行。并参见北京市标准《DBJ01-605-2000》《新建集中供暖住宅分户热计量技术规程》。

图　例

图　例	名　称
———	采暖供水管
- - - - -	采暖回水管
	截止阀
	管道固定支架
n	散热器(n表示散热器片数)
i=	坡向及坡度
	自动排气阀
	手动调节阀
	锁封调节阀
	Y型过滤器
	热量计

管井大样图（标准层）

入口热力管沟纵断面图
（或根据实际情况确定）

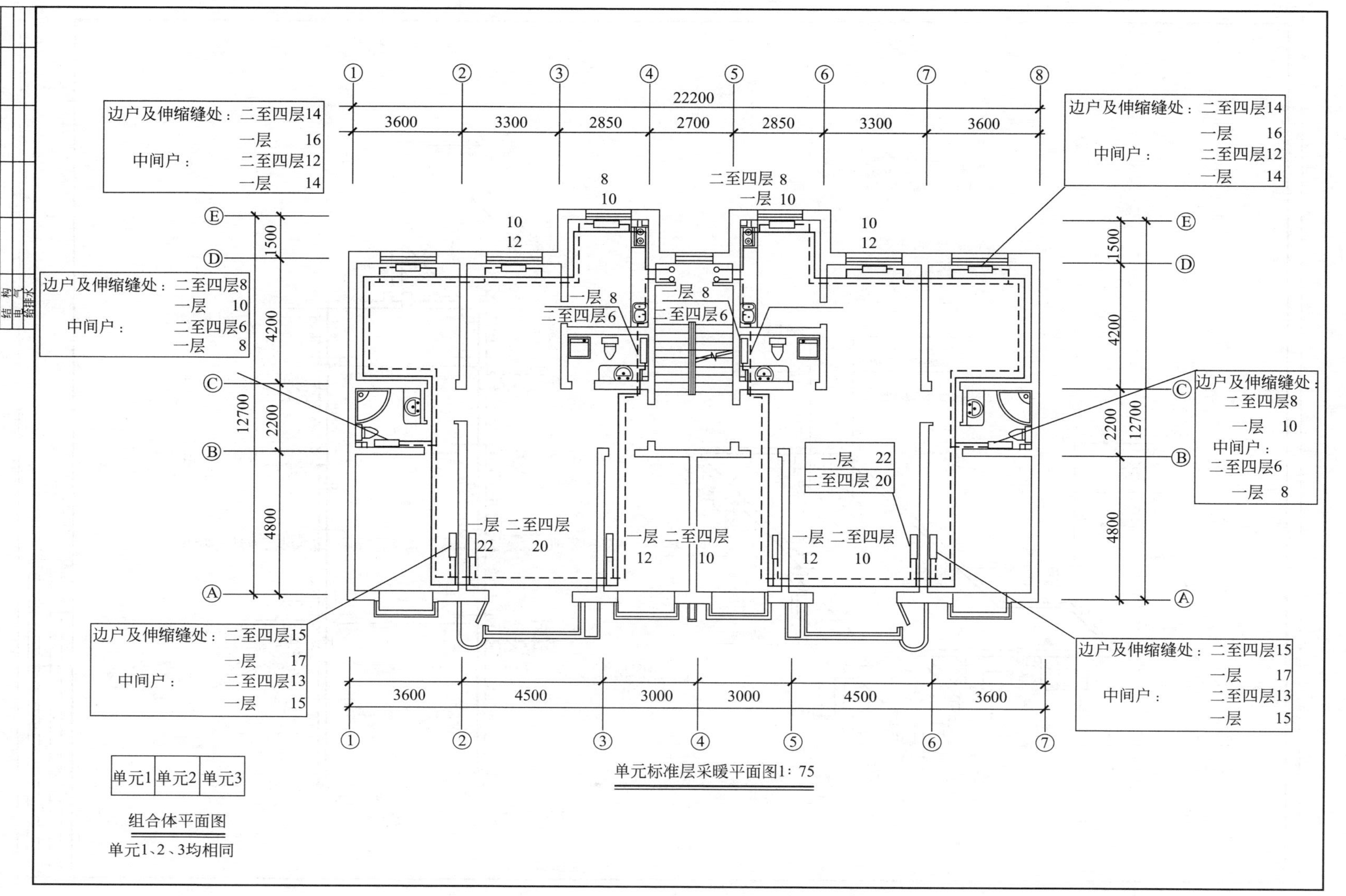
22200
3600
3300
2850
2700
2850
3300
3600
边户及伸缩缝处：二至四层14
一层 16
中间户：二至四层12
一层 14
二至四层 8
一层 10
边户及伸缩缝处：二至四层8
一层 10
中间户：二至四层6
一层 8
一层 22
二至四层 20
一层 二至四层
12 10
22 20
边户及伸缩缝处：二至四层15
一层 17
中间户：二至四层13
一层 15
3600
4500
3000
3000
4500
3600
1500
4200
2200
4800
12700
单元标准层采暖平面图1：75
单元1
单元2
单元3
组合体平面图
单元1、2、3均相同

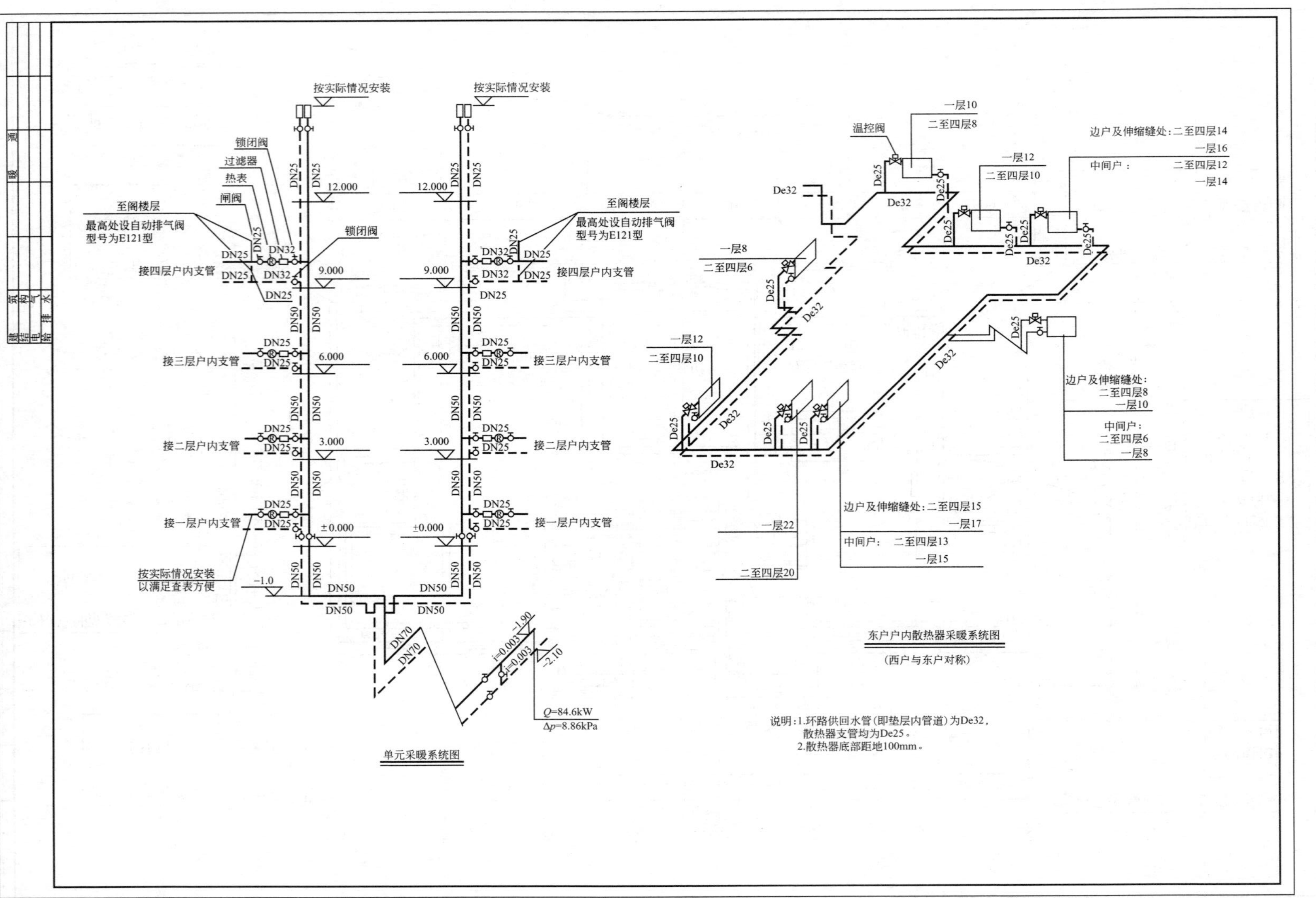

按实际情况安装
锁闭阀
过滤器
热表
闸阀
至阁楼层
最高处设自动排气阀
型号为E121型
接四层户内支管
接三层户内支管
接二层户内支管
接一层户内支管
按实际情况安装
以满足查表方便
12.000
9.000
6.000
3.000
±0.000
-1.0
-1.90
-2.10
i=0.003
DN25
DN32
DN50
DN70
Q=84.6kW
Δp=8.86kPa
单元采暖系统图
温控阀
De25
De32
一层10
二至四层8
一层12
二至四层10
边户及伸缩缝处：二至四层14
一层16
中间户：二至四层12
一层14
一层8
二至四层6
一层12
二至四层10
边户及伸缩缝处：
二至四层8
一层10
中间户：
二至四层6
一层8
边户及伸缩缝处：二至四层15
一层17
中间户：二至四层13
一层15
一层22
二至四层20
东户户内散热器采暖系统图
(西户与东户对称)
说明：1.环路供回水管(即垫层内管道)为De32，
散热器支管均为De25。
2.散热器底部距地100mm。

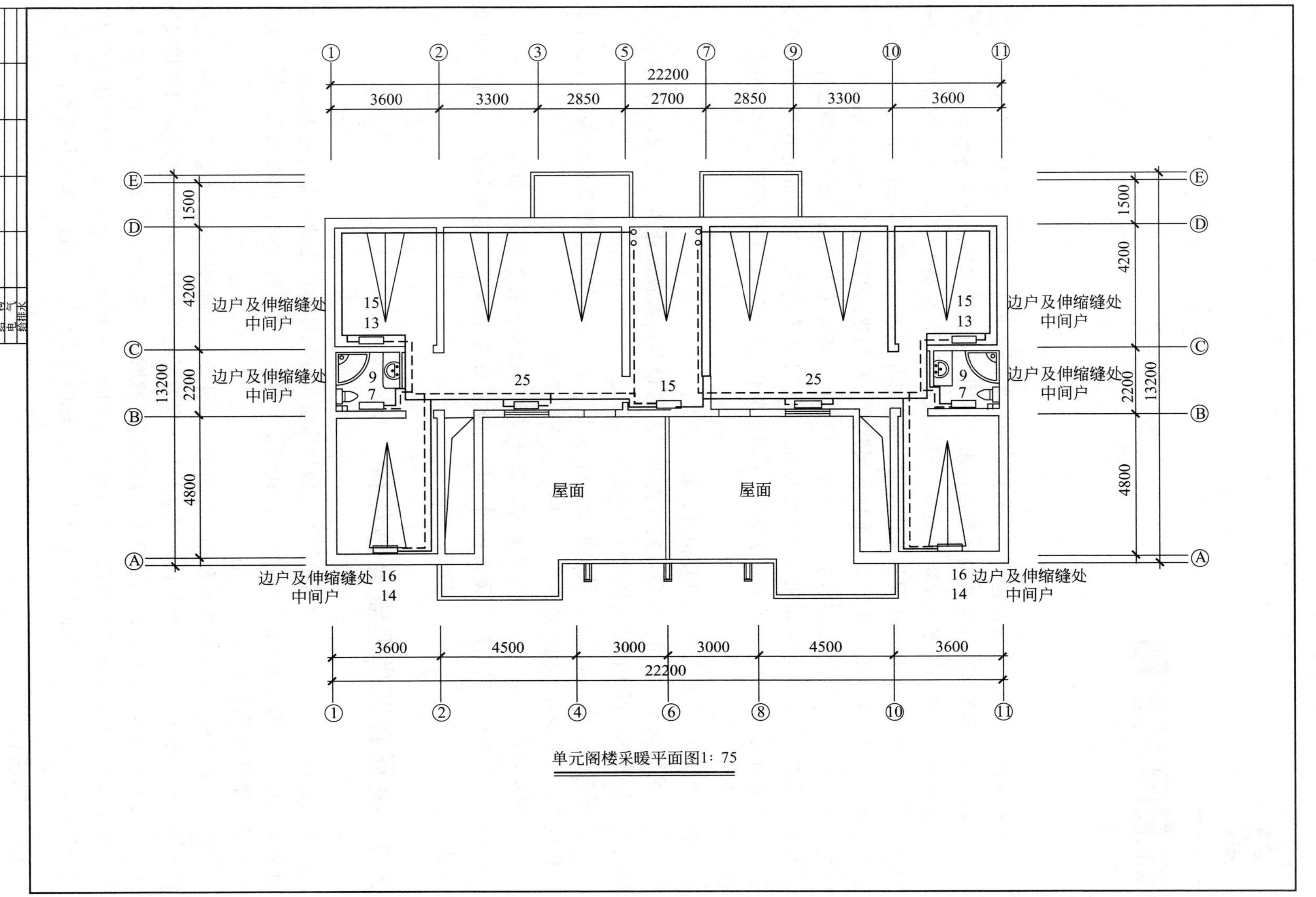

单元阁楼采暖平面图1:75

2

高层建筑供暖

改革开放后，我国经济高速发展，高层建筑向着高度更高，建筑设备现代化水平更高的方向发展。由于世界各国的经济条件和设备水平不同，对高层建筑的划分各有不同。

我国对建筑高度的丈量是从室外地面到檐口或屋面面层的高度，屋顶上的水箱间、电梯机房、排烟机房和楼梯出口小间等不计入建筑高度和层数内，住宅建筑的地下室、顶板高出室外地面不超过 1.5m 的半地下室，不计入层数内。高层建筑的划分采用把建筑高度与层数结合起来的方法，主要考虑到医院、图书馆、展览馆、体育馆等建筑，层高相差悬殊，仅以层数划分显然不够合理，应以建筑高度为标准；而对于住宅建筑，层高相差不大，以建筑层数为标准划分是合理的。我国规定层数 10 层以上的住宅建筑，建筑高度超过 24m 的公共建筑为高层建筑。

高层建筑供暖与多层建筑供暖相比有如下特点：

① 建筑面积大，使用标准高，建筑物供暖需热量多，供暖设计热负荷大，需要进行准确的热负荷计算，以保证建筑物达到设计的室内温度。

② 建筑层数多、高度高，供暖系统中静水压力大，为使管道和设备承受的压力小于其工作压力，应选择合理的系统形式，并便于维护和管理。

③ 建筑功能复杂，管线和设备繁多，设计应考虑周全，施工应保证质量。

因此，在进行高层建筑供暖系统设计时，应充分考虑高层建筑的特点，进行合理的设计。

2.1 高层建筑供暖设计热负荷

高层建筑物供暖设计热负荷由围护结构耗热量、冷风渗透耗热量和冷风侵入耗热量三部分组成。其中围护结构耗热量和冷风侵入耗热量计算与多层建筑相同，而冷风渗透耗热量计算较多层建筑有不同之处。

冷风渗透耗热量是指在风压和热压作用下，室外冷空气通过门、窗缝隙渗入室内，把这部分冷空气加热到室内温度所消耗的热量。在计算多层建筑冷风渗透耗热量时，只考虑风压作用，而不考虑热压作用。高层建筑由于建筑高度的增加，热压作用不容忽视，冷风渗透量受到风压和热压的共同作用。计算冷风渗透耗热量时，应考虑建筑物高低、内部通道状况、室内外温差、室外风速、风向和与室外大气相接触的门窗种类、构造、朝向等因素的影响。

2.1.1 热压作用

冬季建筑物内、外的空气温度不同，由于空气的密度差，室外冷空气从低层房间的门、窗缝隙进入，通过建筑物内部的竖直贯通通道（如楼梯间、电梯井等）上升，然后从高层房间的门窗缝隙排出，这种引起空气流动的压力称为热压。

假设建筑物各层空气流动通道完全畅通，忽略空气流动时阻力的存在，建筑物内、外空气密度差和高度差形成的理论热压差（简称理论热压），可按下式计算：

$$p_r=(h_z-h)(\rho_w-\rho_n')g \tag{2-1}$$

式中 p_r——理论热压，Pa；

ρ_w——供暖室外计算温度下的空气密度，kg/m³；

ρ_n'——形成热压的室内竖直贯通通道内空气的密度，kg/m³；

h——计算层门、窗中心距室外地坪的高度，m；

h_z——建筑物中和面距室外地坪的高度，m。中和面是指室内、外压差为零的界面。通常在纯热压作用下，可近似取建筑物高度的一半，即 $h_z=H/2$（H 为建筑物的高度）；

g——重力加速度，$g=9.81\text{m/s}^2$。

从式(2-1) 中可以看出，当门窗中心处于中和面以下时，热压差为正，室外空气压力高于室内空气压力，冷空气通过门窗缝隙由室外渗入室内；当门窗中心处于中和面以上时，热压差为负，室外空气压力低于室内空气压力，热空气通过门窗缝隙由室内渗出室外。

实际上，作用在建筑物外门、外窗缝隙两侧的有效热压差（简称有效热压）仅是理论热压的一部分，其大小与建筑物内竖直贯通通道的布置、门窗的密封性等空气流通状况有关，即与空气从渗入到渗出空气流动时阻力有关。

有效热压差可按下式计算：

$$\Delta p_r=C_r p_r=C_r(h_z-h)(\rho_w-\rho_n')g \tag{2-2}$$

式中 Δp_r——有效热压差，Pa；

C_r——热压差系数。它表示在纯热压作用下，作用在建筑物门、窗缝隙两侧的有效热压差与相应高度上的理论热压差的比值。当热压差系数 C_r 的取值无法精确计算时，可按表 2.1 取值。

表 2.1 热压差系数 C_r

内部隔断情况	开敞空间	有内门		有前室门、楼梯间门或走廊两端设门	
		密闭性差	密闭性好	密闭性差	密闭性好
C_r	1.0	1.0～0.8	0.8～0.6	0.6～0.4	0.4～0.2

2.1.2 风压作用

高层建筑，需要考虑室外风速随高度的变化。室外风速随高度增加而增加，不同高度 h 处的室外风速可用下式表示：

$$v_h=v_0\left(\frac{h}{h_0}\right)^a \tag{2-3}$$

式中 v_h——高度 h 处的室外风速，m/s；

v_0——基准高度 h_0 处的冬季平均风速，m/s；

h_0——风速观测的基准高度，m。我国气象部门规定，风速观测的基准高度 $h_0=$

10m；

a——幂指数，与地面粗糙度有关，可取 $a=0.2$。

式(2-3) 可改写为：

$$v_h=v_0\left(\frac{h}{10}\right)^{0.2}=0.631h^{0.2}v_0 \tag{2-4}$$

作用于门、窗两侧的理论风压差 p_f（简称理论风压）就是空气具有恒定风速 v_h 时的动压，即

$$p_f=\frac{\rho_w}{2}v_h^2 \tag{2-5}$$

实际上，作用在建筑物外门、窗缝隙两侧产生空气渗透的有效风压差仅是理论风压的一部分，其大小与建筑物内竖直贯通通道的布置、门窗的密封性等空气流通状况有关，即与空气从渗入到渗出空气流动时阻力有关。

有效风压差可按下式计算：

$$\Delta p_f=C_f p_f=C_f\frac{\rho_w}{2}v_h^2=C_f\frac{\rho_w}{2}(0.631h^{0.2}v_0)^2 \tag{2-6}$$

式中 Δp_f——有效风压差，Pa；

C_f——风压差系数。它表示作用在建筑物门、窗缝隙两侧的有效风压差与相应高度上理论风压的比值。当风垂直吹到墙面上，且建筑物内部气流流通阻力很小的情况下，风压差系数最大，可取 $C_f=0.7$；当建筑物内部气流流通阻力很大时，风压差系数降低，可取 $C_f=0.3\sim0.5$。

冬季，当风吹过建筑物时，在风压作用下，室外冷空气从迎风面门、窗缝隙渗入室内，被加热后，热空气从背风面门、窗缝隙渗出室内。室外冷空气的渗入量取决于门、窗缝隙两侧的风压差，通常通过实验确定，一般将数据整理成下式：

$$L_h=a\Delta p_f^b=a\left[C_f\frac{\rho_w}{2}(0.631h^{0.2}v_0)^2\right]^b=a\left(C_f\frac{\rho_w}{2}v_0^2\right)^b(0.4h^{0.4})^b \tag{2-7}$$

设

$$L_0=a\left(C_f\frac{\rho_w}{2}v_0^2\right)^b \tag{2-8}$$

$$C_h=(0.4h^{0.4})^b \tag{2-9}$$

则

$$L_h=C_hL_0 \tag{2-10}$$

式中 L_h——风压单独作用下，计算门、窗中心高度为 h 时，单位缝隙长度的渗透空气量，$m^3/(m\cdot h)$；

L_0——基准高度下单位缝隙长度的渗透空气量，$m^3/(m\cdot h)$；在风压单独作用下，不考虑朝向修正和内部隔断情况，基准高度 $h_0=10m$，基准风速 v_0 下每米缝隙长度渗入的冷空气量，可查表 2.2；

C_h——计算门、窗中心高度为 h 时，单位渗透空气量相对于 $h_0=10m$ 时基准渗透空气量的高度修正系数（因为 10m 以下时，风速均为 v_0，渗入的空气量均为 L_0；所以，当 $h<10m$，仍按 $h=10m$ 计算 C_h 值）；

a——门、窗缝隙渗风系数，$m^3/(m\cdot h\cdot Pa)$；当无实测数据时，可根据外窗空气渗透性能等级，按表 2.3 选取；

b——常数，与门、窗类型有关；木窗 $b=0.56$，钢窗 $b=0.67$，铝窗 $b=0.78$。

表 2.2 基准高度下每米门、窗缝隙渗入的冷空气量 L_0 单位：$m^3/(m \cdot h)$

门窗类型	冬季室外平均风速/(m/s)					
	1	2	3	4	5	6
单层木窗	1.0	2.0	3.1	4.3	5.5	6.7
双层木窗	0.7	1.4	2.2	3.0	3.9	4.7
单层钢窗	0.6	1.5	2.6	3.9	5.2	6.7
双层钢窗	0.4	1.1	1.8	2.7	3.6	4.7
推拉铝窗	0.2	0.5	1.0	1.6	2.3	2.9
平开铝窗	0.0	0.1	0.3	0.4	0.6	0.8

表 2.3 外窗空气渗透性能等级下的缝隙渗风系数 a 单位：$m^3/(m \cdot h \cdot Pa)$

等级	Ⅰ	Ⅱ	Ⅲ	Ⅳ	Ⅴ
a	0.1	0.3	0.5	0.8	1.2

2.1.3 风压和热压共同作用

对于高层建筑，在计算冷风渗透量的计算中应综合考虑风压和热压的共同作用。

在热压单独作用下，计算建筑物门、窗两侧的有效热压差 Δp_r 时，只考虑了计算门、窗中心的高度、竖直贯通通道内空气与室外空气间的密度差以及热压差系数 C_r 的值，与门、窗所处朝向无关。但在风压单独作用下，建筑物不同朝向的门、窗，单位缝隙长度渗透的冷空气量是不相等的，应考虑风压作用下的渗透空气量的朝向修正系数，渗透空气量的朝向修正系数 n 可查表 2.4。

表 2.4 渗透空气量的朝向修正系数 n

地点	北	东北	东	东南	南	西南	西	西北
哈尔滨	0.3	0.15	0.20	0.70	1.00	0.85	0.70	0.60
沈阳	1.00	0.70	0.30	0.30	0.40	0.35	0.30	0.70
北京	1.00	0.50	0.15	0.10	0.15	0.15	0.40	1.00
天津	1.00	0.40	0.20	0.10	0.15	0.20	0.40	1.00
西安	0.70	1.00	0.70	0.25	0.40	0.50	0.35	0.25
太原	0.90	0.40	0.15	0.20	0.30	0.20	0.70	1.00
兰州	1.00	1.00	1.00	0.70	0.50	0.20	0.15	0.50
乌鲁木齐	0.35	0.35	0.55	0.75	1.00	0.70	0.25	0.35

在风压和热压的共同作用下，不同朝向的门、窗，单位缝隙长度渗透的冷空气量 L，可用下式表示：

$$L=L_r+L_f=L_r+nL_h \tag{2-11}$$

式中 L_r——在热压单独作用下，通过门、窗的渗透空气量，$m^3/(m \cdot h)$；

L_f——在风压单独作用下，通过门、窗的渗透空气量，$m^3/(m \cdot h)$。

当计算门、窗处于主导风向 $n=1$ 时，式(2-11) 可写成：

$$L_r=L-L_h=a(\Delta p_r+\Delta p_f)^b-a\Delta p_f^b \tag{2-12}$$

$$\frac{L_r}{L_f}=\frac{L_r}{L_h}=\frac{a(\Delta p_r+\Delta p_f)^b-a\Delta p_f^b}{a\Delta p_f^b}=\left(\frac{\Delta p_r}{\Delta p_f}+1\right)^b-1 \tag{2-13}$$

设

$$C=\frac{\Delta p_r}{\Delta p_f} \tag{2-14}$$

则

$$L=L_r+nL_f=L_h\left(\frac{L_r}{L_h}+n\right)=L_h\,[(C+1)^b-1+n]=C_hL_0\,[(C+1)^b-1+n] \tag{2-15}$$

设 $$m=C_h\left[(C+1)^b-1+n\right] \tag{2-16}$$

则 $$L=mL_0 \tag{2-17}$$

式中 C——压差比，作用于门、窗缝隙两侧有效热压差与有效风压差之比；

m——在风压和热压的综合作用下，考虑建筑物体型、内部隔断和空气流通等因素后，不同朝向、不同高度的门、窗冷风渗透压差综合修正系数。

2.1.4 高层建筑冷风渗透耗热量

高层建筑冷风渗透耗热量可按式(2-18)、式(2-19) 计算：

$$Q=0.278Vc_p\rho_w(t_n-t_w) \tag{2-18}$$

式中 Q——冷风渗透耗热量，W；

0.278——单位换算系数，1kJ/h=0.278W；

V——经门、窗缝隙从室外渗入室内的总冷空气量，m^3/h。

$$V=Ll=mL_0l \tag{2-19}$$

式中 L——不同类型门、窗，每米门、窗缝隙从室外渗入室内的冷空气量，$m^3/(m\cdot h)$；

l——门、窗缝隙长度，m；建筑物门、窗缝隙长度按可开启的门、窗与固定门、窗框之间缝隙丈量；

c_p——冷空气的定压比热，$c_p=$ 1kJ/(kg·℃)；

ρ_w——供暖室外计算温度下的空气密度，kg/m^3；

t_n——供暖室内计算温度，℃；

t_w——供暖室外计算温度，℃。

式(2-19) 可改写成：

$$Q=0.278L_0lc_p\rho_w(t_n-t_w)m \tag{2-20}$$

计算高层建筑时，首先要计算门、窗冷风渗透压差综合修正系数 m 值。计算 m 值，需要先确定压差比 C 值。

$$C=\frac{\Delta p_r}{\Delta p_f}=\frac{C_r(h_z-h)(\rho_w-\rho_n')g}{C_f\frac{\rho_w}{2}v_h^2}=\frac{C_r(h_z-h)(\rho_w-\rho_n')g}{C_f\frac{\rho_w}{2}(0.631h^{0.2}v_0)^2} \tag{2-21}$$

在定压条件下，空气密度与空气绝对密度成反比，即

$$\rho_t=\frac{273}{273+t}\rho_0 \tag{2-22}$$

式中 ρ_t——温度为 t℃时的空气密度，kg/m^3；

ρ_0——温度为 0℃时的空气密度，kg/m^3。

$$\frac{\rho_w-\rho_n'}{\rho_w}=1-\frac{\rho_n'}{\rho_w}=1-\frac{273+t_w}{273+t_n'}=\frac{t_n'-t_w}{273+t_n'} \tag{2-23}$$

则 $$C=50\frac{C_r(h_z-h)}{C_fh^{0.4}v_0^2}\times\frac{t_n'-t_w}{273+t_n'} \tag{2-24}$$

计算 m 值和 C 值时，应注意：

① 如果计算 m 得出 $C\leqslant-1$，即 $(C+1)\leqslant0$，表示在该计算楼层的所有各朝向门、窗，

即使处于主导风向 $n=1$ 时，也无冷空气渗入或已有室内空气渗出，此时该楼层所有朝向门、窗的冷风渗透耗热量均取零值。

② 如果计算得出 $C>-1$，即 $(C+1)>0$，在此条件下计算 m 值时，若：

a. $m\leqslant 0$，表示所计算的给定朝向的门、窗已无冷空气渗入或已有室内空气渗出，此时该朝向门、窗的冷风渗透耗热量值取零。

b. $m>0$，该朝向门、窗的冷风渗透耗热量应按计算公式(2-24) 计算。

2.1.5 例题

北京地区一幢十二层办公楼，层高 3.0m。室内温度 $t_n=18$℃，供暖室外计算温度 $t_w=-9$℃（$\rho_w=1.34\text{kg/m}^3$），楼梯间温度 $t'_n=5$℃。每间办公室都有一推拉铝窗，取 $b=0.78$，缝隙长度为 16m。北京市冬季室外平均风速 $v_0=2.8\text{m/s}$。由于房门频繁开启，取 $C_r=0.5$，$C_f=0.7$。试计算底层北向、第八层东南朝向的冷风渗透耗热量。

解：(1) 计算底层北向窗户的冷风渗透耗热量

在热压作用下，中和面高度为建筑物高度的 1/2，$h_z=3.0\times12/2=18\text{m}$。设窗户中心在层高的一半处。对底层，当考虑热压时，$h=1.5\text{m}$；当考虑风压时，$h=10\text{m}$。

① 计算压差比 C 值

$$\begin{aligned}C&=50\,\frac{C_r(h_z-h)}{C_f h^{0.4}v_0^2}\times\frac{t'_n-t_w}{273+t'_n}\\&=50\,\frac{0.5(18-1.5)}{0.7\times10^{0.4}\times2.8^2}\times\frac{5-(-9)}{273+5}\\&=1.51>-1\end{aligned}$$

② 计算 C_h 值

$$C_h=(0.4h^{0.4})^b=(0.4\times10^{0.4})^{0.78}=1.004$$

③ 计算 m 值

北京地区北向的朝向修正系数 $n=1.0$。

$$m=C_h[(C+1)^b-1+n]=1.004[(1.51+1)^{0.78}-1+1]=1.50>0$$

④ 计算底层北向窗户的冷风渗透耗热量

北京市冬季室外平均风速 $v_0=2.8\text{m/s}$，基准高度下单位缝隙长度的渗透空气量 $L_0=0.9\text{m}^3/(\text{m}\cdot\text{h})$。

$$\begin{aligned}Q&=0.278L_0lc_p\rho_w(t_n-t_w)m\\&=0.278\times0.9\times16\times1.34\times[18-(-9)]\times1.50=217\text{W}\end{aligned}$$

(2) 计算第八层东南朝向的冷风渗透耗热量

第八层窗户的中心高度 $h=7\times3.0+1.5=22.5\text{m}$。

① 计算压差比 C 值

$$\begin{aligned}C&=50\,\frac{C_r(h_z-h)}{C_f h^{0.4}v_0^2}\times\frac{t'_n-t_w}{273+t'_n}\\&=50\,\frac{0.5(18-22.5)}{0.7\times22.5^{0.4}\times2.8^2}\times\frac{5-(-9)}{273+5}\end{aligned}$$

② 计算 C_h 值

$$C_h=(0.4h^{0.4})^b=(0.4\times22.5^{0.4})^{0.78}=1.29$$

③ 计算 m 值

北京地区东南朝向的朝向修正系数 $n=0.10$。

$$m=C_h[(C+1)^b-1+n]=1.29\times[(-0.298+1)^{0.78}-1+0.10]=-0.18<0$$

④ 计算东南朝向窗户的冷风渗透耗热量

因 $m<0$，故东南朝向窗户的冷风渗透耗热量 $Q=0$。

2.2 高层建筑热水供暖系统

确定高层建筑供暖系统设计热负荷时，冷风渗透耗热量的计算需考虑风压和热压的共同作用。热水供暖系统充水后，系统底层散热器承受的压力最大。因此，高层建筑热水供暖系统应根据底层散热器的承压能力、外网压力状况等因素来确定系统形式及其连接方式。另外，层数较多时，垂直失调会更加严重，这也影响系统形式的确定。

2.2.1 竖向分区式供暖系统

高层建筑热水供暖系统在垂直方向上分成两个或两个以上的独立系统，称为竖向分区式供暖系统。建筑物的热水供暖系统高度超过 50m 时，宜竖向分区设置。

竖向分区式供暖系统的低区通常直接与室外热网相连接，根据室外管网的压力和散热器的承压能力来确定其层数。

高区与外网的连接形式主要有以下几种。

2.2.1.1 设热交换器的分区式系统

图 2.1 所示为设热交换器的分区式热水供暖系统。高区热水与外网通过热交换器进行热量交换，热交换器作为高区热源，高区设有循环水泵、膨胀水箱，使之成为一个与室外管网压力隔绝的、独立的完整系统。

该方式是目前高层建筑热水供暖系统常用的一种形式，较适用于外网是高温水的系统。

2.2.1.2 设双水箱的分区式系统

图 2.2 所示为设双水箱的分区式热水供暖系统。该系统将外网水直接引入高区，当外网压力低于该高层建筑的静水压力时，可在供水管上设加压水泵，使水进入高区上部的供水箱。高区的回水箱设溢流管与外网回水管相连，利用供水箱与回水箱之间的水位差，使高区热水自然循环流动。当上层供暖系统的供水经散热器散热降温后，回水进入回水箱中。然后，再经过回水箱的溢流回水管返回室外热网回水干管中。溢流回水管段Ⅰ—Ⅰ水位以上的管段为非满管流，而水位Ⅰ—Ⅰ的位置高度仅仅取决于热网回水干管的压力。Ⅰ—Ⅰ水位以下的管段为满管流。当用户的加压水泵停止运行时，上层系统的静水位就保持在回水箱的溢流回水管的出口Ⅱ—Ⅱ水位上。这样，就使上层系统利用回水箱的非满管流动的溢流回水管与热网回水干管的压力相隔绝。

该系统利用供、回水箱，使高区压力与外网压力隔绝，降低了造价和运行管理费用，并且不产生通过热交换器水温降低的问题。但由于水箱是开式的，易使空气进入系统，加剧管道和设备的腐蚀。积气严重时，常常造成大面积的供暖建筑不热。此外，两个水箱的设置还有建筑布局、结构承重问题。

2.2.1.3 设阀前压力调节器的分区式系统

图 2.3 所示为阀前压力调节器的分区式热水供暖系统。该系统高区水与外网直接连接，在高区供水管上设加压水泵，以保证高区系统循环所需压力，水泵出口处设有止回阀，高区

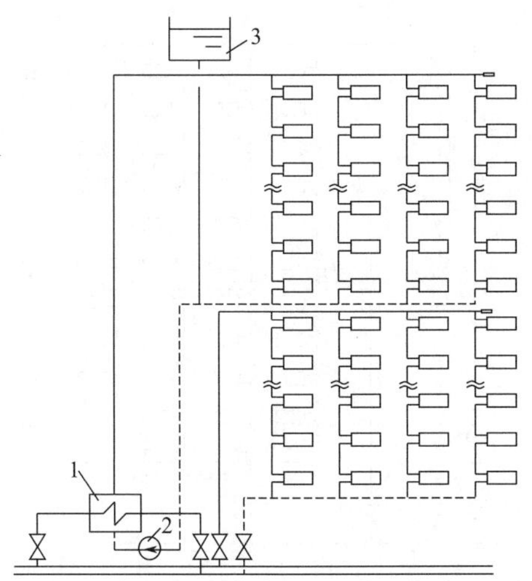

图 2.1 设热交换器的间连供暖示意
1—热交换器；2—循环水泵；3—膨胀水箱

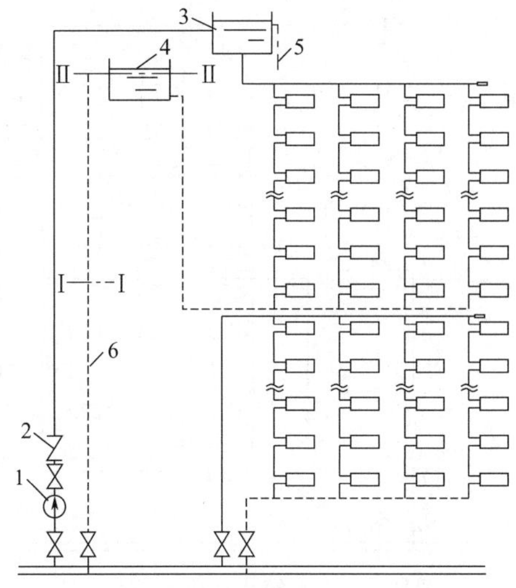

图 2.2 双水箱直连供暖示意
1—加压泵；2—止回阀；3—供水箱；4—回水箱；5—供水箱溢流管；6—回水箱溢流管

回水管上安装阀前压力调节器。

安装阀前压力调节器可以保证系统始终充满水，不出现倒空现象，图 2.3 所示为阀前压力调节器。只有当回水管作用在阀瓣上的压力超过阀门弹簧的平衡拉力时，阀孔才开启，高区水与外网直接连接。当网路循环水泵停止工作时，弹簧的平衡拉力超过用户的静水压力，阀前压力调节器的阀孔关闭，与安装在加压泵出口的止回阀一起将高区热水与外网隔断，避免高区水倒空。为保证高区热水供暖系统不倒空，阀前压力调节器的弹簧选定拉力应大于系统静水压力 30～50kPa。

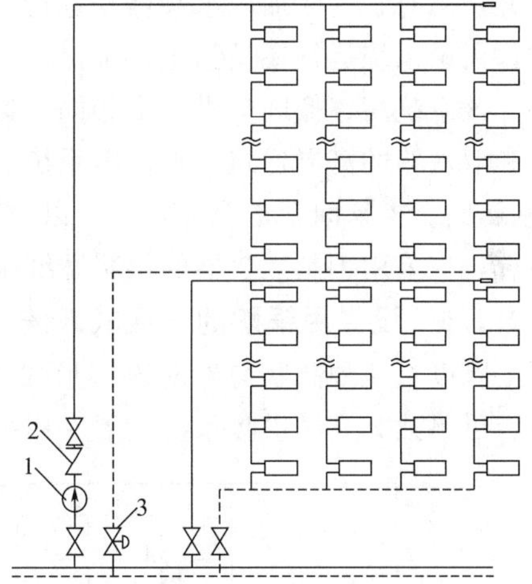

图 2.3 设阀前压力调节器的供暖示意
1—加压泵；2—止回阀；3—阀前压力调节器

高区热水供暖系统采用这种直接连接的形式后，由于高、低区水温相同，对于采用低温水供热外网，可以使供暖用户取得很好的供暖效果，且便于运行调节。

2.2.1.4 设断流器和阻旋器的分区式系统

图 2.4、图 2.5 所示为设断流器和阻旋器的分区式系统，又称高层建筑无水箱直连供暖系统。该系统高区水与外网直接连接，在高区供水管上设加压水泵，以保证高区系统循环所需压力，水泵出口处设有止回阀。高区采用倒流式系统形式，有利于排除系统内的空气，并且可减小上热下冷的垂直失调现象。

无水箱直联供暖系统中断流器安装在高区回水管路的最高处，系统运行时，高区回水流入断流器内，使水高速旋转，流速增加，压力降低，此时断流器可起减压作用。当回水下落到低处阻旋器内时，水停止旋转，流速恢复正常，并使该点压力维持在室外管网的静水压力，以使阻旋器之后的回水压力能够与低区压力平衡。阻旋器垂直串联安装在断流器下部，高度为室外管网静水压线的高度。它们之间设置连通管，将到达阻旋器后高速旋转的水流因

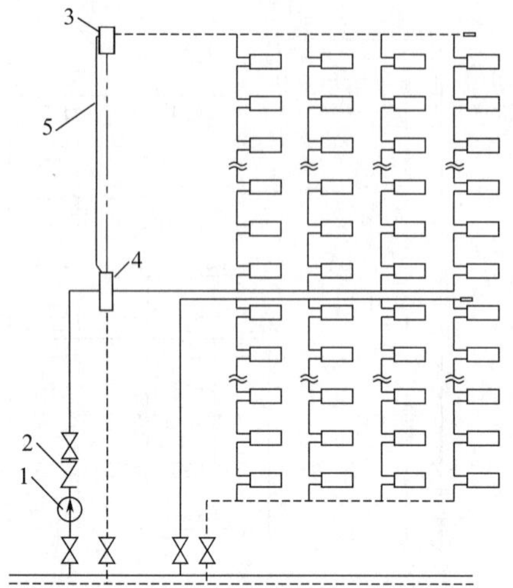

图 2.4 无水箱直连供暖示意（一）
1—加压泵；2—止回阀；3—断流器；
4—阻旋器；5—连通管

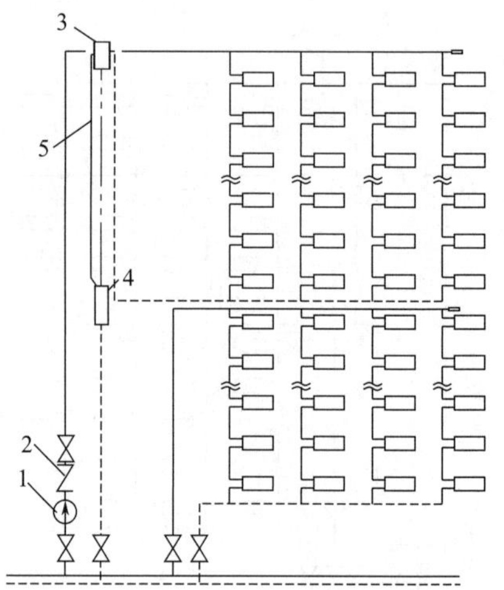

图 2.5 无水箱直连供暖示意（二）
1—加压泵；2—止回阀；3—断流器；
4—阻旋器；5—连通管

停止旋转而产生的大量空气，通过连通管上升至断流器，并通过断流器上部的自动排气阀排出。当系统停止运行时，流入断流器的回水量减少，断流器至阻旋器这段管道中的水流随之断开。同时，高区加压水泵停止运行后，加压水泵出口的止回阀将高区供水与外网隔绝。这样，无论系统运行还是静止，都保证了高、低区系统的隔绝。

该系统高、低区热媒温度相同，运行平稳可靠，便于运行管理，适用于不能设置热交换器和双水箱的高层建筑热水供暖系统。该系统中的断流器和阻旋器需设在管道井或辅助房间（水箱间、楼梯间、走廊等）内，以防噪声。无水箱直连供暖系统与大气直接相通，属开式系统，在采用钢制散热器的供暖系统中不应使用。

2.2.1.5 设专用锅炉的分区式系统

除以上几种高区与外网连接形式外，为了避免建筑物中低层散热器承受过高的静水压力，可单独为高区供暖系统设置专用锅炉，如图 2.6 所示。该系统初投资高，考虑环保和节能因素，可采用电锅炉或燃油燃气锅炉，避免燃煤锅炉在非满载运行时效率降低和污染环境的问题。

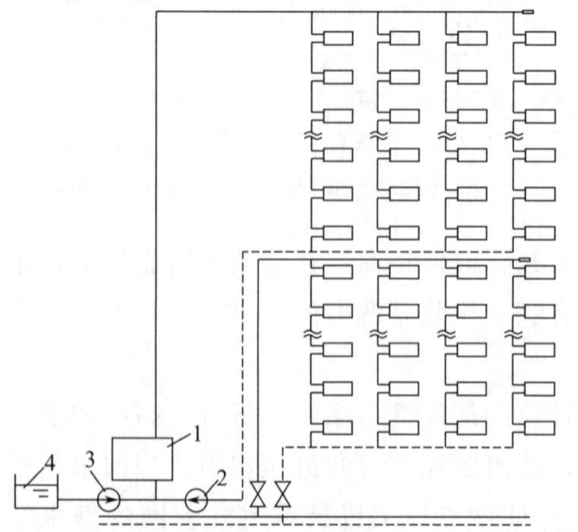

图 2.6 设专用锅炉的供暖示意
1—锅炉；2—循环水泵；3—补水泵；4—补水箱

2.2.2 双线式供暖系统

高层建筑的双线式供暖系统有垂直双线式单管系统（图 2.7）和水平双线式单管系统（图 2.8）两种形式。

双线式供暖系统的散热器通常采用承压能力较高的蛇形管或辐射板（单块或砌入墙体形成整体式结构）。

垂直双线式单管系统由于散热器立管由上升立管和下降立管组成，各层散热器的热媒平均温度近似相同，有利于避免系统垂直失调。但由于

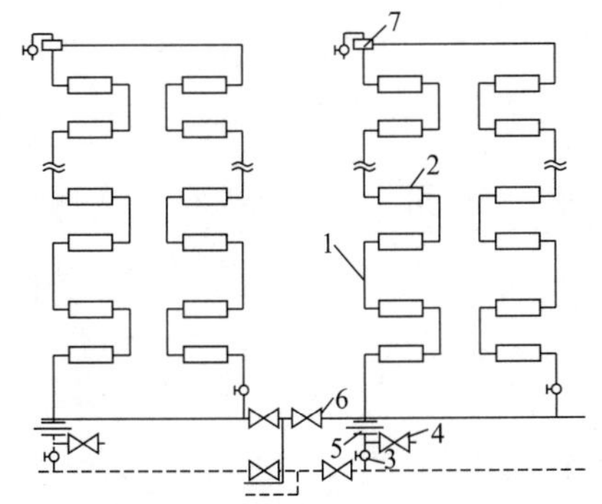

图 2.7 垂直双线供暖系统

1—双线立管；2—散热器；3—截止阀；4—排水阀；5—节流孔板；6—调节阀；7—集气罐

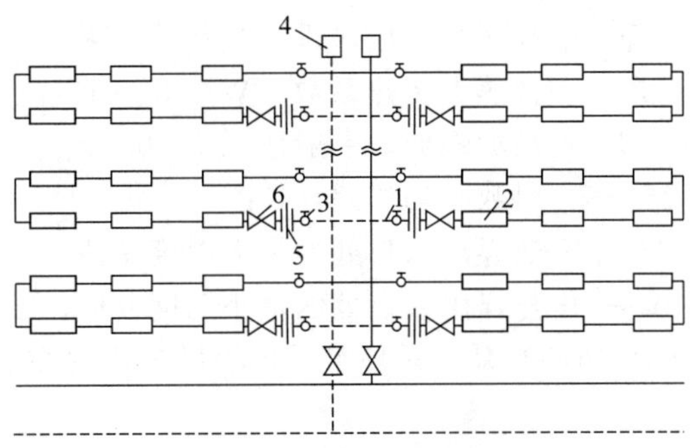

图 2.8 水平双线供暖系统

1—双线水平管；2—散热器；3—截止阀；4—集气罐；5—节流孔板；6—调节阀

由立管组成的散热器阻力较小，易引起水平失调，可考虑在每根立管末端设置节流孔板，以增大立管阻力，或采用同程式系统减轻水平失调现象。

水平双线式单管系统在水平方向上各组散热器内的热媒平均温度近似相同，可避免系统水平失调，但易出现垂直失调现象。可在每层水平管上设置调节阀进行分层流量调节，或在每层水平管末端设置节流孔板，以增大水平管阻力，减轻垂直失调现象。

2.2.3 单、双管混合式供暖系统

图 2.9 所示为单、双管混合式供暖系统。该系统将散热器在垂直方向上分成若干组，2～3 层为一组，各组内散热器采用双管连接，组与组之间采用单管连接。

这种系统既能避免双管系统在楼层数过多时产生垂直失调现象问题，又能避免单管顺流式系统散热器支管管径过大的缺点，而且能进行散热器的个体调节。该系统垂直方向串联散热器的组数取决于底层散热器的承压能力。

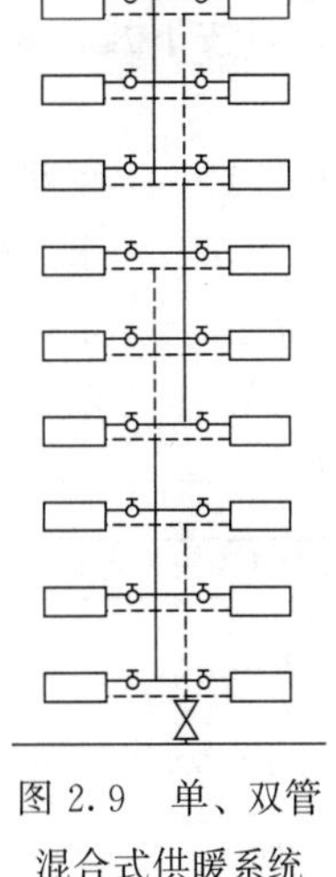

图 2.9 单、双管混合式供暖系统

2.2.4 设备选择

2.2.4.1 设热交换器的分区式系统

（1）热交换器　热交换器是用来把高温流体的热能传递给低温流体的一种热交换设备。根据加热热媒种类的不同，可分为汽-水换热器和水-水换热器。

热交换器的面积可用式(2-25) 计算

$$F=\frac{Q}{K\Delta t_{m}\beta} \tag{2-25}$$

其中

$$\Delta t_{m}=\frac{\Delta t_{1}-\Delta t_{2}}{\ln\dfrac{\Delta t_{1}}{\Delta t_{2}}} \tag{2-26}$$

当$\dfrac{\Delta t_1}{\Delta t_2}\leqslant 2$时，对数平均温差采用算术平均温差计算，误差＜4%，即

$$\Delta t_{m}=\frac{\Delta t_{1}+\Delta t_{2}}{2}$$

式中 F——换热器传热面积，m^2；

Q——高区采暖用户设计热负荷，W/m^2；

K——换热器传热系数，$W/(m^2 \cdot K)$；

β——结垢系数，一般取0.7～0.8；

Δt_m——对数平均温差，℃；

Δt_1——热媒出入口处的最大温度差值，℃；

Δt_2——热媒出入口处的最小温度差值，℃。

(2) 循环水泵 循环水泵扬程可按式(2-27)计算。

$$H=1.1\times(H_r+H_y) \tag{2-27}$$

式中 H——循环水泵扬程，m；

H_r——换热器及其前后管道和部件的阻力损失，m；

H_y——高区采暖用户内部系统阻力损失，m。

循环水泵流量计算

$$G=(1.1-1.2)\frac{0.86Q}{\rho(t_g-t_h)} \tag{2-28}$$

式中 G——循环水泵流量，m^3/h；

Q——高区供暖系统热负荷，W；

t_g——高区供暖系统热媒供水温度，℃；

t_h——高区供暖系统热媒回水温度，℃；

ρ——高区供暖系统热媒供水密度，kg/m^3。

(3) 定压装置

① 开式高位膨胀水箱 膨胀水箱的作用是容纳系统水受热膨胀而增加的体积。膨胀水箱分两种。当系统规模较小，采用开式高位膨胀水箱定压比较经济合理。但当建筑物顶部安装高位水箱有困难时，可采用闭式地位膨胀水箱。

采用高位膨胀水箱定压，从信号管到溢流管之间膨胀水箱的容积为膨胀水箱的有效容积，可按下式计算

$$V=\alpha\Delta t_{max}V_c \tag{2-29}$$

式中 V——膨胀水箱的有效容积，m^3；

α——水的体积膨胀系数，$\alpha=0.0006L/℃$；

Δt_{max}——系统内水受热和冷却水温的最大波动值，一般以20℃水温算起；

V_c——系统内的水容量，m，见表2.5。

表2.5 供给每1kW热量所需设备的水容积 V_c 值 单位：L

供暖系统设备和附件	V_c	供暖系统设备和附件	V_c
锅炉		散热器	
KZG1-8	4.7	M-132	9.49
KZG1.5-8	4.1	四柱460	8.88
SHZ2-13A	4.0	四柱640	8.37
KZL4-13	3.0	四柱760	8.3
SZP6.5-13	2.0	细四柱500	5.1
SZP10-13	1.6	细四柱600	5.2
RSG120-8/130	1.4	辐射对流型	5.24
管道系统			
室内机械循环管路	7.8		
室外机械循环管路	5.9		

根据膨胀水箱的有效容积可选择相应型号的膨胀水箱，膨胀水箱规格见表2.6。

表 2.6 膨胀水箱规格

序号	方形					圆形			
	公称容积/m³	有效容积/m³	外形尺寸/mm			公称容积/m³	有效容积/m³	筒体/mm	
			长	宽	高			内径	高度
1	0.5	0.61	900	900	900	0.3	0.35	900	700
2	0.5	0.63	1200	700	900	0.3	0.33	800	800
3	1.0	1.15	1100	1100	1100	0.5	0.54	900	1000
4	1.0	1.20	1400	900	1100	0.5	0.59	1000	900
5	2.0	2.27	1800	1200	1200	0.8	0.83	1000	1200
6	2.0	2.06	1400	1400	1200	0.8	0.81	1100	1000
7	3.0	3.50	2000	1400	1400	1.0	1.1	1100	1300
8	3.0	3.20	1600	1600	1400	1.0	1.2	1200	1200
9	4.0	4.32	2000	1600	1500	2.0	2.1	1400	1500
10	4.0	4.37	1800	1800	1500	2.0	2.0	1500	1300
11	5.0	5.18	2400	1600	1500	3.0	3.3	1600	1800
12	5.0	5.35	2200	1800	1500	3.0	3.4	1800	1500
13						4.0	4.2	1800	1800
14						4.0	4.6	2000	1600
15						5.0	5.2	1800	2200
16						5.0	5.2	2000	1800

② 闭式高位膨胀水箱　又称气压罐。气压罐选择以系统补水量为主要参数，一般系统补水量按总容水量的 4%计算。

气压罐的性能规格见表 2.7。安装见图 2.10。

表 2.7 GQS 系列气压供水设备性能表

序号	规格	补水量/(m³/h)	气压罐安装尺寸/mm		
			D	H	H_0
1	GQS-1.0	1.0	800	2000	2400
2	GQS-1.5	1.5	1000	2000	2400
3	GQS-2.0	2.0	1200	2000	2400
4	GQS-3.0	3.0	1400	2400	2800
5	GQS-4.0	4.0	1600	2400	2800
6	GQS-5.0	5.0	1600	2800	3200
7	GQS-6.5	6.5	2000	2400	2900
8	GQS-7.5	7.5	2000	2700	3200
9	GQS-10	10	2000	3500	4000

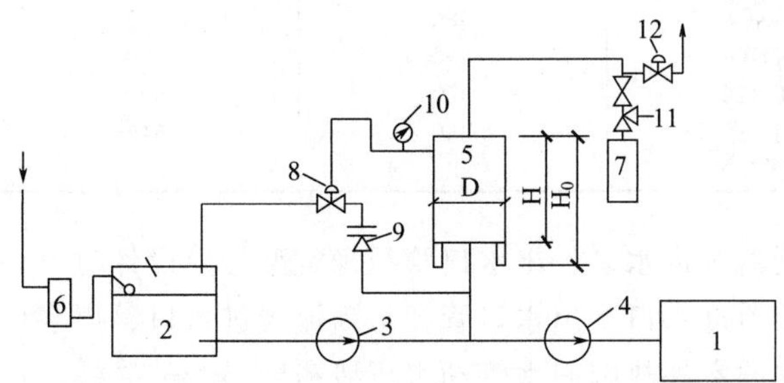

图 2.10 气压罐安装图

1—热源；2—贮水箱；3—补水泵；4—循环水泵；5—气压罐；6—软水设备；7—补气罐；8—电磁阀；9—安全阀；10—电接点压力表；11—减压阀；12—排气阀

2.2.4.2 设双水箱的分区式系统

(1) 加压泵 加压泵扬程可按式(2-30) 计算。

$$H=1.1\times(H_j-H_w) \tag{2-30}$$

式中 H——加压泵扬程，m；

H_j——加水泵至供水箱的几何高度，m；

H_w——热网供水管在加压泵位置的水头高度，m。

加压泵流量可用公式(2-28) 计算。

(2) 供水箱和回水箱 供水箱和回水箱在高区供暖系统中只是流通水箱，而不是蓄水箱，其作用在于保持一定的水位，给高区系统提供循环资用压头，并在进水量与出水量暂不平衡时，起一定缓冲水位变化的作用。在工程设计中，供水箱和回水箱的容积一般可按10min 循环水量计算。

供水箱和回水箱均设信号管，其接口位置应在距水箱底 100mm 高的地方，信号管上设阀门并引至水泵房或便于操作、观察的地方。供水箱的溢流管的接口位置应在距水箱顶部200～300mm 处，溢流管上不得设置阀门。当供水箱的溢流管出现溢水时，应将加压泵的阀门关小，以调节进水量。与室外管网回水干管连接的回水箱溢流管必须扩大 2～3 号，并垂直设置，其接口位置也应设在距水箱顶部 200～300mm 处。实践证明，回水箱溢流管对“双水箱”系统的成功运行影响极大，否则极易导致运行失败。

2.2.4.3 设断流器和阻旋器的分区式系统

(1) 加压泵 加压泵扬程可按式(2-31) 计算。

$$H=(H_j+H_g-H_w)\times1.1 \tag{2-31}$$

式中 H_j——水泵至断流器的几何高度，m；

H_g——供暖系统阻力损失，m；

H_w——热网供水管在加压泵位置的水头高度，m。

加压泵流量可用公式(2-28) 计算。

(2) 断流器 断流器按进、出水口管径确定型号。设计时，一般按设备安装所在管道管径选择，通常保证断流器出水口流速在 0.7m/s 左右较为合适。断流器的系列规格尺寸见表 2.8。

表 2.8 断流器的系列规格尺寸

型号	进出口公称管径/mm	断流器直径/mm	断流器高度/mm	断流器重量/kg
DL-50	DN50	250	350	40
DL-70	DN70	250	350	42
DL-80	DN80	300	450	45
DL-100	DN100	300	450	47
DL-125	DN125	350	500	50
DL-150	DN150	350	500	52
DL-200	DN200	380	500	60

(3) 阻旋器 阻旋器按进水口、出水口管径确定型号。设计时，一般按设备安装所在管道管径选择，通常阻旋器进水口、出水口管径与断流器进水口、出水口管径相同。阻旋器的安装标高，应当比相连的室外热网回水管动水压线高度低 2m 左右。如果简单估算时，可根据同网的低区建筑物层数确定，如所在区域热网中低区建筑物为 7 层时，阻旋器可设在 6 层；低区建筑物为 8 层时，阻旋器可设在 7 层。断流器与阻旋器之间的管道应同轴连接，连通管管径一般为 DN32。阻旋器的系列规格尺寸见表 2.9。

表 2.9 阻旋器的系列规格尺寸

型 号	进出口公称管径/mm	断流器直径/mm	断流器高度/mm	断流器重量/kg
ZX-50	DN50	200	350	35
ZX -70	DN70	200	350	37
ZX -80	DN80	250	450	40
ZX -100	DN100	250	450	42
ZX -125	DN125	300	500	45
ZX -150	DN150	350	500	48
ZX -200	DN200	350	500	50

2.3 高层住宅建筑分户热计量供暖系统

住宅建筑供暖实行分户热计量是建筑节能、提高室内供热质量、加强供暖系统智能化管理的一项重要措施。该技术在发达国家早已实行多年，是一项成熟的技术。如何将该项技术应用到我国，适用于我国的供暖系统，这是目前亟待解决的问题。

《采暖通风与空气调节设计规范》（GB 50019—2015）采暖部分中，把设置分户热计量和室温控制装置作为强制性规定。北京市标准《新建集中供暖住宅分户热计量设计技术规程》（DBJ 01-605—2002）中，对分户热计量采暖设计作出了一系列具体规定。在国家和地方强制性标准规范下，新建住宅热水集中供暖系统应进行分户热计量设计。

2.3.1 热负荷计算

实行分户热计量后的住宅建筑供暖热负荷计算与传统的供暖热负荷计算方法上没有本质区别，但有以下不同之处。

① 实行分户热计量后，热作为一种特殊的商品，为满足不同用户对热量的需求，在对室内热舒适度的选择方面应留有一定的选择余地，而在每组散热器上装设的温控阀为这种调节的实现提供了手段。在供暖热负荷计算时，室内温度在相应的设计标准基础上提高 2℃，计算热负荷增加了 7%～8%，为居住者留有一定幅度内热舒适度的选择余地。需要说明的是，提高的 2℃仅作为设计时的温度计算参数，不加到供暖系统总热负荷中。当采用低温热水地板辐射供暖系统时，在进行供暖热负荷计算时，宜将室内计算温度降低 2℃。因为地板辐射供暖是在辐射热和空气温度双重作用下对房间进行供暖，形成了较合理的室内温度场分布和热辐射作用，相对于常规对流式供暖方式可有 2～3℃的等效热舒适效应。

② 当相邻房间温差大于等于 5℃时，应计算通过楼板或隔墙的传热量。在传统的供暖系统设计中，用户各房间的室内计算温度相差不大，可不考虑邻室的传热量。在实施分户热计量和分室控制温度后，用户可通过调节温控阀使室内温度达到各自所需的房间温度，将会出现部分房间采暖、部分房间间歇使用或较大幅度调节室温等情况，用户各房间的室内温度相差较大，应考虑邻室之间的传热量，否则会造成用户室内达不到设定的温度。尤其是当相邻住户房间使用情况不同时，如邻室暂无人居住，或用作其他功能，对室内温度要求较低等，这样通过楼板、隔墙形成的传热量会加大房间的热负荷。

实行分户热计量后，在供暖热负荷计算时相邻房间室内计算温差取多少合适，是目前难以解决的问题，但这种情况不考虑，会使系统运行时达不到所要求的温度。而解决这个问题可有两种方案：一是与邻户因室温差异而形成的热传递，可采用提高室内计算温度进行计算，主要房间按相应设计标准提高2℃，户间传热负荷的温差可按6～8℃计算；二是必要时对户间隔墙和楼板进行适当保温。目前处理的办法是：在传统的热负荷计算的基础上再乘以一个适当的系数来考虑该部分的传热问题。户间传热并不会使建筑物总热负荷增加，故户间传热负荷仅可作为确定户内供暖设备的因素，不应统计在供暖系统总热负荷内。

2.3.2 高层住宅建筑分户热计量供暖系统

对于新建高层住宅建筑分户热计量供暖系统形式，可在垂直方向上分成两个或两个以上的独立系统，即竖向分区。竖向分区供暖系统应考虑所选散热器的承压能力、管材特性、室外管网的压力和系统水力计算的平衡情况确定每区内的极限楼层数。每区可在户外公共空间设置共用立管，为满足用户的调节要求，共用立管为双管式。每户从共用立管上单独引出供、回水水平管，户内可采用水平式散热器供暖系统和低温热水地板辐射供暖系统，每户形成一个相对独立的循环环路。这种方式可实现分户调节，舒适性比较好，且户内系统的阻力较大，易于实现供暖系统的平衡和稳定。在每户入口处设置热量表以计量用热量，并在每栋或几栋住宅的热力入口处设一个总热量表。对于共用立管及每户的调节、计量装置可设于楼梯间的管道井内，并采取保温及保护措施，每层设置供抄表及维修用的检查门。

户外共用立管采用双管式可以满足用户的调节要求，但最大的问题是垂直失调问题，楼层越多，重力作用产生的附加压力影响就越大，在不额外设置平衡元件的情况下，应尽量减少垂直失调问题，实现好阻力平衡。户外共用立管的形式可以有双管下供下回同程式（图2.11）、双管下供下回异程式（图2.12）。采用双管下供下回同程式，各层循环环路长度相等，阻力近似相同，由于重力作用产生的上层大于下层的附加压力不容易克服，垂直失调问题无法解决。采用下供下回异程式，上层循环环路长度长阻力大，下层循环环路长度短阻力小，刚好抵消重力作用产生的上层大于下层的附加压力，减小垂直失调问题。因此，在高层住宅建筑供暖系统中，双管下供下回异程式是首选形式。

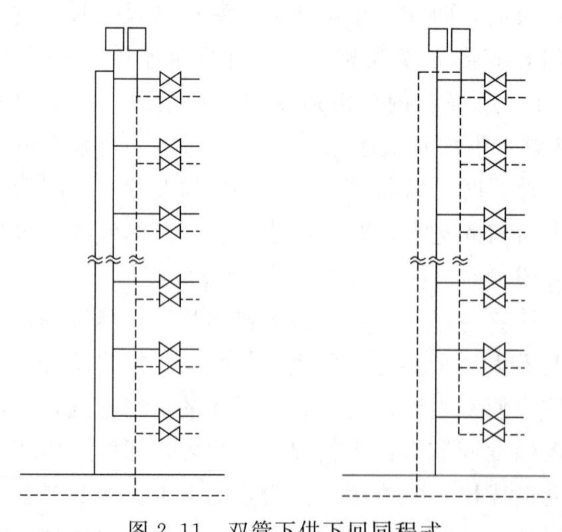

图2.11 双管下供下回同程式

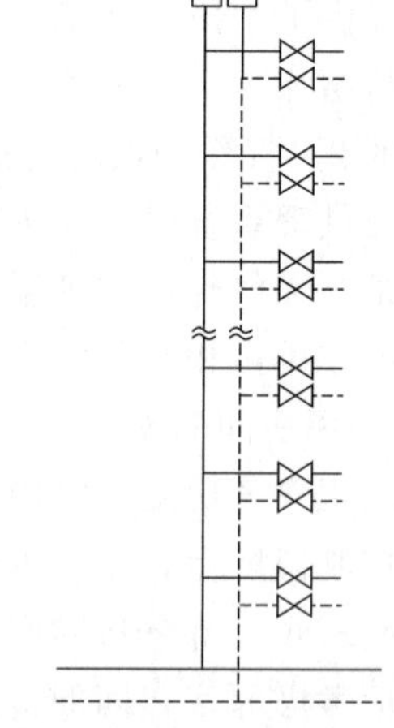

图2.12 双管下供下回异程式

为了达到分户热计量的目的，热计量系统应采用有效的控制方式，灵活地控制室温，以保证用户对室温的要求，如可以采用手动调节或自动恒温调节的方法调节室温。热计量系统还应该准确可靠地计量用热量，以便按用热量的多少进行计量收费。热量计安装在供、回水管上均可以达到计量的目的，但是由于热量计中有流量计量装置，因此为避免户内系统丢水损失热量，热量计应安装在供水管路上，而温度传感器应安装在进、出户的供回水管路上。户内热力入口装置见图 2.13。

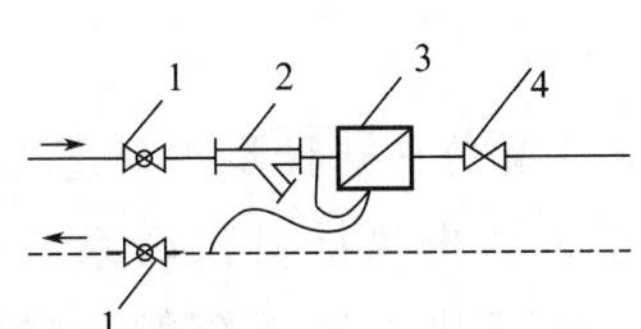

图 2.13 户内热力入口装置

1—锁闭阀；2—过滤器；3—热量表；4—调节阀

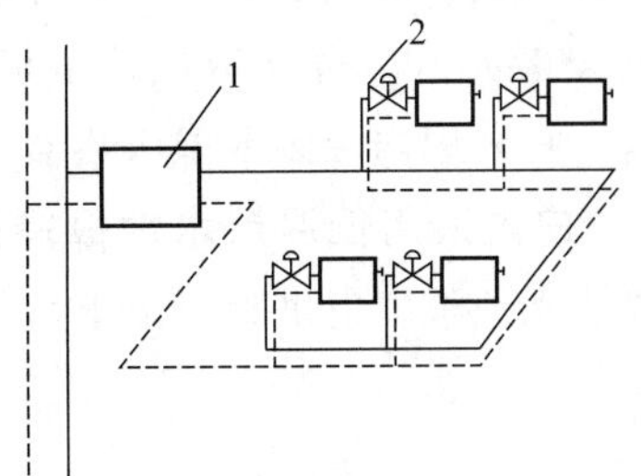

图 2.14 水平双管式系统

1—户内热力入口；2—恒温阀

2.3.2.1 户内采用散热器供暖的系统

（1）供暖系统形式

① 水平双管式系统，见图 2.14。

② 水平单管跨越式系统，见图 2.15。

③ 水平放射式系统，见图 2.16。

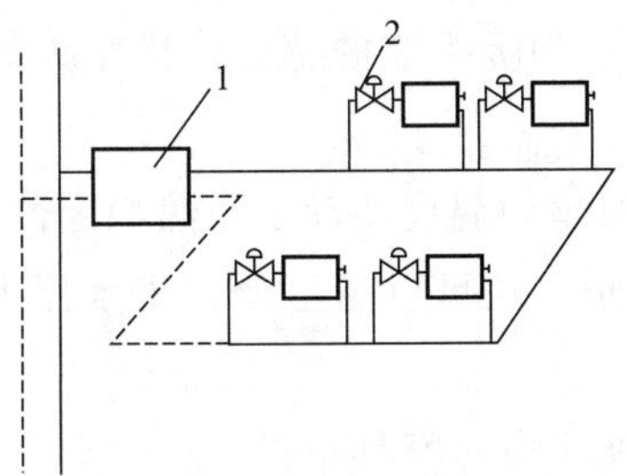

图 2.15 水平单管跨越式系统

1—户内热力入口；2—恒温阀

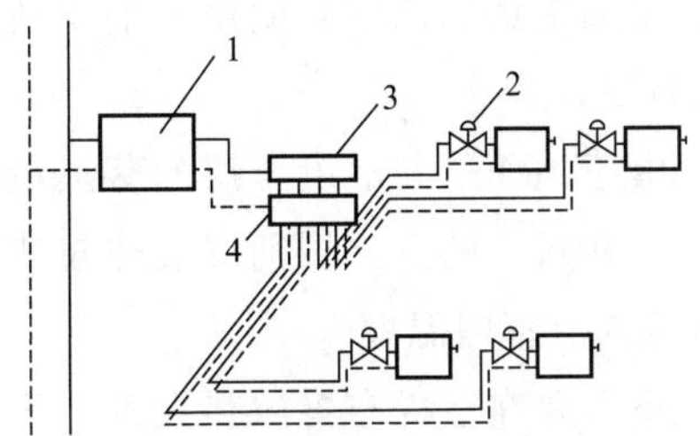

图 2.16 水平放射式系统

1—户内热力入口；2—恒温阀；3—分水器；4—集水器

双管系统具有良好的变流量特性和较好的调节特性，因此户内系统采用双管形式要优于单管跨越式系统。采用水平双管式和水平单管跨越式，散热器支管与干管连接处的埋地管接件应与管道同材质，采用热熔接连接方式。

放射式系统户内设分、集水器，散热器之间相互并联，支管均为埋地敷设，一般均外加套管，造价较高，其作用既可以保温，又可以保护管道，还可以解决管道的热膨胀问题。

（2）散热器的布置与安装

① 散热器的安装位置 采用分户热计量后的供暖系统形式与传统的供暖系统形式相比有了变化。散热器的布置应考虑避免户内管道穿过阳台门和进户门，应尽量减少管路的安装，散热器也可安装在内墙不影响散热效果。

为了达到分室温控的目的，应在每组散热器的连接支管上安装温控阀，并根据具体情况选择温控阀的型号。温控阀内有内置传感器和外置传感器两种，外置传感器也称远程传感器，其远程长度可到 8m，可将其安装在能正确测试房间温度的地方。

传统的供暖系统中供水干管末端最高点设排气阀排气，而分户计量的系统一般采用水平式系统，排气需在散热器处考虑，一般应在每组散热器末端设置排气阀。

② 散热器形式　普通散热器水流通道内含有黏砂。为保证热量表、温控阀正常运行，避免堵塞，宜采用内腔无砂型散热器。

2.3.2.2　户内采用低温热水地板辐射供暖的系统

低温热水地板辐射供暖，由于其舒适、节能、有利装修和分户热计量等显著优点，在高层住宅建筑分户热计量供暖系统中得到广泛应用。低温热水地板辐射供暖的结构如图 2.17 所示。

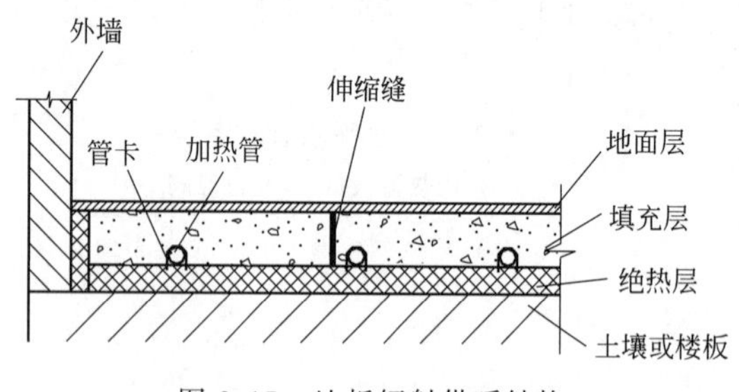

图 2.17　地板辐射供暖结构

（1）低温热水地板辐射供暖的特点　低温热水地板辐射供暖是将供暖管道埋设在地板或楼板混凝土中的供暖形式，与采用散热器的对流供暖相比有以下特点。

① 室内人体受到辐射热和环境温度的综合作用，人体感受到的实感温度可比室内实际环境温度高 2～3℃。即在相同舒适感的前提下，采用低温热水地板辐射供暖时的室内空气温度可比采用散热器供暖时低 2～3℃，室温降低的结果可减小供暖热负荷，相应减少能源消耗。

② 室温沿房间高度方向由下而上逐渐降低，给人以脚暖头凉的感觉，满足人体生理特点，无效热损失小。

③ 由于地面层与混凝土层的蓄热量大，间歇供暖时室内温度波动小，热稳定性好。

④ 可在每户的分水器前安装热量表进行分户热计量，还可以通过分、集水器上的环路控制阀门调节室内温度。

⑤ 不需要在室内布置散热设备，不占室内面积，便于室内家具布置。

⑥ 减少了对流散热量，降低了室内空气的流动速度，避免了室内尘土的飞扬，有利于改善室内卫生条件。

（2）热负荷计算　当房间全部采用低温热水地板辐射供暖时，热负荷计算中不计算地面热损失。在相同舒适条件下宜将室内计算温度降低 2℃，或将按常规对流供暖计算的热负荷乘以 0.9～0.95 的修正系数（寒冷地区取 0.9，严寒地区取 0.95）。

当低温热水地板辐射供暖用于房间局部区域供暖、其他区域不供暖时，房间耗热量可按全面辐射供暖所需散热量乘以局部区域供暖耗热量的计算系数确定，局部区域供暖耗热量的计算系数见表 2.10。供暖区面积与房间总面积的比值在 0.20～0.80 之间时，计算系数按插入法确定。

表 2.10　局部区域供暖耗热量的计算系数

供暖区面积与房间总面积的比值	>0.80	0.55	0.40	0.25	<0.20
计算系数	1	0.72	0.54	0.38	0.30

（3）管材的选择与系统设计

① 埋设在地板或楼板混凝土中的加热管，应根据耐用年限要求、使用条件等级、热媒温度和工作压力、系统水质要求、材料供应条件、施工技术条件和投资费用等因素，选用交联铝塑复合（XPAP）管、聚丁烯（PB）管、交联聚乙烯（PE-X）管、无规共聚聚丙烯（PP-R）管。

② 低温热水地板辐射供暖的供水、回水温度应经计算确定。民用建筑的供水温度不应超过60℃，供、回水温差宜小于或等于10℃。供暖系统工作压力不宜大于0.8MPa。

③ 低温热水地板辐射供暖的有效散热量应经计算确定，并应计算室内设备、家具等覆盖物对散热量的折减。

④ 低温热水地板辐射供暖系统的阻力应计算确定。加热管内水的流速不应小于0.25m/s，同一集配装置的每个环路的加热管长度应尽量接近，每个环路的阻力不宜超过30kPa。低温热水地板辐射供暖系统的分水器前应设阀门及过滤器，集水器后应设阀门；分水器、集水器上应设放气阀；系统配件应采用耐腐蚀材料。分、集水器安装示意见图2.18。

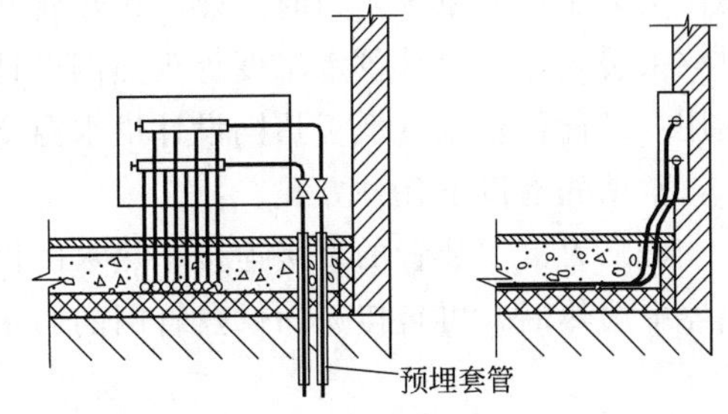

图2.18 分、集水器安装示意

⑤ 低温热水地板辐射供暖的加热管铺设在土壤上时，绝热层以下应做防潮层；加热管铺设在潮湿房间（如卫生间、厨房和游泳池等）内的地面下时，填充层以上做防水层。

2.4 集中供热系统的热力站

集中供热是指一个或几个热源通过热网向一个区域或城市的各个热用户供热的方式。集中供热系统由热源、热网和热用户三部分组成。

热力站用于调节和保证热媒参数（压力、温度和流量）满足用户需要，使供热达到安全经济，是热量交换、分配以及系统监控、调节的枢纽。民用建筑的室外管网大多根据热网的工况和用户的需要，通过热力站进行控制，采用合理的连接方式，将热网输送的热媒，调节转换后输入用户系统以满足用户需要，并进行集中计量和检测热媒参数。

2.4.1 种类

根据热力站的位置和功能的不同可分为以下几种。

2.4.1.1 用户热力站（点）

也称为用户引入口。它设置在单幢建筑用户的地沟入口或该用户的地下室或底层房间，通过它向该用户或相邻几个用户分配热能。

2.4.1.2 小区热力站

常简称为热力站。供热网路通过小区热力站向一个或多个街区的多幢建筑分配热能。从热源向热力站输送热能的网路，通常称为一次供热管网（供热管网）；从热力站向各热用户输送热能的网路，通常称为二次供热管网。

2.4.1.3 区域性热力站

它用于特大型的供热网路，设置在供热主干线和分支干线的连接点处。

2.4.2 供热管网与热用户的连接

热水供热管网与热用户的连接方式可分为直接连接和间接连接两种方式。

2.4.2.1 直接连接

直接连接是热用户直接连接在供热管网上，供热网路的水力工况（压力和流量状态）和供热工况与采暖热用户有着密切的联系。

当热网水力工况能保证用户内部系统不汽化，不超过用户内部系统的允许压力，热网资用压头大于用户系统阻力时，热水供热管网与热用户的连接方式可采用直接连接。直接连接时，采暖热用户设计供水温度等于热网设计供水温度时，应采用不降温的直接连接；当采暖热用户设计供水温度低于热网设计供水温度时，应采用有混水降温装置的直接连接。

常见的有以下几种方式。

（1）无混水装置的直接连接　热水由供热管网的供水管直接接入采暖热用户，在用户散热器中放热后，再直接返回供热管网的回水管中去，如图 2.19 所示。

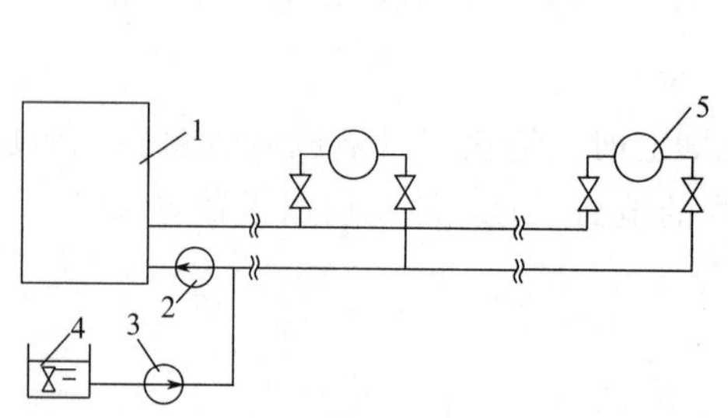

图 2.19　无混水装置直连供暖示意

1—锅炉；2—循环水泵；3—补水泵；4—补水箱；5—热用户

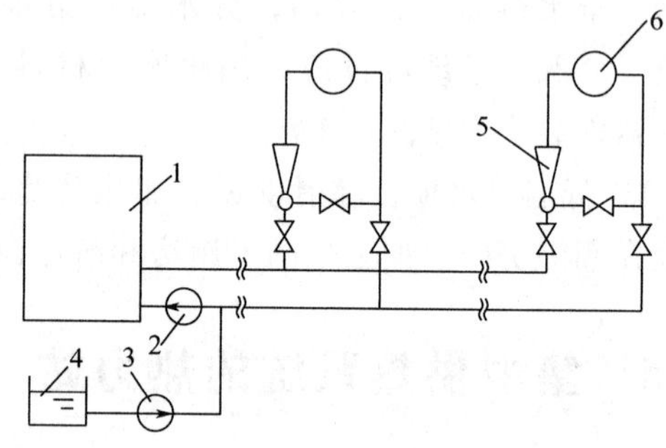

图 2.20　装水喷射器直连供暖示意

1—锅炉；2—循环水泵；3—补水泵；4—补水箱；5—水喷射器；6—热用户

这种直接连接方式最简单，造价低。但只能用在供热管网的设计供水温度不超过规定的散热器采暖系统的最高热媒温度，且用户引入口处热网的供水管、回水管的资用压差大于采暖用户要求的压力损失时方可采用。

（2）装混水装置的直接连接　装混水装置的直接连接，根据采用的混水装置的不同可分为装水喷射器的直接连接和装混合水泵的直接连接。

① 装水喷射器的直接连接　供热管网供水管的高温水进入水喷射器后，在喷嘴处形成很高的流速，喷嘴出口动压升高，静压降低到低于回水管的压力。回水管的低温水被抽引进入喷射器，并与供水混合，使进入采暖用户的供水温度低于热网的供水温度，符合采暖用户的供水温度的要求，如图 2.20 所示。

装水喷射器无活动部件，构造简单、运行可靠，网路系统的水力稳定性好。但由于回水需要消耗能量，热网供、回水之间需要足够的资用压差，才能保证水喷射器的正常工作。如当供暖用户系统的压力损失 $\Delta p=10\sim15\text{kPa}$，混合比（混水装置从网路回水管抽引的回水流量与网路供水流量的比值为混水装置的混合比）$\mu=1.5\sim2.5$ 的情况下，热网供、回水管之间的压差需要达到 $\Delta p_{w}=80\sim120\text{kPa}$ 才能满足要求，因而装水喷射器的直接连接方式，通常只用在单幢建筑物的用户引入口，需要分散管理。

② 装混合水泵的直接连接　当建筑物用户引入口处供热管网的供、回水压差较小，不能满足水喷射器正常工作所需的压差，且需将网路高温水转化为用户低温水向多幢建筑物供热时，可采用装混合水泵的直接连接方式，如图 2.21 所示。

来自热网供水管的高温水，在建筑物用户引入口或小区热力站处，与混合水泵抽引的网路回水相混合，降低温度后，再进入采暖用户系统。为防止混合水泵扬程高于热网供、回水管的压差，而将热网回水抽入热网供水管内，在热网供水管的进口处应装设止回阀，通过调节混合水泵的阀门和热网供、回水管进、出口处的阀门开启度，可在较大范围内调节进入采暖用户的供水温度和流量。

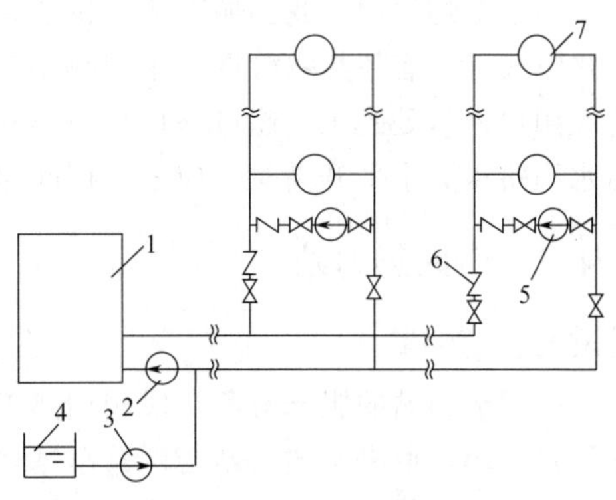

图 2.21　装混合水泵直连供暖示意
1—锅炉；2—循环水泵；3—补水泵；4—补水箱；5—混合水泵；6—止回阀；7—热用户

采用混合水泵的连接方式，可以适当地集中管理，但其造价比采用水喷射器的连接方式高，运行中需要经常维护并消耗电能。装混合水泵的直接连接是我国目前城市高温水供热系统中应用较多的一种连接方式。

2.4.2.2　间接连接

来自热网供水管的高温水，进入设置在建筑物用户引入口或小区热力站处的表面式水-水换热器，通过换热器表面将热能传递给采暖热用户的循环水，冷却后的低温回水返回热网回水管去。二次管网的水在二次网循环水泵的驱动下循环流动，如图 2.22 所示。

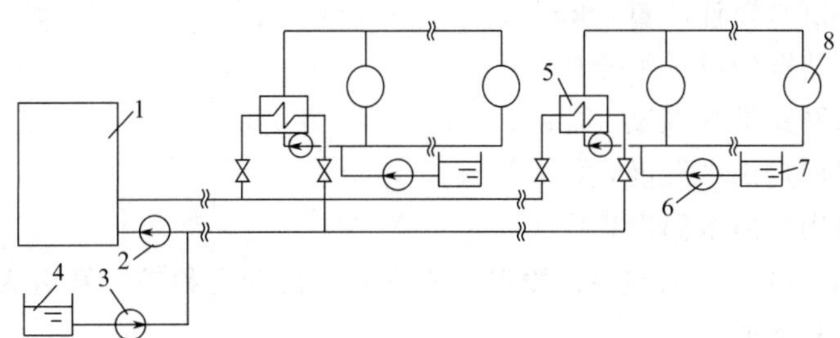

图 2.22　装热交换器间连供暖示意
1—锅炉；2—循环水泵；3—补水泵；4—补水箱；5—热交换器；6—二次网补水泵；7—二次网补水箱；8—热用户

有下列情况之一时，热水供热管网与热用户的连接方式应采用间接连接：

① 大型城市集中供热热网；

② 建筑物采暖热用户系统高度高于热网水压图供水压力线或静水压线；

③ 采暖热用户系统承压能力低于热网回水压力或静水压力；

④ 热网资用压头低于用户采暖系统阻力，且不宜采用加压泵；

⑤ 由于直接连接，而使管网运行调节不便、管网失水率过大及安全可靠性不能有效保证。

间接连接方式需要在建筑物用户引入口或小区热力站处设置表面式水-水换热器和采暖热用户的循环水泵等设备，造价比上述直接连接高得多。循环水泵需要经常维护并消耗电能，运行费用增加。

基于上述原因，我国城市集中供热系统中热水管网与采暖热用户的连接，主要采用直接连接方式，只有在热水管网与采暖热用户的压力状况不适应时才采用间接连接。如热网回水管在用户入口处的压力超过该用户散热器的承受能力，或高层建筑采用直接连接，会使整个热水网路压力水平升高时，应该采用间接连接。

2.4.3 小区热力站

2.4.3.1 规模

民用热力站的服务对象是民用用热单位（民用建筑及公共建筑），民用小区热力站的最佳供热规模，取决于热力站与网路总基建费用和运行费用，应通过技术经济比较确定。一般来说，对新建居住小区，每个小区设一座热力站，供热规模在 5 万～15 万平方米为宜。

2.4.3.2 设计原则

① 保证功能及运行安全，满足用户用热参数（压力、温度和流量）；

② 合理进行设备选型、管径配置，合理布置管路，优化设计方案；

③ 实用美观，为检修、设备维护留出足够空间，视觉效果好。

2.4.3.3 设备选择

（1）装混水装置的直接连接　采用装混水装置的直接连接，选择混水装置可根据混水装置的混合比确定混水装置的设计流量：

$$G_h=\mu G \tag{2-32}$$

$$\mu=\frac{\tau_1-t_g}{t_g-t_h} \tag{2-33}$$

式中　G_h——混水装置的设计流量，kg/h；

G——网路供水设计流量，kg/h；

μ——混水装置的设计混合比；

τ_1——热水网路供水温度，℃；

t_g——采暖用户供水温度，℃；

t_h——采暖用户回水温度，℃。

① 水喷射器的选择　水喷射器由喷嘴、引水室、混合室和扩压管组成。按水力学原理，水喷射器各断面流速分别为

$$v_p=G_oV_p/F_p \tag{2-34}$$

$$v_2=\mu G_oV_h/F_2 \tag{2-35}$$

$$v_3=(1+\mu)G_oV_g/F_3 \tag{2-36}$$

式中　v_p——混合室入口处加热水的流速，m/s；

v_2——混合室入口处被抽引水的流速，m/s；

v_3——混合室出口处混合水的流速，m/s；

G_o——外网进入用户的加热水流量，kg/s；

V_p——加热水的比体积，m^3/kg；

V_h——被抽引水的比体积，m^3/kg；

V_g——混合水的比体积，m^3/kg；

F_p——喷管出口截面积，m^2；

F_2——被抽引水在混合室入口截面上所占的面积，m^2；

F_3——圆筒形混合室的截面积，m^2。

水喷射器的动量方程为

$$\phi_h(v_p+\mu v_2)-(1+\mu)v_3=(p_3-p_2)F_3/G_o \tag{2-37}$$

式中 ϕ_h——混合室的流速系数，取 $\phi_h=0.975$；

p_3——混合水在混合室出口的压力，Pa；

p_2——被抽引水在混合室入口处的压力，Pa。

假设加热水在混合室入口截面上所占的面积与喷管出口截面积 F_p 相等，此假设对水喷射器 $F_3/F_p\geqslant 4$ 的情况足够准确，则有 $F_2=F_3-F_p$。

因此通过喷管的加热水流量为

$$G_o=\phi_1 F_p\sqrt{\frac{2(p_0-p_h)}{V_p}} \tag{2-38}$$

式中 ϕ_1——喷管的流速系数，取 $\phi_1=0.95$；

p_0——加热水进喷管时的压力，Pa；

p_h——被抽引水在引水室中的压力，Pa。

引水室中被抽引水的流速和混合水流出扩压管的流速比很小，可以忽略。

由能量守恒定律，有

$$p_2=p_h-\left(\frac{v_2}{\phi_2}\right)^2/2v_h \tag{2-39}$$

$$p_3=p_g-(\phi_3 v_3)^2/2v_g \tag{2-40}$$

式中 p_g——扩压管出口混合水的压力，Pa；

ϕ_2——混合室入口的流速系数，取 $\phi_1=0.925$；

ϕ_3——扩压管的流速系数，取 $\phi_1=0.9$。

如果取 $v_p=v_h=v_g$，则水喷射器的扬程为

$$\Delta p_g=p_g-p_h=\left[\frac{1.76}{F_3/F_p}+1.76\frac{\mu}{F_3/F_p(F_3/F_p-1)}-1.05\frac{\mu^2}{(F_3/F_p-1)^2}-1.07\frac{(1+\mu)^2}{(F_3/F_p)^2}\right]\Delta p_p \tag{2-41}$$

式中 Δp_p——工作水在喷管中的压降，$\Delta p_p=p_0-p_h$，Pa。

由式(2-41) 可知，水喷射器的扬程取决于喷射器的混合比 μ 和截面比 F_3/F_p，而与水喷射器的绝对尺寸无关，即具有相同截面比 F_3/F_p 的水喷射器都具有相同的特征。

根据设计混合比 μ 查表 2.11 可确定水喷射器的最佳截面比和最佳压降比。

表 2.11 不同混合比 μ 条件下的最佳截面比和最佳压降比

μ	0.3	1.0	1.2	1.4	1.6	1.8	2.0	2.2
$(\Delta p_g/\Delta p_p)_{opt}$	0.242	0.205	0.176	0.154	0.136	0.121	0.109	0.0983
$F_b=(F_3/F_p)_{opt}$	3.8	4.5	5.2	5.9	6.7	7.5	8.3	9.2

在工程设计中，只要已知水喷射器的混合比 μ 值，就可从表 2.11 中查出相应的最优值，相应喷管出口截面积可由下式确定

$$F_p=\frac{G_o}{\phi_1}\sqrt{\frac{v_p}{2\Delta p_p}} \tag{2-42}$$

喷管出口截面与入口截面之间的最佳距离，一般为圆筒形混合室直径的 1.0～1.5 倍，

圆筒形混合室的长度一般为圆筒形混合室直径的6～10倍，扩散管的扩散角一般取6°～8°。

② 混合水泵的选择　混合水泵的扬程应不小于混水点以后采暖用户系统的总阻力。采用混合水泵时，不少于两台，其中一台备用。

（2）间接连接

① 换热器选择　换热器传热面积可按公式(2-25) 计算：

其中

$$Q=q_A A \tag{2-43}$$

式中　Q——供暖用户设计热负荷，W/m²；

q_A——供暖建筑面积热指标，见表2.12，W/m²；

A——供暖建筑面积，m²。

表2.12　供暖建筑面积热指标 q_A 推荐值

建筑物类型	住宅	居住区/综合	学校/办公	医院/幼托	旅馆	商店	食堂/餐厅	影剧院/展览馆	大礼堂/体育馆
未采取节能措施	58～64	60～67	60～80	65～80	60～70	65～80	115～140	96～115	115～165
采取节能措施	40～45	45～55	50～70	55～70	50～60	55～70	100～130	80～105	100～150

注：1. 表中数值适用于我国东北、华北、西北地区。

2. 热指标中已包括约5%的管网热损失。

热力站应选择工作可靠，换热性能良好的换热器。在有条件的情况下，热力站应采用全自动组合换热机组。热力站中换热器台数不宜少于两台，不考虑备用。当其中一台停止工作时，其他换热器的供热量应满足采暖热用户热负荷的70%。

② 循环水泵选择　循环水泵扬程不应小于换热器和热力站内管道设备、主干线和最不利用户内部系统阻力之和，循环水泵扬程计算

$$H=1.1\times(H_r+H_w+H_y) \tag{2-44}$$

式中　H——循环水泵扬程，kPa；

H_r——换热器和热力站内管道设备阻力，kPa；

H_w——主干线供回水管线总阻力损失，kPa；

H_y——最不利用户内部系统阻力损失，一般分户计量散热器采暖系统取30～40kPa，低温地板辐射采暖系统取50kPa，kPa。

循环水泵流量不应小于所有供暖用户设计流量之和，循环水泵流量可用公式(2-28)计算。

式中　Q——供暖用户设计热负荷，W；

t_g——供暖用户供水温度，℃；

t_h——供暖用户回水温度，℃；

ρ——供暖用户供水密度，kg/m³。

循环水泵应具有工作点附近较平缓的流量-扬程特性曲线，并联运行水泵的特性曲线宜相同。循环水泵台数不应少于两台，其中一台备用。

在相同流量和扬程条件下，尽可能采用低速泵。卧式泵便于维修，但占地面积较大，参数选择范围小；立式泵占地面积较小，参数选择范围大，但目前维护上还存在难点。

③ 补水泵选择　补水泵流量宜为正常补水量的4～5倍，正常补水量宜采用系统水容量的1%。

补水泵的扬程不应小于补水定压点的压力加30～50kPa。为保证系统在停止和运行时充

满水，补水定压点的压力为采暖系统用水最高点的静水压力，并且不超过直接连接用户系统底层散热设备的允许压力，如普通散热器用户 0.4MPa、地暖用户 0.8MPa。

补水泵台数不宜少于两台，其中一台备用。

④ 补水箱选择　补水箱的有效容积应能满足储存 1～1.5h 正常补水水量的要求。

⑤ 除污器选择　除污器作用是用来清除和过滤管路中的杂质和污垢，以保证系统内的水质洁净，减少阻力和防止堵塞设备和管路。

热网供水总管及采暖用户系统回水总管上，应设置除污器。除污器分立式直通、卧式直通和角通除污器，除污器的型号应按接管管径确定。当除污器安装有困难时，宜采用体积小、不占用使用面积的管道式过滤器。除污器或过滤器横断面中水的流速宜取 0.05m/s。

⑥ 分、集水器选择　采暖用户系统中存在三个或三个以上运行温度相同，相同定压点压力均能满足安全运行的环路时，可设置分、集水器。这样可节省空间，工艺布置较为简单，运行调节方便。

分、集水器的筒身直径可按断面流速 $v=0.1$m/s 确定，或按经验估算 $D=(1.5\sim3)d_{max}$，d_{max}为支管中最大管径。

⑦ 软化水设备选择　间接连接采暖热用户系统的补水质量应保证换热器不结垢，应对补给水进行软化处理或加药处理。当采用化学软化处理时，补给水水质应符合下列规定：

悬浮物　　小于或等于 5mg/L

总硬度　　小于或等于 0.6mmol/L

溶解氧　　小于或等于 0.1mg/L

含油量　　小于或等于 2mg/L

pH（25℃）　7～12

当采暖用户系统中没有钢制散热器时可不除氧；当采用加药处理时，补给水水质应符合下列规定：

悬浮物　　小于或等于 20mg/L

总硬度　　小于或等于 6mmol/L

含油量　　小于或等于 2mg/L

pH（25℃）　7～12

当系统规模较小，水处理可采用体积小、易于管理的全自动软化水处理器。

2.4.4　设备布置

① 换热器布置时，应考虑清除水垢、拆洗检修的场地；

② 水泵基础应高出地面不小于 0.15m；

③ 水泵基础之间、水泵基础距墙的距离不应小于 0.7m；

④ 当供热系统采用质调节时，宜在供水或回水总管设置自动流量调节阀；当供热系统采用变流量调节时，宜装设自力式压差调节阀。

3

民用建筑空调设计

3.1　民用建筑空调设计概述

无论是现代的豪华建筑还是公共建筑、高层住宅以及待改造的旧建筑物，在设计空调系统以前必须了解建筑物的室内外气候条件，室内温、湿度要求，室内空调热湿负荷等。空调房间内的热湿负荷的大小对空调系统的规模、设备的选择、调节方式的确定以及运行管理都有重要的意义和影响，所以为了设计好一个空调系统，选用既节能又运转安全可靠的空调制冷机组，并便于安装和运行管理，就必须首先进行一系列的设计计算，这些工作不仅对专门从事设计任务的工作人员很重要，而且对空调使用者也同样重要。

工程项目的设计可根据项目的性质、规模及技术复杂程度分阶段进行。民用建筑空调工程设计一般分为方案设计、初步设计和施工图设计三个阶段。

根据空调的目的，可分为舒适性空调和工艺性空调，舒适性空调的作用是维持室内空气满足室内人员的舒适性要求，保证良好的工作条件和生活条件，工艺性空调的作用是满足生

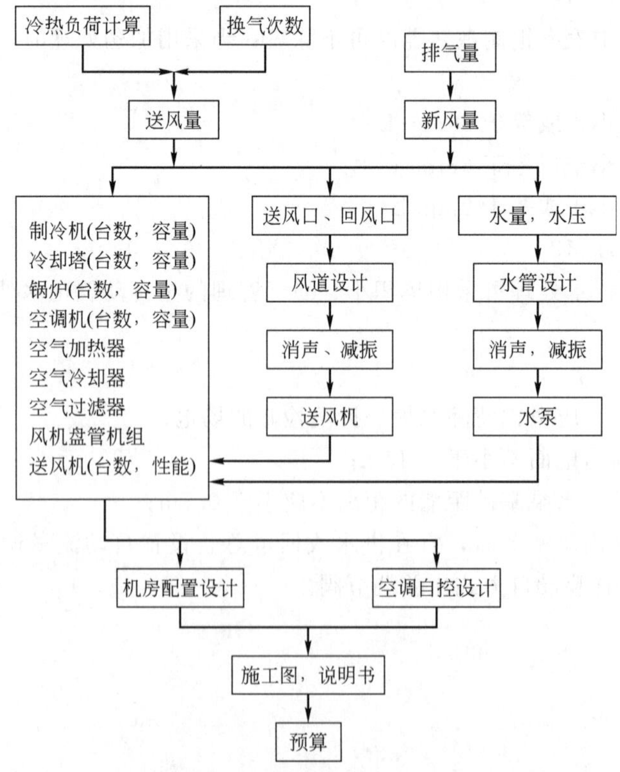

图 3.1　民用建筑空调的设计程序

产工艺过程对空气状态的要求，以保证生产过程顺利进行及产品的质量。

一般民用建筑空调的设计程序见图 3.1。

3.2 空调负荷计算

3.2.1 计算空调热湿负荷的目的

空调系统的作用是在排除室内热负荷的同时排除室内湿负荷，使室内同时维持要求的温度和湿度。

热湿负荷的大小对空调系统的规模有决定性的影响。所以为了设计一个空调系统，第一步要做的工作是计算其热湿负荷。另外确定空调系统的送风量或送风参数，也必须依据空调房间的热湿负荷值，因为空调是通过向室内送入一定量的空气来带走室内的热湿负荷而实现其功能的。如果送风量一定，则负荷值决定了送风参数；如果送风参数一定，则负荷值决定了送风量。

3.2.2 空调负荷计算

根据我国国家标准《采暖通风与空气调节设计规范》(GB 50019—2003）的规定，对于舒适性空调，室内空气设计参数可按照表 3.1 选用。

表 3.1 舒适性空调室内设计参数

季节	温度/℃	相对湿度/%	风速/(m/s)
夏季	22～28	40～65	≤0.3
冬季	18～24	30～60	≤0.2

民用建筑空气调节系统的夏季冷负荷应尽量按计算确定，常用门窗的传热系数见表 3.2 和表 3.3。

表 3.2 常用窗户的传热系数

窗框材料	窗户类型	空气层厚度/mm	窗框、窗洞面积比/%	传热系数/(W/m^2·K)	热阻/(m^2·K/W)
钢、铝	单层窗		20～30	6.4	0.16
	单框双玻璃窗	12	20～30	3.9	0.26
		16	20～30	3.7	0.27
		20～30	20～30	3.6	0.28
	双层窗	100～140	20～30	3.0	0.33
	单层窗＋单框双玻璃窗	100～140	20～30	2.5	0.40
木、塑料	单层窗		30～40	4.7	0.21
	单框双玻璃窗	12	30～40	2.7	0.37
		16	30～40	2.6	0.38
		20～30	30～40	2.5	0.40
	双层窗	100～140	30～40	2.3	0.43
	单层窗＋单框双玻璃窗	100～140	30～40	2.0	0.50

表 3.3 常用门的传热系数

门框材料	门的类型	传热系数/(W/m² · K)	热阻/(m² · K/W)
木、塑料	单层实体门	3.5	0.29
	夹板门和蜂窝夹心门	2.5	0.40
	双层玻璃门(玻璃比例不限)	2.5	0.40
	单层玻璃门(玻璃比例＜30％)	4.5	0.22
	单层玻璃门(玻璃比例 30％～60％)	5.0	0.20
金属	单层实体门	6.5	0.15
	单层玻璃门(玻璃比例不限)	6.5	0.15
	单框双玻门(玻璃比例＜30％)	5.0	0.20
	单框双玻门(玻璃比例 30％～70％)	4.5	0.22
无框	单层玻璃门	6.5	0.15

当按照计算确定时，应注意区分以下概念。

(1) 得热量与冷负荷　得热量是指在某一时刻进入室内的热量或在室内产生的热量，这些热量中有显热或潜热，或两者兼有。通过围护结构的传热、灯具散热等都属显热得热。室内人体或设备的散热可属于潜热得热，即由散发水蒸气带入空气的热量。

冷负荷是指为维持室温恒定，空调设备在单位时间内必须自室内取走的热量，也即室内空气在单位时间内得到的总热量。得热量不一定等于冷负荷，因为只有得热中的对流成分才能被室内空气立即吸收，而得热中的辐射成分却不能直接被空气吸收。冷负荷峰值小于得热量的峰值，冷负荷峰值的出现晚于得热量峰值的出现时间，房间的热容量（蓄热能力）越小，上述的衰减和延滞现象越弱，冷负荷的峰值（不论其大小还是出现时间）就越接近得热量的峰值。

(2) 夏季冷负荷与附加冷负荷　空调区的夏季冷负荷，应根据所服务空调区的使用情况、空调系统的类型及调节方式，按各空调区逐时冷负荷的综合最大值或各空调区夏季冷负荷的累计值确定，并应计入各项有关的附加冷负荷。所谓附加冷负荷，系指新风冷负荷，空气通过风机、风管的温升引起的冷负荷，冷水通过水泵、水管、水箱的温升引起的冷负荷以及空气处理过程产生冷热抵消现象引起的附加冷负荷等。

(3) 房间负荷与系统负荷　空调负荷还可以分为房间负荷和系统负荷两种。发生在空调房间内的负荷称为房间负荷；还有一些发生在空调房间以外的负荷，如新风状态与室内空气状态不同所引起的新风负荷，风管传热造成的负荷等，它们不直接作用于室内，但是最终也要由空调系统承担。将以上两种负荷合在一起就成为系统负荷。应当根据系统负荷来选择空气处理设备。

确定系统冷负荷时，应考虑空调系统在使用时间上的不同，建议采用以下同时使用率：

中、小会议室　80％；中、小宴会厅　80％；旅馆客房　90％。

(4) 空调冷源冷负荷　冷源冷负荷应为空调系统冷负荷及其附加值的总和，其附加率应考虑风机散热和风管得热的附加率，送风管道漏风的附加率，回风管道在非空调空间时，漏入风量对回风参数的影响以及制冷装置和冷水系统的冷量损失附加率等。

当计算条件不具备时，可参考下列方法之一估算。

(1) 计算式估算法　空气调节房间内的冷负荷包括由于外围护结构传热、太阳辐射热、空气渗透、人员散热、灯光散热、室内其他设备散热引起的冷负荷，再加上室外新风量带来的冷负荷，即为空气调节系统的冷负荷。估算时，可以外围护结构和室内人员两部分为基础，把整个建筑物看成一个大空间，按各朝向计算其冷负荷，再加上每位在室内人员按116.5W计算的全部人员散热量，然后将该结果乘以新风负荷系数1.5，即为估算建筑物的总负荷，其计算公式如下：

$$Q = (Q_W + 116.5n) \times 1.5 \tag{3-1}$$

式中　Q——建筑物空气调节系统总冷负荷，W；

Q_W——整个建筑物围护结构引起的总冷负荷，W；

n——建筑物内总人数。

(2) 单位面积冷负荷指标法　根据国内现有的一些工程冷负荷指标套用（按建筑面积的冷负荷指标）：

旅馆　$70 \sim 95\text{W/m}^2$

旅馆中的餐厅　$290 \sim 350\text{W/m}^2$

办公楼（全部）　$95 \sim 115\text{W/m}^2$

另外，还可以根据查表法和有关空调负荷计算软件进行计算。

3.3 通风量及其性能参数的确定

3.3.1 空调系统通风量设计

(1) 空调送风量的确定　空调房间送风量的大小一般需要用湿空气的 i-d 图进行计算，即由已知的室外、室内空气状态参数、室内空调负荷（即余热余湿）、送风量温差等在 i-d 图上画出送风方案，然后进行一系列的计算而求出。

(2) 用换气次数确定房间送风量　若已知空调房间体积和换气次数，即可计算出空调房间送风量。

$$L = A \times B \times H \times n(\text{m}^3/\text{h}) \tag{3-2}$$

式中　A，房间长；B，房间宽；H，房间高；n，换气次数（次/h），即房间通风量与房间容积的比值。

常用空调房间换气次数的推荐值见表3.4。

表3.4　空调房间换气次数的推荐值

空调房间类型	换气次数/(次/h)	空调房间类型	换气次数/(次/h)	空调房间类型	换气次数/(次/h)
浴室	4～6	商店	6～8	洗衣坊	10～15
淋浴室	20～30	大型购物中心	4～6	染坊	5～15
办公室	3～6	会议室	5～10	酸洗车间	5～15
图书馆	3～5	允许抽烟影剧院	4～6	油漆间	20～50
病房	20～30	不允许抽烟影剧院	5～8	实验室	8～15
食堂	6～8	手术室	15～20	库房	3～6
厕所	4～8	游泳馆	3～4	旅馆客房	5～10
衣帽间	3～6	游泳馆的更衣室	6～8	蓄电池室	4～6
教堂	8～10	学校阶梯教室	8～10		

(3) 系统新风量确定　系统的新风量确定需考虑下列三个因素。

① 卫生要求　在人长期停留的空调房间内，新鲜空气的多少对于健康有直接影响。在实际工程设计时，可根据有关设计手册、技术措施以及当地卫生防疫部门所规定的数据确定空调房间内人均新风量标准。

② 补充局部排风　当空调房间内根据需要设置排风系统时，为了不使空调房间产生负压，必须有相应的新风来补充排风量。

③ 保持空调房间正压要求　为了防止外界空气渗透入空调房间，干扰空调房间内温湿度或空调房间正压值保持在 5～10Pa 范围内，需向室内补充新风。

空调系统设计时，应取上述三项中的最大者作为系统新风量的计算值。此外，对于绝大多数空调系统来说，当按上述方法得出的新风量不足总风量的 10%时，要按 10%确定。

民用建筑人员所需的最小新风量见表 3.5。

表 3.5　民用建筑人员所需的最小新风量　　单位：[m^3/(h·人)]

房间类型			最小新风量
旅游旅馆、饭店	客房	三～五星级	≥30
		二星级以下	≥20
	餐厅、宴会厅、多功能厅	三～五星级	≥30
		二星级以下	≥20
	会议室、办公室、接待室	三～五星级	≥50
		二星级以下	≥30
	病房	大	≥35
		小	≥50
	诊室		≥25
	手术室		≥60
办公楼	办公室(无烟)	高级	35～50
		一般	20～30
	会议室(无烟)		30～50
学校	教室	小学	≥11
		初中	≥14
		高中	≥17
文体建筑	影剧院、音乐厅	观众厅	≥20
	体育馆	观众厅	≥20
	室内游泳馆		10～15
	展览馆、博物馆	展厅、观众厅	10～15
	图书馆	阅览室	≥15
商店			10～20

全年使用的集中空调系统，过渡季应尽量使用新风，保持室内正压每小时所需的新风换气次数见表 3.6，新风量较大或房间较严密时，应有排风措施，过渡季使用全新风时，室内正压值不应超过 50Pa。

表 3.6 保持室内正压每小时所需的新风换气次数/(次/h)

室内正压值/Pa	无外窗房间	有外窗,密封性较好的房间	有外窗,密封性较差的房间
5	0.6	0.7	0.9
10	1.0	1.2	1.5
15	1.5	1.8	2.2
20	2.1	2.5	3.0
25	2.5	3.0	3.6
30	2.7	3.3	4.0
35	3.0	3.8	4.5
40	3.2	4.2	5.0
45	3.4	4.7	5.7
50	3.6	5.3	6.5

(4) 新风冷负荷　在 i-d 图上，根据室外空气的夏季空调计算干球温度 t_w 和湿球温度 t_{ws} 确定新风状态点 W，查出新风的焓 h_W；根据室内空气的设计温度 t_N 和相对湿度 Φ_N，确定回风状态点 N（即室内设计状态点），查出回风的焓 h_N，则新风负荷可按下式计算：

$$Q_W = G_W(h_W - h_N) \tag{3-3}$$

式中　Q_W——新风负荷，kW；

G_W——新风量，kg/s；

h_W——室外空气的焓，kJ/kg；

h_N——室内空气的焓，kJ/kg。

前面已介绍了确定新风量的方法。h_W 和 h_N 可根据设计条件由 i-d 图确定，这样，新风冷负荷 Q_W 就不难算得。

3.3.2 空气量平衡

图 3.2 表示空调系统的空气平衡关系。从图中可以看出：当把这个系统中的送、回风口调节阀调节到 L 大于从房间吸走的回风量（如 0.9L）时，房间即呈正压状态，而送、回风量差 L 就通过门窗的不严密处（包括门的开启）或从排风口渗出。

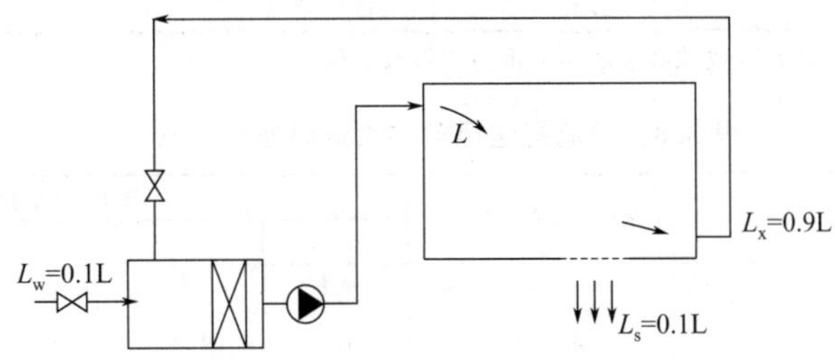

图 3.2 空调系统空气平衡关系图

对于全年新风量可变的系统，在室内要求正压并借门窗缝渗透排风的情况下，空气平衡关系如图 3.3 所示。设房间内从回风口吸走的风量为 L_x，门窗渗透排风量为 L_s，进空调箱的回风量为 L_n，新风量为 L_w，则：

对于房间来说，送风量 $L = L_x + L_s$。

对于空调处理箱来说，送风量 $L = L_n + L_w$。

必须指出，在冬夏季室外设计计算参数下规定最小新风百分数，是出于经济和节约能源

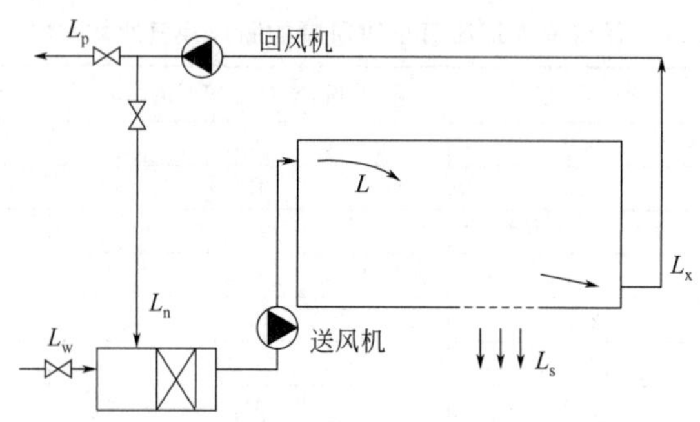

图 3.3 年新风量变化时空气平衡关系图

考虑所采用的最小新风量。在春、秋过渡季节的大多数情况下，可以提高新风比例，从而利用新风所具有的冷量或热量以节约系统的运行费用。这就成了全年新风量变化的系统。为了保持室内恒定的正压和调节新风量，必须进一步讨论空调系统中的空气平衡问题。

当过渡季节采用较额定新风比为大的新风量，而要求室内恒定正压时，则在上两式中必然要求 $L_x > L_n$ 及 $L_w > L_s$。而 $L_x - L_n = L_p$，L_p 即系统要求的机械排风量。通常在回风管路上装回风机和排风管（图 3.3）进行排风，根据新风量的多少来调节排风量，这就可能保持室内恒定一正压（如果不设回风机，则如图 3.2 那样，室内正压随新风多少而变化），这种系统称为双风机系统。

对于其他场合（例如室内有局部排风等），可用同样的原则去分析空气平衡问题。

3.3.3 空调系统的风速确定

（1）送风口送风速度的确定　送风口最大送风速度推荐值见表 3.7～表 3.9。

表 3.7 侧送百叶风口的最大送风速度/(m/s)

建筑性质	最大送风速度	建筑性质	最大送风速度
录音、广播室	1.5～2.5	个人办公室	2.5～5.0
公寓、别墅、住宅	2.5～3.8	个人办公室(无隔音)	4.0～6.0
旅馆客房	2.5～3.8	一般办公室	5.0～6.0
剧场、展厅	2.5～3.8	电影院	5.0～6.3
会堂	2.5～3.8	百货公司	5.0～7.5

注：送风口位置高、工作区允许风速高和噪声标准低时取较大值。

表 3.8 散流器送风的最大送风速度/(m/s)

建筑性质	允许噪声/dB(A)	室内的净高度/m				
		3	4	5	6	7
广播室	32	3.9	4.2	4.3	4.4	4.5
剧场、住宅、手术室	33～39	4.4	4.6	4.8	5.0	5.2
旅馆、饭店、个人办公室	40～46	5.2	5.4	5.7	5.9	6.1
商店、银行、餐厅、百货公司	47～53	6.2	6.6	7.0	7.2	7.4
公共建筑：一般办公、百货公司底层	54～60	7.4	7.9	8.3	8.7	8.9

表 3.9 孔板、条缝和喷口送风的最大送风速度/(m/s)

风口	最大送风速度	备　　注
孔板下送	3.0～5.0	送风均匀性要求高，送热风时宜取上限值
条缝口下送	2～4	风口安装位置高、人员活动区允许有较大风速时，取上限值
喷口	4～8	空调区域内噪声要求不严时，最大值可取 10 m/s

在空调工程中，为保证风系统的风量平衡，需设置一次性调节阀，风道上可采用三通阀、蝶阀或多叶调节阀等。送风口均应能进行风量调节，要求不高时可采用双层百叶风口。

空调器的新风、回风入口和排风口处，应设置具备启闭和调节功能的阀门，宜采用密闭式对开多叶调节阀，有自动控制时，采用电动阀门。

空调房间除对工作区内的温度、相对湿度有一定的精度要求以外，还要求有均匀、稳定的温度场，有时还要控制噪音水平和含尘浓度，这些都直接受气流流动和分布状况的影响。这些又取决于送风口的结构形式、尺寸，送风的温度、速度，气流方向和送回风口的位置等。

(2) 回风口吸风速度的确定　回风口吸风速度的推荐值见表 3.10。

表 3.10　回风口吸风速度的推荐值/(m/s)

回风口的位置	最大吸风速度	回风口的位置	最大吸风速度
位于人的活动区之上时	≥4.0	门上格栅或墙上回风格	2.5～5.5
在人的活动区内离座位较远时	3.0～4.0	走廊回风时	1.0～1.5
在人的活动区内离座位较近时	1.5～2.0		

3.3.4 散流器送风的计算例题

例：某空调工程，室温要求 (20±1)℃，室内长、宽、高分别为 $A\times B\times H=6\text{m}\times3.6\text{m}\times3.2\text{m}$，夏季每平方米空调面积的显热冷负荷为 $q=282\text{kJ/h}$，采用盘式散流器平送，确定各有关参数。

解：

① 布置两个散流器。每个散流器的送风面积为 $F_n=3\times3.6=10.8\text{m}^2$，水平射程为 1.5m 和 1.8m，平均射程 $l=\dfrac{1.5+1.8}{2}=1.65\text{m}$。垂直射程 $h_x=3.2-2=1.2\text{m}$，$\dfrac{l}{h_x}=\dfrac{1.65}{1.2}=1.38$，$0.5<1.38<1.5$，符合散流器布置要求。

② 选取送风温差 $\Delta t_0=6$℃。计算单位面积送风量并校核换气次数 n。

$$L_s=\frac{q}{c\rho\Delta t_0}=\frac{282}{1.01\times1.2\times6}=38.7\text{m}^3/(\text{h}\cdot\text{m}^2)$$

$$n=\frac{L_s}{H}=\frac{38.7}{3.2}=12.1(\text{次/h})$$

当精度为±1℃时，$n>5$ 次/h 即可，现 $12.2>5$，满足换气次数要求。

③ 选取喉部风速 $v_0=3\text{m/s}$，计算得喉部面积 F_0 为 0.0387m^2，则 $d_0=0.22\text{m}$。

④ 确定修正系数 K　$0.1\dfrac{l}{\sqrt{F_0}}=0.1\times\dfrac{1.65}{\sqrt{0.0387}}=0.837$　根据 $0.1\dfrac{l}{\sqrt{F_0}}$ 和 $\dfrac{l}{h_x}$ 值，查得 $K=0.48$。

⑤ 计算轴心温差 Δt_x：

$$\Delta t_x=\Delta t_0\frac{1.1\sqrt{F_0}}{K(h_x+l)}=6\times\frac{1.1\sqrt{0.0387}}{0.48\times(1.2+1.65)}=0.95$$

0.95℃≤1℃，满足空调精度的要求。

⑥ 复核工作区风速：

$$v_x=v_0 1.2K\frac{\sqrt{F_0}}{h_x+l}=3\times1.2\times0.48\times\frac{\sqrt{0.0387}}{(1.2+1.65)}=0.12\text{m/s}$$

能满足工作区的风速要求。

⑦ 校核贴附长度：

$$Ar=11.1\frac{\Delta t_0\sqrt{F_0}}{v_0{}^2 T_n}=11.1\times\frac{6\times\sqrt{0.0387}}{3^2\times(273+20)}=0.005$$

阿基米德数 $Ar_x=0.06Ar\left(\frac{h_x+l}{\sqrt{F_0}}\right)^2=0.06\times0.005\times\frac{2.85^2}{0.0387}=0.063$

射程 $l_x=0.54\sqrt{\frac{F_0}{Ar}}=0.54\sqrt{\frac{0.0387}{0.005}}=1.5\text{m}$

Ar_x值为 $0.063<0.18$，但 l_x值为 1.5m 略小于 1.65m ，射流轴心实际在 l 距离稍前处下落，因此基本满足要求。

计算步骤：

① 根据房间建筑尺寸，考虑 $0.5<\frac{l}{h_x}<1.5$ 要求，布置散流器并决定其个数。l 为水平射程，垂直射程 $h_x=H-h$。

② 选取送风温差 Δt_0，计算送风量，校核换气次数。

③ 选定吼部风速（一般宜为 2～5m/s），根据单个散流器风量计算喉部面积 F_0。

④ 根据 $0.1\frac{l}{\sqrt{F_0}}$和$\frac{l}{h_x}$值，查得 K（考虑气流受限的修正系数）。

⑤ 按式$\frac{\Delta t_x}{\Delta t_0}=\frac{1.1\sqrt{F_0}}{K\ (h_x+l)}$计算轴心温差 Δt_x，其值应小于空调精度。

⑥ 校核工作区流速。用式$\frac{v_x}{v_0}=1.2K\frac{\sqrt{F_0}}{h_x+l}$计算出气流轴心流速 v_x，该值若小于工作区允许风速即符合要求。

⑦ 校核气流贴附长度。对于散流器平送，当阿基米德数 $Ar\geqslant0.18$ 和射程 $l_x<l$ 时，气流失去贴附性能。

3.4 室内空调系统设计与选择的基本原则

3.4.1 空调系统选择原则

在选择空调系统时，应遵循下列基本原则。

对于使用时间不同、空气洁净度要求不同、温湿度基数不同、空气中含有易燃易爆物质的房间，负荷特性相差较大，以及同时分别需要供热和供冷的房间和区域，宜分别设置空调系统。

空间较大、人员较多的房间，以及房间温湿度允许波动范围小、噪声和洁净度要求较高的工艺性空调区，宜采用全空气定风量空调系统。

当各房间热湿负荷变化情况相似时，采用集中控制；各房间温湿度波动不超过允许范围时，可集中设置共用的全空气定风量空调系统；若采用集中控制，某些房间不能达到室温参数要求，而采用变风量或风机盘管等空调系统能满足要求时，不宜采用末端再热的全空气定风量空调系统。

当房间允许采用较大送风温差或室内散湿量较大时，应采用具有一次回风的全空气定风量空调系统。当要求采用较小送风温差，且室内散湿量较小，相对湿度允许波动范围较大时，可采用二次回风系统。

当负荷变化较大，多个房间合用一个空调系统，且各房间需要分别调节室内温度，尤其是需全年送冷的内区空调房间，在经济、技术条件允许时，宜采用全空气变风量空调系统。当房间温湿度波动范围小或噪声要求严格时，不宜采用变风量空调系统。采用变风量空调系统，风机宜采用变速调节；应采取保证最小新风量要求的措施；当采用变风量末端装置时，应采用扩散性能好的风口。

空调房间较多、各房间要求单独调节，且建筑层高较低的建筑物，宜采用风机盘管加新风系统，经处理的新风宜直接送入室内。当房间空气质量和温湿度波动范围要求严格或空气中含有较多油烟时，不宜采用风机盘管。

中小型空调系统，有条件时可采用变制冷剂流量分体式空调系统；该系统不宜用于振动较大、产生大量油污蒸汽以及产生电磁波和高频波的场所。全年运行时，宜采用热泵式机组；同一空调系统中，当同时有需要分别供冷和供热的房间时，宜采用热回收式机组。

全年进行空气调节，且各房间或区域负荷特性相差较大，长时间同时需分别供热和供冷的建筑物，经技术经济比较后，可采用水环热泵空调系统。冬季不需供热或供热量很小的地区，不宜采用水环热泵空调系统。

当采用冰蓄冷空调冷源或有低温冷媒可利用时，宜采用低温送风空调系统；对要求保持较高空气湿度或需要较大换气量的房间，不应采用低温送风系统。

舒适性空调和条件允许的工艺性空调，可用新风做冷源时，全空气空调系统应最大限度地使用新风。

3.4.2 送风系统设计原则

(1) 送风系统的分类　空调送风系统可分为两类：①低风速全空气单（双）风道送风方式；②风机盘管加新风系统中的送新风方式。

较大面积的公用场所，如商场、交易大厅、宴会厅、影剧院和体育馆等，多采用第一种送风方式，而写字间和宾馆饭店中的一、二、三级客房等较小面积的空调房间，则多采用第二种送新风的方式。

(2) 采用全空气空调方式送风系统的划分　公用场所各厅室，如采用全空气单（双）风道空调方式时，送风系统应按空调房间使用时间的不同而划分区域。为了达到经济运行和便于管理的目的，必须根据这些空调房间的使用规律、负荷特点划分系统的服务范围和规模，并尽量使空调机组设置在靠近空调房间的地方。

(3) 采用风机盘管加新风空调方式新风系统的划分　无论是写字间、客房新风系统还是公用场所各厅室新风系统，应以楼层和房间使用功能按中小规模划分新风区域。最大系统的新风量不宜超过 $4000m^3/h$。

(4) 风系统划分区域不宜过大　无论全空气风系统还是新风系统均不宜将区域划分过大，以防止由于风系统区域过大使系统风量过大、输配距离过长所带来的 3 种弊病：

① 主干风管断面过大，需占用较大的建筑空间；

② 空气输配用电过大；

③ 系统风量的沿途漏损增大。

按中、小规模划分风系统，可在非旅游季节餐厅、舞厅等公用场所宾客少和在客房出租率较低时，便于关停部分楼层或区段的风系统设备。

（5）送风系统应设置风量调节装置

① 送风系统宜采用双速电机驱动的风机或并联双风机。因为，无论是公用场所或客房每天人流量的高峰时间和低谷时间均不同，如商场、餐厅、宾馆饭店等。

② 新风系统必须设置随季节变化的风量调节装置。非直流式空气处理装置的设计新风量是根据卫生要求的最少新风量标准确定的。在过渡期，当室外空气状态与送风状态接近时，可适量加大新风比例，改善室内空气质量；当室外空气状态与设计送风状态一致时，可按全新风运行，以便节省空气处理能耗。因此，新风系统必须设置可随季节变化而调节新风量的装置。

（6）送风温度与送风温差

① 送风温度。夏季为了防止送风口附近产生结露现象，一般应使送风干球温度高于室内空气的露点温度 2～3℃。

② 送风温差。空调系统夏季的送风温差，应根据送风方式、风口类型、安装高度、气流路线长度、贴附情况等因素确定。在满足舒适或工艺要求的前提下，送风温差应尽量加大；工艺性空调的送风温差，一般可按表 3.11 确定。

一般舒适性空调的送风温差，宜根据以下原则确定：

送风高度 $H \leqslant 5$m 时，送风温差 $\Delta t_s \leqslant 10$℃；

送风高度 $H > 5$m 时，送风温差 $\Delta t_s \leqslant 15$℃。

当送风高度大于 10m 时，应按计算确定。

表 3.11 工艺性空调的推荐送风温差/℃

室温允许波动范围	送风温差	备注
>±1	≤15	生活区或工作区处于下送气流的扩散区时，送风温差应通过计算确定
±1	6～10	
±0.5	3～6	
±10.1～0.2	2～3	

（7）送风方式和送风口形式　中央空调的空调房间送风方式和送风口形式的选择，应遵循以下原则。

① 室内对温湿度的区域偏差无严格要求时，宜采用百叶风口或条缝型风口进行侧送；当室温允许波动范围≥±1℃时，侧送气流宜贴附；当室温允许波动范围≤0.5℃时，侧送气流应贴附。

② 当空调房间内的工艺设备对侧送气流有一定阻挡或单位面积送风量过大，致使工作区的风速超出要求范围时，不应采用侧送。

③ 当建筑层高较低、单位面积送风较大，且有吊平顶可供利用时，宜采用圆形、方形或条缝形散流器进行下送，或采用孔板下送。

④ 当单位面积送风量很大，而工作区又需要保持较低风速或对区域温差有严格要求时，应采用孔板送风。

⑤ 室温允许波动范围等于或大于1℃的高大厂房或层高很高的公共建筑，宜采用喷口送

风。喷口送风时的送风温差宜取8～12℃，送风口高度宜保持6～10m。

⑥ 当送风量很大，无法安排过多的送风口，或需要直接向工作区送风时，宜采用旋流风口送风。

⑦ 当室内的散热量较大，且产热设备的上部带排热装置时，宜采用地板下送风。

⑧ 变风量空调系统的送风末端装置，在风量改变时应保证室内气流分布不受影响，并满足空调区的温度、风速的基本要求。

⑨ 选择低温送风口时，应使送风口表面温度高于室内空气露点温度1～2℃。

⑩ 侧送风口的设置，宜沿房间平面中的短边分布；当房间的进深很长时，宜采用双侧对送，或沿长边布置风口。

⑪ 设计贴附侧送流型时，应采用水平与垂直两个方向均能进行调节的双层百叶风口。双层百叶仅供调节气流流型之用，不能用以调节送风量。因此，在风口之前（顺气方向）应装置对开式风量调节阀。

⑫ 设计舒适性空调系统的侧送风时，应按下式校核射流到达人员活动区时的最大速度 v_x(m/s)：

$$v_x=\frac{mv_sK_1K_2\sqrt{F_s}}{x} \tag{3-4}$$

式中　m——送风口的速度衰减系数，百叶风口的 $m=1.5$；

v_s——送风口的出口速度，m/s；

K_1——射流股数的修正系数，一般 $K_1=1\sim3$；

K_2——取决于相对射程 $\overline{x}$ 的受限系统，一般 $K_2=0.1\sim1.0$；

F_s——送风口的计算面积，m²；

x——贴附射流的总长度，m。

$$x=A+(H-h) \tag{3-5}$$

式中　A——沿射流方向的房间长度，m；

H——房间的高度，m；

h——人员活动区的高度，m。

(8) 送风口的送风速度，见表3.7～表3.9。

(9) 送风空调机房占地面积比例（%），见表3.12。

表3.12　空调机房所占建筑面积的概略比例

空调建筑面积/m²	空调方式				
	分楼层单风道(全空气系统)	风机盘管机组加新风	双风道(全空气系统)	柜式机组	平均估算值
1000	7.5	4.5	7.0	5.0	7.0
3000	6.5	4.0	6.7	4.5	6.5
5000	6.0	4.0	6.0	4.2	5.5
10000	5.5	3.7	5.0	—	4.5
15000	5.0	3.6	4.0	—	4.0
20000	4.8	3.5	3.5	—	3.8
25000	4.7	3.4	3.2	—	3.7
30000	4.6	3.0	3.0	—	3.6

3.4.3　排风系统设计原则

(1) 公用场所的排风　商场、影剧院和体育馆等公用场所以及宾馆饭店中的大小会议室、会客室、舞厅、餐厅、四季厅等较大面积的公用场所，宾客集中时人多空气污秽，必须设置较大排风量的排风机或数个小风量排风机，人多时大风量外排，人少时小风量外排，无人进入关闭排风机不排。

（2）宾馆饭店中客房的排风　一般客房卫生间均由土建或装修单位装设排风机排除污浊空气，当然也可另设排风设施。高级豪华套间客房的外间一般作为客室，有时来访客人多，甚至有人吸烟，如无排风设施时必形成严重空气污染，因此套间客房的会客室必须单设排风装置。

（3）KTV间的排风　KTV间一般分隔为较小的单间，并要做好隔音防止产生共鸣，避免宾客演唱时互相干扰。因此KTV间的排风设施一般需安装消音排风管道外排，并要设有防止倒风装置以防排风会窜入相邻房间。

（4）桑拿浴、蒸汽浴室和游泳馆的排风　桑拿浴、蒸汽浴室和游泳馆内空气潮湿且温度高，必须设置排风装置定期以较大风量排放室内空气，或长期以小风量排除室内空气。排风机宜选用防潮防爆电机驱动的低噪声排风机。

（5）厨房与公用卫生间的排风　宜采用机械排风并通过垂直排风管道向上排风，排风装置应具备防止回流的作用。

（6）回风口附近气流速度急剧下降，对室内气流组织的影响不大，因而回风口构造比较简单，类型也不多。

回风口的形状和位置根据气流组织要求而定。若设在房间下部时，为避免灰尘和杂物被吸入，风口下缘离地面至少为0.15m。回风口的吸风速度宜按表3.10选用。

3.4.4 风系统的防火设计与消声设计

（1）防火设计

① 风管及其保温材料、消声材料及其黏结剂，应采用非燃性材料或难燃烧材料。

② 风系统的送风管和回风管在下列部位应设防火阀：

a. 送回风总管穿过机房的隔墙和楼板处；

b. 通过火灾危险性大的房间隔墙和楼板处的送、回风管道；

c. 多层建筑和高层建筑的每层送、回风水平风管与垂直总管交接延拓水平管段上。

（2）消声设计　无论是空调送风管道还是新风系统送风管道，无论是空调机组还是新风机组，均应采取消声弯头、消声风管和消声器，使室内噪声级符合规定。

3.4.5 常用空调系统

（1）全空气空调系统　全空气空调系统包括一次回风系统、二次回风系统、变风量空调系统（VAV系统）、地板送风空调系统等。

（2）变制冷剂流量（VRV）空调系统　变制冷剂流量（VRV）空调系统是直接蒸发式系统的一种形式，主要由室外主机、制冷剂管线、末端装置（室内机）以及一些控制装置组成。VRV空调系统除了具有分体式空调的基本特点外，一台室外机可带多台室内机，连接管线最长距离可达100m，压缩机采用变频调速控制。

VRV系统按其室外机功能可分为：热泵型、单冷型和热回收型。VRV系统的室内机有多种形式：顶棚卡式嵌入型（双向气流、多向气流）、顶棚嵌入风管连接型、顶棚嵌入导管内藏型、顶棚悬吊型、挂壁型和落地型等。根据不同的功能形式及室内机形式的组合，可以满足各种各样的空调要求。

VRV系统适合公寓、办公、住宅、高档建筑等，在夏季室外空气计算温度35℃以下，冬季室外空气计算温度－5℃以上的地区，VRV系统基本上能满足冬、夏季冷热负荷的要求，设计时应十分关注VRV系统的新风供给问题。

(3) 家用中央空调系统　又称户式中央空调，是介于传统集中式空调和家用房间空调器之间的一种新形式，是随着住房条件的改善和生活质量的提高而逐步发展起来的一种空调新潮流，家用中央空调的制冷量和制热量比房间空调器大，因此适用于建筑面积比较大的用户。除了高级公寓、单元住宅楼、庭院别墅外，还适用于如单元式写字楼、小型餐厅、小型会所等的小型商业用房。

家用中央空调系统大致有以下几种形式：空气源风管式热泵机组；空气源风管式单冷机组加热水炉；水源热泵机组；空气源冷热水机组；空气源冷水机组加独立热源；家用燃气空调系统；变制冷剂流量（VRV）空调系统等。

(4) 空气-水空调系统　空气-水空调系统有风机盘管加新风空调系统、水环热泵空调、土壤源热泵空调系统等。

水环热泵空调也称为水-空气热泵，其载热介质为水，其原理见图3.4。制冷时，机组向环路内的水放热，使空气温度降低；供热时则从水中取得热量而加热空气。只要确保水温在一定范围内，水环热泵机组就能安全、可靠、高效地运行。水环热泵空调系统除了水环热泵机组外，还有循环水泵、冷却塔和锅炉或其他辅助热源等设备。

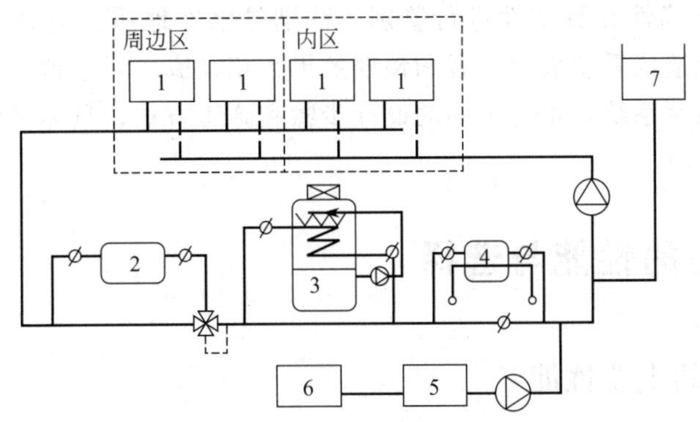

图3.4　水环热泵空调系统原理

1—水/空气热泵机组；2—蓄热容器；3—冷却塔；

4—加热设备；5—补水箱；6—水处理装置；7—定压水箱

水环热泵空调可以应用于任何建筑中，尤其对于那些内区大、余热多以及需要对各房间内空气温度进行独立控制、用于出租而经常需要改变建筑分隔的建筑物，如公寓、汽车旅馆、出租办公楼和商业建筑、超市及餐厅等。

地源热泵技术，是利用地下的土壤、地表水、地下水温度相对稳定的特性，通过消耗电能，在冬天把低位热源中的热量转移到需要供热或加温的地方，在夏天还可以将室内的余热转移到低位热源中，达到降温或制冷的目的。地源热泵不需要人工的冷热源，可以取代锅炉或市政管网等传统的供暖方式和中央空调系统。冬季它代替锅炉从土壤、地下水或者地表水中取热，向建筑物供暖；夏季它可以代替普通空调向土壤、地下水或者地表水放热以给建筑物供冷。同时，它还可供应生活用水，可谓一举三得，是一种有效地利用能源的方式。地源热泵（ground source heat pumps，GSHP）系统包括三种不同的系统：以利用土壤作为冷热

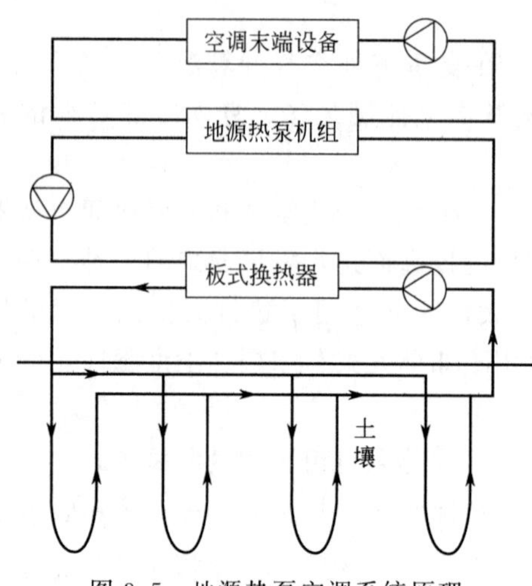

图 3.5　地源热泵空调系统原理

源的土壤源热泵，也有资料文献称为地下耦合热泵系统（ground-coupled heat pump systems）或者叫地下热交换器热泵系统（ground heat exchanger），以利用地下水为冷热源的地下水热泵系统（ground water heat pumps），以利用地表水为冷热源的地表水热泵系统（surface-water heat pumps）。

煤作为主要能源，在我国能源体系中占主导地位，特别在冬季，在农村和部分城市几乎全部靠煤取暖。煤是各种能源中污染环境最严重的能源，只有减少城市地区煤的使用，城市大气污染问题是才可能得到解决。现在各地都在采取措施控制燃煤的数量，选用电采暖、燃油或者燃气采暖等措施，但都存在运行费用高、资源不足和排放 CO_2 这些问题。受能源，特别是一次性能源与环保条件的限制，传统的燃油、燃煤中央空调方式将逐步受到制约。从降低运行费用、节省能源、减少排放 CO_2 排放量来看，地源热泵技术是一个不错的选择。

地源热泵系统的设计主要集中在系统地下部分的设计，包括冷热负荷的确定，地下换热器的选型、布置，室内空气气流的组织形式，热泵的容量等，不过要重视对地源热泵空调系统设计基础资料的准确性和真实性进行鉴别，特别是水文地质、地表情况、试验井（坑）、水质这些资料，以免造成系统失败或者和预期效果大相径庭。对于地下水热泵系统、土壤源热泵系统、地表水热泵系统，都有不同的设计步骤和施工方法，具体可参考有关文献，其原理见图 3.5。

3.5　空调设备的性能与选择

3.5.1　空调设备的主要性能

（1）冷量与热量　空调系统的冷量，应根据所服务房间的同时使用情况、系统的类型及调节方式，按各房间逐时冷负荷的综合最大值或各房间夏季冷负荷的累计值确定，并应计入新风冷负荷以及风机、风管、水泵、冷水管和水箱温度引起的附加冷负荷。

空调系统的热量除保证房间设计温度外应计入新风负荷、加湿所需耗热量等。

（2）风量　满足根据设计计算得出的送风量和送风状态，此外，还要满足对新风量的要求。

（3）机外余压　机组的机外余压应能满足克服风管的沿程阻力损失，局部阻力损失以及出口动压损失之和的要求。在考虑了设计计算和施工安装过程中可能造成的、漏风所形成的附加压力损失等因素，因此在一般的通风空调工程中，机组的机外余压宜考虑10%～15%的附加值。

3.5.2　空调设备的选择

（一）风机盘管机组（简称 FCU）

风机盘管是集中空调系统中广泛应用的空气处理设备，其特点是结构紧凑、使用灵活、安装方便、噪声较低、价格便宜，是一种适用于不同功能建筑舒适性空调的通用型设备。由于风机盘管的性能是按统一标准设计和标定的，当用于使用条件不同的房间时，风机盘管的选型，应进行换算和修正。

(1) 风机盘管的构造　风机盘管主要由风机、换热盘管和机壳组成，按风机盘管机外静压可分为标准型和高静压型；按换热盘管排数可分为两排和三排，换热盘管一般采用铜管串铝翅片，铜管外径为10～16mm，翅片厚度约0.15～0.2mm，间距2.0～3.0mm；风机采用双进风前弯形叶片离心风机，电机采用电容式4极单相电机、三挡转速、机壳和凝水盘隔热。

(2) 风机盘管的特性

① 风机盘管机组标准中规定了风机盘管的各项性能指标，现将部分内容摘录如表3.13。

表3.13　风机盘管机组标准主要性能指标

代号	风量/(m^3/h)	供冷量/W	供热量/W	单位功率供冷/(W/W)	最大空气处理焓差/(kJ/kg)	
					制冷	制热
FP2.5	250	1400	2100	40	4.67	7.0
FP3.5	350	2100	3000	45	5.0	7.14
FP5	500	2800	4200	50	4.7	7.0
FP6.3	630	3500	5250	55	4.63	6.94
FP7.1	710	4000	6000	52	4.7	7.04
FP8	800	4500	6750	50	4.69	7.03
FP10	1000	5300	7950	45	4.42	6.63
FP12.5	1250	6600	9900	47	4.4	6.6
FP14	1400	7400	11100	45	4.4	6.61
FP16	1600	8500	12750	45	4.43	6.64
FP18	1800	10600	15900	40	4.91	7.36

② 风机盘管风量一定，供水温度一定，供水量变化时，制冷量随供水量的变化而变化。根据部分产品性能统计，当供水温度为7℃，供水量减少到80%时，制冷量为原来的92%左右，说明当供水量变化时对制冷量的影响较为缓慢。

③ 风机盘管供、回水温差一定，供水温度升高时，制冷量随着减少，据统计，供水温度升高1℃时，制冷量减少10%左右，供水温度越高，减幅越大，除湿能力下降。

④ 供水条件一定，风机盘管风量改变时，制冷量和空气处理焓差随着变化，一般是制冷量减少，焓差增大，单位制冷量风机耗电变化不大。

⑤ 风机盘管进、出水温差增大时，水量减少，换热盘管的传热系数随着减小。另外，传热温差也发生了变化，因此，风机盘管的制冷量随供回水温差的增大而减少。据统计，当供水温度为7℃，供、回水温差从5℃提高到7℃时，制冷量可减少17%左右。

风机盘管的供水量，供水温度，供、回水温差，风量及进风的温、湿度是相互影响的，其中某一项发生变化，都将改变风机盘管的性能。

(3) 风机盘管选型　如前所述，风机盘管在标准工况下运行时，空气处理终点取决于空气处理焓差。风机盘管的制冷量与房间湿负荷有关，一般热湿比越大，制冷量越小。可以通过房间热湿比线，空气处理终点参数及室内空气参数确定风机盘管的空气处理焓差，然后，可通过不同的热湿比房间的空气处理焓差计算出风机盘管的制冷量。

① 焓差修正法　采用风机盘管实际运行焓差与标准工况焓差的比值 m 进行修正，计算风机盘管的实际制冷量，再根据实际制冷量选择风机盘管。

$$Q'=Q_{\mathrm{H}}(\Delta I_{\mathrm{m}}/\Delta I_{\mathrm{H}})=mQ_{\mathrm{H}} \tag{3-6}$$

式中　Q'——风机盘管实际制冷量，W；

Q_{H}——风机盘管标准状况下额定制冷量，W；

ΔI_{m}——风机盘管实际空气处理焓差，kJ/kg；

ΔI_{H}——风机盘管标准状况下空气处理焓差，kJ/kg；

m——修正系数。

② 风量选型法　根据空调冷负荷和风机盘管实际空气处理焓差计算出空调风量，再根据风量选择风机盘管。

$$G=Q/\Delta I_{\mathrm{m}} \tag{3-7}$$

式中　G——空调风量，g/s。

另外，当空调供水温度，供、回水温差，供水量，进风温度与标准工况不同时，应根据生产厂家资料再实行修正。

(4) 风机盘管机组调节方式　为了适应房间的负荷变化，风机盘管的调节主要可采用风量调节和水量调节这两种方法，其特点和适用范围见表 3.14。

表 3.14　风机盘管调节方法

调节方法	特　点	适用范围
风量调节	通过三速开关调节电动机输入电压，以调节风机转速、风机盘管的冷热量。调节方法简单方便、初投资省；随着风量的减小，室内气流分布不理想。选择时宜按中挡转速的风量与冷量选用	用于要求不太高的场所，目前国内用得最广泛
水量调节	通过温度敏感元件、调节器和装在水管上的小型电动二通阀或三通阀，自动调节水量或水温。初投资高	要求较高的场所，与风量调节结合使用

FCU 在实际运行中，大多采用风量调节。另外，风机盘管的进出水温度及温差对冷量的影响值得注意，当风机盘管风量不变，平均水温相同而水温差不同时，如当冷冻水进出口温度由 7℃/12℃变为 6℃/13℃时，风机盘管的制冷量减小 12%，这与空气处理箱中排深为 4～8 排的表面冷却器相比，其温差所产生的影响是不同的（排数越多，因水温差增加而引起的冷量变化越小），故风机盘管不宜采用大温差。

（二）组合式空气处理机组

组合式空气处理机组是以冷、热水或蒸汽为媒质，完成对空气的过滤、加热、冷却、加湿、减湿、消声、热回收、新风处理和新风、回风混合等功能的箱体组合而成的机组。

目前，对于具有综合性功能的高层建筑，为了满足所需湿度、温度和新风量，多采用分层或分区进行集中空气处理，其优点是便于建筑物内的物业管理和系统节能。组合式空调机组的特点是以功能段为组合单元，用户可根据空气处理的需要，任选各功能段进行组合，有极大的自由度和灵活性。考虑到运行和检修方便、气流均匀等因素，应适当设置中间段。选型时应注意以下几点。

① 给制造厂家提供组合式空气调节机组所需功能段的组合示意图，示意图上应注明所

选机组型号、规格、段号、功能段长度、排列先后次序及左右式方位等基本要求。

② 组合式空气调节机组的操作面规定为：

a. 送、回风机有传动皮带的一侧；

b. 袋式过滤器能装卸过滤袋的一侧；

c. 自动卷绕式过滤器设有控制箱的一侧；

d. 冷（热）媒进、出口的一侧，有排水管一侧；

e. 喷水室（段）喷水管接水的一侧。

当人面对机组操作面时，气流向右吹为右式，反之则为左式，选型订货时需说明所需机组的左、右式。

③ 表面式冷却器、加热器、消声器前必须设置过滤器（段），以保持换热器和消声器表面清洁，防止堵塞孔、缝，并应设置中间段。

④ 喷水段、表面冷却段等，除已有排水管接至空调机组之外，还应考虑排水需要的水封装置及应有的水封高度。

⑤ 选用喷水室段时，应说明几级几排。

⑥ 选用表面式冷却器、加热器（段），应注明型式和排数，使用的冷（热）媒性质、温度和压力等。机组用蒸汽供热时，空气温升不小于 20℃；以热水加热时，空气温升不小于 15℃。

⑦ 选用干蒸汽加湿器要说明加湿量、供汽压力和控制方法（手动、电动或气动）。

⑧ 选用风机段要说明风机的型号、规格、安装形式、出风口位置。风机段前应设置中间段，保证气流均匀。新风机组的空气比焓降应不小于 34kJ/kg。

⑨ 注明各风口接口的位置、方向和尺寸，送、回风阀的型式、规格，采用的控制方式（手动、电动或气动）。风机出口应有柔性短管，风机底座应有减振装置。

⑩ 需要留出的观察孔及仪表安装孔位置和个数，风机供电的引线位置、走向。

⑪ 机组的基础应高出室内地坪足够高度，以便排除冷凝水和放空设备底部存水。基础四周应设有排水沟或地漏。

⑫ 机组四周、布置多台机组时，应留出足够的操作和检修空间。

⑬ 考虑机组防腐性能，箱体材料宜选用镀锌钢板、玻璃钢或其他合适的材料。对于黑色金属制作的构件表面应做防腐处理；对于玻璃钢箱体应采用氧指数不小于 30 的阻燃树脂制作。

⑭ 机组漏风率标准：

a. 机组内静压保持 700Pa 时，机组漏风率不大于 3%；

b. 净化空调系统的机组内静压保持 1000Pa、洁净度低于 1000 级时，机组漏风率不大于 2%；洁净度高于或等于 1000 级时，机组漏风率不大于 1%。

（三）整体式空调机组

整体式空调机组实际上是一个小型的空调系统，初投资低、安装方便、使用灵活，其形式有 冷水（热泵）机组、风管机组、多联机组、屋顶机组等。

① 冷水（热泵）机组：产冷量不大于 50kW，以户为单元的集中空调用冷水（热泵）机组。

② 多联式空调（热泵）机组：一台或数台风冷或水冷室外机，连接数台不同或相同型式、容量的直接蒸发式室内机，构成单一制冷（供热）循环系统，它可以向一个或数个区域

直接提供处理后的空气，简称多联机组。

③ 风管送风式空调（热泵）机组：一种吊顶（立式）安装、通过风管向密闭空间、房间或区域直接提供集中处理空气的设备。它主要包括制冷系统以及空气循环和净化装置，还可以包括加热、加湿和通风装置，简称风管机组。

这种机组用于以户为单元的集中空调系统（户用中央空调机组）。大容量多联机组适用于 10000m^2 以下的办公、医院及公共建筑等的集中式空调系统。

3.6 空调水系统的设计

3.6.1 空调水系统的划分

（1）空调水系统的划分原则　空调水系统可根据负荷特性、使用功能、空调房间的布置、建筑层数、空调基数和空调精度等划分成 6 种不同的系统，其划分原则见表 3.15。

表 3.15　空调水系统的划分原则

序号	依据	划分原则
1	负荷特性	根据不同朝向划分为不同的系统 根据室内发热量的大小分成不同的区域，分别设置系统 根据室内热湿比大小，将相同或相近的房间划分为一个系统
2	使用功能	按房间的功能、用途、性质，将基本相同的划分为一个区域或组成一个系统 按使用时间的不同进行划分，将使用时间相同或相近的对象划分为一个系统
3	空调房间的平面布置	将临外墙的房间和不临外墙的房间区分为“外区”与“内区”，分别配置空调系统
4	建筑层数	在高层建筑中，依据设备、管道、配件等的承压能力，沿建筑高度方向上划分为低区、中区、高区，分别配置空调系统；有时，也可按高度方向将若干层组合成一个系统，分别设置空调系统
5	空调基数	将室内温、湿度基数，洁净度和噪声等要求相同或相近的房间划分为一个系统
6	空调精度	根据空调控制精度，将室内温、湿度允许波动范围相同或相近者划分为一个系统；室温允许波动范围为±(0.1～0.2)℃的房间，宜设单独系统

注：室内有消声要求的房间，不宜和产生噪声的房间划分为同一系统。

（2）空调水系统的分类　空调水系统按其管网特征可以分为 11 种类型，见表 3.16。

表 3.16　空调水系统的类型

序号	类型	特　征	优　点	缺　点
1	闭式	管路系统不与大气相接触(仅在系统最高点设置膨胀水箱)	管道与设备的腐蚀少；不需克服静水压力，水泵压力、功率均低；系统简单	如需与蓄热水池连接，则比较复杂
	开式	管路系统与大气相通，(设有水池)	与水池连接比较简单	需设回程管，管道长度增加；初投资稍高
2	同程式	供、回水干管中的水流方向相同，流经每一个环路的管路长度相等	水量分配和调节方便；水力平衡性能好	需设回程管，管道长度增加；初投资稍高
	异程式	供/回水干管中的水流方向相反，每一个环路的管路长度不等	不需回程管，管道长度较短，管路简单；初投资稍低	水量分配和调节较难；水力平衡性不好

续表

序号	类型	特征	优点	缺点
3	两管制	供冷、供热合用一管路系统	管路系统简单；初投资省	无法同时满足供冷、供热的要求
	三管制	分别设置供冷、供热管路与换热器，但冷、热回水的管路共用	可满足同时供冷、供热的要求；管路系统较四管制简单	有冷、热混合损失；投资高于两管制；管路布置较复杂
	四管制	供冷、供热的供、回水管均分开设置，具有冷热两套独立的系统	能灵活实现同时供冷和供热；没有冷、热混合损失	管路系统复杂；初投资高；占用建筑空间较多
4	定流量	系统中的循环水量保持定值(负荷变化时，通过改变供水或回水温度来匹配)	系统简单，操作方便；没有复杂的自控设备	配管设计时，不能考虑同时使用系数；输送能耗总处于设计的最大值
	变流量	系统中的供、回水温度保持定值（负荷改变时以供水量的变化来适应空调需要）	输送能耗随负荷的减少而降低；配管设计时，能够考虑同时使用系数，管径可减少；水泵容量、电耗也相应减少	系统较复杂；必须配备自控设备
5	单式泵	冷、热源侧与负荷侧合用一组循环水泵	系统简单；初投资省	不能调节水泵流量；难以节省输送能耗；不能适应供水分区压降较悬殊的情况
	复式泵	冷、热源侧与负荷侧分别配备循环水泵	可以实现水泵变流量；能节省输送能耗；可以适应供水分区不同压降；系统总压力低	系统较复杂；初投资稍高

3.6.2 空调水系统的设计原则

空调水系统设计的原则是：①力求水力平衡；②防止大流量小温差；③水输送系数要符合规范要求；④变流量系统宜采用变频调节；⑤要处理好水系统的膨胀与排气；⑥解决好水处理与水过滤；⑦注意管网的保冷与保温效果。

3.6.3 空调水系统的阻力组成

由于闭式空调冷水系统是最常用的系统，其主要阻力组成如图 3.6 中所示。

冷水机组阻力：由机组制造厂提供，一般为 60～100kPa。

管路阻力：包括摩擦力、局部阻力，其中单位长度的摩擦阻力即比摩阻取决于技术经济比较。若取值大则管径小，初投资省，但水泵运行能耗大；若取值小则反之。目前设计中冷水管路的比摩阻宜控制在 150～200Pa/m 范围内，管径较大时，取值可小些。

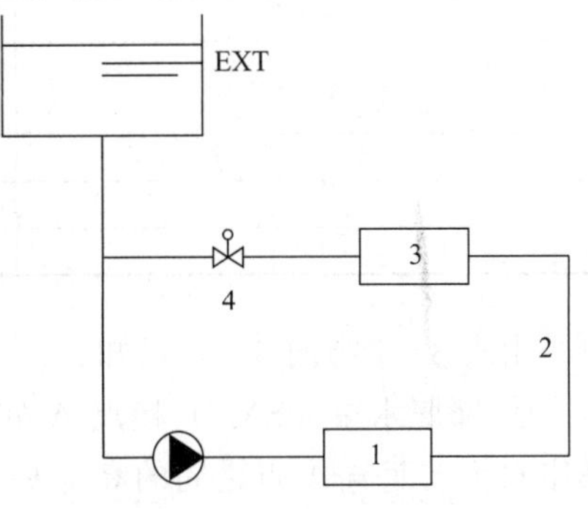

图 3.6 典型空调水系统

1—冷水机组；2—管路；3—空调末端；4—调节阀

空调末端装置的阻力：末端装置的类型有风盘管机组，组合式空调器等。它们的阻力是根据设计提出的空气进、出空调器的参数、冷量、水温差等由制造厂经过配置计算后提供的，许多额定工况值在产品样本上能查到。此项阻力一般在 20～50kPa 范围内。

调节阀门：是实现室温控制的一种手段。二通阀的规格是由阀门全开时的流通能力与允许压力降来选择的。如果此允许压力降值大，则阀门的控制性能好；若取值小，则控制性能差。阀门全开时的压力降占该支路总压力降的百分数被称为阀权度。水系统设计时要求阀权度 $S>0.3$kPa，于是，二通调节阀的允许压力降一般不小于 40kPa。

根据以上所述，可以粗略估计出一幢约 100m 高的高层建筑空调水系统的压力损失，也即循环水泵所需的扬程：

① 冷水机组阻力：取 80kPa（8m 水柱）；

② 管路阻力：取冷冻机房内的除污器、集水器、分水器及管路等的阻力为 50kPa；取输配侧管路长度 300m 与比摩擦阻 200Pa/m，则摩擦阻力为 300×200＝60000Pa ＝60kPa；如考虑输配侧的局部阻力为摩擦阻力的 50%，则局部阻力为 60kPa×0.5＝30kPa；系统管路阻力为 50kPa＋60kPa＋30kPa＝140kPa（14m 水柱）；

③ 空调末端装置阻力：组合式空调器的阻力一般比风机盘管阻力大，故取前者的阻力为 45kPa（4.5m 水柱）；

④ 二通调节阀的阻力：取 40kPa（4.0m 水柱）。于是水系统和各部分阻力之和为：H＝80kPa＋140kPa＋45kPa＋40kPa＝305kPa（30.5m 水柱）；

⑤ 水泵扬程：取 10%的安全系数，则扬程 H＝30.5m×1.1＝33.55m。

根据以上估算结果，可以基本掌握类同规模建筑物的空调水系统的压力损失值范围，尤其应防止因未经计算，过于保守，而将系统压力损失估计过大，水泵扬程选得过大，导致能量浪费。

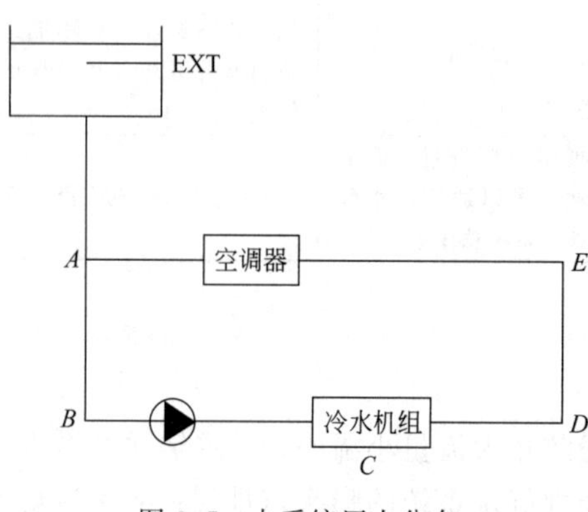

图 3.7 水系统压力分布

3.6.4 空调水系统的压力分布

了解空调水系统在停运与运行时系统各点的压力分布，对保证设备与管路安全，系统正常使用是非常重要的。对于高层建筑，它也是确定水系统方案的重要因素之一。表 3.17 说明了图 3.7 中水系统简图中各典型压力点的静压力值(以米计)。

表 3.17 水系统压力分析表

水泵不运行时	水泵运行时
$p_A=h_1$	$p_A=h_1$
$p_B=h_1+h_2$	$p_B=h_1+h_2-AB$ 段阻力
$p_C=h_1+h_2$	p_C(泵出口)$=h_1+h_2-BC$ 段阻力＋水泵扬程
$p_D=h_1+h_2$	$p_D=p_C-CD$ 段阻力
$p_E=h_1$	$p_E=p_D-h_2-DE$ 段阻力

由表 3.17 与图 3.7，可知：

① 膨胀水箱（EXT）接点 A 处（定压点）的静压值，不管水泵是否在运行，总是等于膨胀水箱水面与 A 点之间的高度 h_1(m)；

② 水泵不运行时，系统中任一点的静压力等于该点与膨胀水箱之间的高度差；

③ 水泵运行时，定压点 A 处与水泵吸入口之间管路（A-B-C）上任一点的静压值，等于该点的静水高度值减去从 A 点到该点管路的压力损失值；水泵出口处与 A 点之间管路

(C-D-E-A）上任一点的静压值，等于水泵扬程与该点静水高度值之和减去从 A 点到该点管路的压力损失值；

④ 影响系统中任一点压力的因素有三个，即静水高度值、水泵扬程以及定压点到该点之间的管路压力损失值；

⑤ 如果将冷水机组置于水泵的吸入管路中，机组的承压值就与水泵的扬程无关；正因为如此，在高层建筑的水系统中，常将机组置于泵的吸入管路中，以减小机组的承压值；

⑥ 定压点的位置很重要，合适的定压点位置能确保系统不会出现负压。在图 3.7 中，如将定压点接到水泵的入口，那么，不管水泵是否运行，泵入口处的压力总是等于(h_1+h_2)米水柱，系统中任一点的压力均大于此值，显然不会出现负压。如图接在 A 点，则 B 点处的压力等于 p_A+h_2-AB 段阻力，由于 AB 段阻力一般总小于静水压力的增加值，故 B 处也不会出现负压的可能。

3.6.5 空调水系统水力计算的基本公式

摩擦阻力损失计算式：

$$\Delta p_m=\frac{\lambda}{d}l\frac{v^2}{2}\rho \tag{3-8}$$

式中 Δp_m——摩擦阻力损失，Pa；
λ——摩擦阻力系数；
d——管道内径，m；
l——管道长度，m；
v——流体在管道内的流速，m/s；
ρ——流体的密度，kg/m³。

局部阻力损失计算式：

$$\Delta p_j=\xi\frac{v^2}{2}\rho \tag{3-9}$$

式中 Δp_j——局部阻力损失，Pa；
ξ——局部阻力系数。

3.6.6 空调水系统流速设计

表 3.18～表 3.20 分别给出了空调水系统水流速度的推荐值、水系统的流量及阻力损失、空调冷凝水管管径估算值，供设计时参考。

表 3.18 水系统水流速度的推荐值

水管安装用途	水流速/(m/s)	水管安装用途	水流速/(m/s)
水泵出口	2.44～3.68	支 管	1.52～3.05
水泵入口	1.22～2.13	自来水	0.91～2.13
主 管	1.22～4.57	冷凝水	1.22～2.13

表 3.19 水系统的流量及阻力损失

钢管直径/mm	闭式水系统		开式水系统	
	流量/(m³/h)	百米压降/(m/100m)	流量/(m³/h)	百米压降/(m/100m)
25	1～2	1.7～4.0	0～1.3	0～4.0
32	2～4	1.2～4.0	1.3～2.0	1.2～4.0
40	4～6	2.0～4.0	2.0～4.0	1.5～4.0

续表

钢管直径/mm	闭式水系统		开式水系统	
	流量/(m^3/h)	百米压降/(m/100m)	流量/(m^3/h)	百米压降/(m/100m)
50	6～10	1.3～4.0	4.0～8.0	1.5～4.0
65	10～18	2.0～4.0	8～14	1.2～4.0
80	18～32	1.5～4.0	14～22	1.8～4.0
100	32～65	1.25～4.0	22～45	1.0～4.0
125	65～115	1.5～4.0	45～80	13～4.0
150	115～185	1.25～4.0	80～130	1.6～4.0
200	185～350	1.0～4.0	130～200	1.0～2.3
250	350～550	1.25～2.75	200～300	0.8～2.0
300	550～800	1.25～2.75	350～450	0.8～1.6
350	800～950	1.25～2.0	450～600	1.0～1.5
400	950～1250	1.0～1.75	600～750	0.8～1.2
450	1250～1600	0.9～1.5	750～1000	0.6～1.2
500	1600～2000	0.8～1.25	1000～1230	0.7～1.0

表 3.20 空调冷凝水管管径估算

冷负荷/kW	≤7	7.1～18	18.1～100	101～176	177～598	599～1055	1056～1512
管径(DN)	20	25	32	40	50	80	100

3.7 空调冷源

3.7.1 空调冷源的种类及优缺点

(1) 空调冷源的种类 空调冷源设备可分为压缩式制冷和吸收式制冷两大类。前者又分为活塞式、螺杆式和离心式等 3 种常用设备；后者又有蒸汽型、直燃型和热水型等 3 种常用设备。

(2) 冷源设备的优缺点 常用冷源设备的优缺点比较见表 3.21。

3.7.2 空调冷源设备的经济性与 COP 比较

① 冷源设备的经济性比较 各种冷源设备的经济性比较见表 3.22。

② 冷源设备的性能系数 COP 比较 各种冷源设备的性能系数 COP，见表 3.23。

3.7.3 制冷机的选型设计

正如前面所述，制冷机的类型多种多样，在制冷站设计中，选用何种型式的制冷机除考虑制冷站设计的基础条件外，尚需考虑以下几方面的条件。

(1) 冷媒温度 选择制冷机，应优先考虑所设计的工程对抽取冷媒温度的要求。冷媒温度的高低对制冷机的选型和系统组成非常重要。例如，溴化锂吸收式制冷机用于空气调节制冷时优点颇多，但是它不能抽取低温冷媒，而且就其所制取的低温水的温度又有 7℃(D 型)、10℃(Z 型) 和 13℃(G 型) 之分，因此要求工程设计者应了解制冷机的适用范围及技术条件。

表 3.21 常用冷源设备的优缺点

<table>
<tr><td rowspan="2">项目</td><td colspan="3">压缩式</td><td colspan="2">溴化锂吸收式</td></tr>
<tr><td>活塞式</td><td>离心式</td><td>螺杆式</td><td colspan="2">单效或双效</td></tr>
<tr><td rowspan="2">动力来源</td><td colspan="3" rowspan="2">电能为动力</td><td colspan="2">以热能为动力</td></tr>
<tr><td>蒸汽型或热水型</td><td>直燃型</td></tr>
<tr><td>主要优点</td><td>1. 在空调制冷范围内(一般压缩比为 4 左右),其效率比较高
2. 系统装置较简单
3. 采用普通金属材料,加工容易,造价低
4. 采用多机头、高速多缸、短行程、大缸径后,容量有所增大,性能可得到改善
5. 模块式冷水机组,采用了高效板式换热器,机组体积小,重量轻,噪声低,占地少。可组合成多种容量,调节性能好,部分负荷时的 COP 保持不变(COP 约为 3.6)。其自动化程度比较高,制冷剂为 R22,对环境的危害程度小。安装简便。模块式单机容量可达 1040kW</td><td>1. COP 高。改善热交换器的传热性能,增加中间冷却器后,理论 COP 可达 6.99
2. 叶轮转速高、压缩机输气量大,结构紧凑,重量轻,相同容量下比活塞式轻 80%以上。占地面积小
3. 运转平稳,振动小,噪声较低。制冷剂中不混有润滑油,蒸发器和冷凝器的传热性能好
4. 调节方便,在 15%~100%的范围内能较经济地实现无级调节。当采用多级压缩时,可提高效率 10%~20%和改善低负荷时的喘振现象
5. 与活塞式相比易损件少,工作比较可靠</td><td>1. 与活塞式相比,结构简单,运动部件少,无往复运动的惯性力,转速高,运转平稳,振动小。中小型密闭式机组的噪声较低
2. 单机制冷量较大,由于缸内无余隙容积和吸、排气阀片,因此具有较高的容积效率,压缩比达 20 时,其容积效率的变化不大,COP 高。多级压缩可用于冰蓄冷
3. 螺杆式易损件少,零部件仅为活塞式的十分之一,运行可靠,易于维修
4. 对湿冲程不敏感,允许少量液滴入缸,无液击危险
5. 调节方便,制冷量可通过滑阀进行无级调节</td><td colspan="2">1. 加工简单、操作方便,制冷量调节范围大,可实现无级调节
2. 运动部件少,噪声低、振动小。溴化锂溶液无毒,对臭氧层无破坏
3. 可利用余热、废热等低品位热能
4. 直燃型吸收式制冷机由于与锅炉结合为一体,减少了许多中间环节,热效率提高。直燃型制冷机与单效蒸汽型和热水型比较,燃料消耗减少 40%。机组可直接供冷和供热。一次投资、占地面积以及运行费用都比较少。直燃型在部分负荷下运行时,相对应的热效率不会下降。其调节性能比电动式优越
5. 吸收式制冷的成本低,运行费用少。机房面积小
6. 制冷主机用电量较少,约为同等制冷量压缩式制冷主机用电量的 1/20。因此适用于电力紧缺的地区</td></tr>
<tr><td>主要缺点</td><td>1. 往复运动的惯性力大,转速不能太高,振动较大
2. 单机容量不宜过大
3. 当单机头机组不变转速时,只能通过改变工作汽缸数来实现跳跃式的分级调节,部分负荷下的调节特性较差
4. 模块式机组的主要缺点是由于制冷单元的水系统即蒸发器与冷凝器的进、出水没有相应的隔断措施,不适用于变流量运行,模块式的 COP 只能达到 3.60 左右,且价格昂贵</td><td>1. 由于转速高,对材料强度、加工精度和制造质量要求严格
2. 当运行工况偏离设计工况时效率下降较快。制冷量随蒸发温度降低而减少,且减少的幅度比活塞式快。制冷量随转数降低而急剧下降
3. 单级压缩机在低负荷下,容易发生喘振
4. 小型离心式的总效率低于活塞式</td><td>1. 单机容量比离心式小
2. 转速比离心式低。润滑油系统比较庞大和复杂,耗油量较大。噪声比离心式高(指大容量)
3. 要求加工精度和装配精度高
4. 部分负荷下的调节性能较差,特别是在 60%以下负荷运行时,性能系数 COP 急剧下降,一般只宜在 60%~100%负荷范围内运行</td><td colspan="2">1. 使用寿命比压缩式短
2. 耗汽量大,热效率低。热力系数单效为 0.6 左右、双效为 1.4 左右、直燃式可达 1.6 左右。如果专门修建锅炉,或扩容以提供制冷机的低位能蒸汽(甚至降压使用),有时一次投资、运行费用虽然比较合算,但是按热力学有效能理论从能源的利用角度出发是不合理的</td></tr>
</table>

续表

项目	压缩式			溴化锂吸收式	
	活塞式	离心式	螺杆式	单效或双效	
动力来源	电能为动力			以热能为动力	
				蒸汽型或热水型	直燃型
使用范围	1. 单机容量＜580kW 2. 有足够的电源	1. 单机容量＞580kW 2. 有足够电源	1. 单机容量≤1160kW 2. 有足够的电源	1. 单机容量在170～3496kW之间 2. 有余热、废热、蒸汽或燃油、燃气可利用的场合(用电很少)	

表 3.22 各种冷源设备的经济性比较

比较项目	活塞式		螺杆式	离心式	吸收式
	直接膨胀型	冷水型			
设备费(小规模)	A	B	A	D	C
设备费(大规模)		B	A	D	C
运行费	D	D	C	B	A
容量调节性能	D	D	B	B	A
维护管理的难易	C	B	A	B	D
安装面积	A	B	B	C	D
必要层高	A	B	B	B	C
运转时的重量	A	B	B	C	D
振动和噪声	C	C	B	B	A

表 3.23 各种冷源设备的 COP 比较

类型		名称	容量/kW	动力消耗 /kW·$(kW)^{-1}$或 kg·$(kW·h)^{-1}$	性能系数 COP
电动式	供冷用	活塞式	69.8～139.5	0.315	3.2
		螺杆式	348.9～1744.2	0.307	3.3
		离心式	697.7～1744.2	0.281	3.6
	热泵	离心式(热回收)	697.7～1744.2	0.287/0.247	3.5/5.1
		活塞式热泵机组	69.8～139.5	0.353/0.333	2.84/4.0
		螺杆式热泵机组	348.9～3489	0.301/0.533	3.33/3.1
吸收式		单效溴化锂制冷机	348.9～3489	2.53kg/(kW·h)	0.58
		双效溴化锂制冷机	348.9～3489	1.38kg/(kW·h)	1.30
		燃气直燃冷热水制冷机	348.9～3489	0.18m^3/(kW·h)	0.97

(2) 总制冷量与设备台数　选择制冷机时，一般不考虑备用，工艺有特殊要求必须连续运行的系统可设置备用的制冷机。

空调系统的冷热负荷是制冷机组选择、配置的依据，不同性质、不同类别的工程有着不同的负荷特点，因此，如何配置机组，使其产冷（热）量不但能满足最大负荷的要求，而且始终能与部分负荷相匹配，让机组在较高的效率下运行，这是机组配置的核心问题。

为保证系统可靠地运行以及适应空调负荷的变化，机组宜配置多台。只有在很特殊的情况下，如工程较小、机房面积不够、投资有困难等，才可考虑只设一台机组。在实际工程中，选用单台机组的机型应优先考虑多机头机组，包括往复式与螺杆式机组，以增加运行可靠性。

当选择多台机组时，单机容量是否相同，主要根据系统负荷的情况，尤其是最小负荷值来定。例如，有 3 台容量相同的机组，当负荷减小到只需运行一台机组时，机组仍具有较高的效率，那么配置 3 台同容量机组应视为合理。反之，当负荷减小到对一台机组而言负荷率很低时，在此负荷下机组的运行效率很低，甚至不能正常运行时，则宜配置一台能较好匹配最小负荷的机组。在较大的工程中，在最大负荷与最小负荷相差很大时，通常采用机组容量大、小搭配的方式，有利于系统温度稳定且经济运行。

总之，总制冷量的大小将与该工程设计的一次性投资、占地面积、能量消耗和运行管理等密切相关。设计制冷站时，以 2～3 台机组为佳。选用过多的机组也是不利于投资、占地和维修的，因此设计时必须根据单机制冷量，结合具体情况，确定机组台数。

(3) 能耗及能源的综合利用　选择制冷机类型时必须考虑机组的电耗、汽耗及油耗，尽可能采用新技术和节能环保措施。当选用大型制冷机的区域性供冷的大型制冷站时，应当充分考虑对电、热、冷的综合利用和平衡，尤其是对废气、废热的充分利用，力求达到最佳的经济效果。

在当前各地能源结构差异大、能源价格很复杂的情况下，选择单一能源的机组有时会受到制约或未必合理，目前工程中冷水机组采用两种能源的情况也较多，对于能源价格变化的适应性好，通过调节不同能源的机组运行时间得到最低的运行费用。

(4) 环境保护与防振　选用制冷机时，应考虑的环境保护问题有以下几个方面。

① 噪声值不仅随制冷机的大小而增减，而且各种类型的制冷机的噪声值相差是较大的。

② 有些制冷机所用的制冷剂有毒、有刺激味，具有燃烧性和爆炸性。所以选型时必须严加注意其适用场所。

③ 压缩式制冷机所用 CFCs 制冷剂会破坏大气中的臭氧层，达到一定程度时，将会给人类带来灾难。国际环境保护会议上已限定了 CFCs 停止生产的年限，世界各国已经对于 CFCs 替代物做了大量研究与开发工作，新的替代 CFCs 的工质不断涌现。

④ 压缩式制冷机运行时的振动频率与振幅大小因机种不同相差较大。对于制冷站房周围有防振要求的，应选择振幅较小的压缩制冷机或运行无振动的溴化锂制冷机。对制冷机的基础与管道一般进行减振处理后均能达到要求。

(5) 一次性投资与运行管理费　制冷机在相同制冷量情况下，往往会由于选用的机种不同，而造成一次性投资相差较大。各种制冷机全年的运行管理费用也有较大差别，设计选型时应予特别注意。

(6) 冷却水的水温与水质　冷却水进机水温一般以 24～32℃为宜。冷却水进机最高温度允许值见表 3.24 。冷却水的水质则对热交换器的影响较大，使设备结垢与腐蚀，这不仅会造成制冷机制冷量的衰减，而且还会导致换热管堵塞与破损。冷却水水质指标详见有关资料。

表 3.24　冷却水进机温度最高允许值

设备名称	进水温度/℃	设备名称	进水温度/℃
R22、R717 压缩机汽缸套	32	溴化锂吸收式制冷机的吸收器	32
卧式、壳管式、组合式冷凝器	32	溴化锂吸收式制冷机的冷凝器	37
立式、淋激式冷凝器	33	蒸汽喷射式制冷机的混合式冷凝器	33

(7) 优先选用定型成套的制冷机组　当选定了制冷机种类之后，应优先选用专用的制冷机组。例如，冷水机组、除湿机组、氨泵机组、盐水机组、乙醇机组等。此外，根据需要还可分别选用单级、双级机组，冷凝机组等各类压缩式制冷机组。也可选用蒸汽型、直燃型或热水型溴冷机组。

3.7.4　制冷系统辅助设备的选型设计

(1) 水泵

① 冷网循环泵

循环水泵的流量　　$G=Q/(1.163\Delta t)$　(kg/h)　　(3-10)

式中　Q——水泵所负担的冷负荷或热负荷，kW；

Δt——冷水或热水的设计温升或温降，℃。

注：单式泵与复式泵系统的一次冷水泵流量，应为所对应的冷水机组的冷水流量；二次冷水泵的流量，应为按该区冷负荷综合最大值计算出的流量。

水泵台数应按系统的调节方式和流量的大小决定，单式泵及复式泵系统一次泵的台数，宜按冷水机组的台数一对一配置，一般不需设置备用泵；二次冷水泵台数按系统分区进行配置，可设置备用泵或水泵总流量留有适当的备用量。

循环水泵扬程的确定：

a. 采用闭式循环单式泵系统时，冷水泵扬程为管路、管件阻力、冷水机组的蒸发器阻力和末端设备的表冷器阻力之和（详见 3.6 节）。

b. 采用闭式循环复式泵系统时，一次冷水泵扬程为一次管路、管件阻力、冷水机组的蒸发器阻力之和。二次冷水泵扬程为二次管路、管件阻力和末端设备的表冷器阻力之和。

c. 采用开式冷水系统时，一次水泵扬程还包括从蓄冷水池水面到冷水机组的蒸发器之间的高差；二次水泵扬程还包括从蓄冷水池水面到空调器的表冷器之间的高差，如设喷淋室，二次水泵扬程还应包括喷嘴前的必要压头即供水余压，其确定方法参考如下程序。

ⅰ. 冷却水系统的供水余压为冷却塔布水器喷嘴的喷射压力，约为 0.7MPa；

ⅱ. 冷媒水系统中的供水余压可按以下方法确定：

当送至风机盘管时 $H_p=0.0784\sim0.117$MPa；

当送至空调开式喷淋水池时 $H_p=0.196$MPa；

当送至空调室并采用直接喷射时 $H_p=10\sim20$mH_2O。由于所选用的喷嘴型式不同，供水余压亦不同，如当采用 Py 型大喷嘴时 $H_p=0.098$MPa；当采用 Luwa 型喷嘴时 $H_p=0.147$MPa；当采用 Y-1 型喷嘴时 $H_p=0.196$MPa。

空调热水泵扬程为管路、管件阻力、热交换器阻力和空调器（或风机盘管）的空气加热器阻力之和。

② 冷却水循环泵　冷却水循环泵的台数宜按制冷机的台数一对一匹配，一般不设备用泵。

冷却水循环泵的流量，应按制冷机组产品技术资料提供的数据确定，初步估算时可参考表 3.25。

表 3.25 冷却水量估算表

制冷机类型	冷凝热量 Q_k	冷却水温升 Δt_w	冷却水量 G_k
离心式、螺杆式、活塞式	$1.3Q_0$	5	$G_k=Q_k/1.163\Delta t_w$
单效溴化锂吸收式	$2.5Q_0$	6.5～8	
双效溴化锂吸收式	$2.0Q_0$	5.5～6	

注：Q_k，制冷机冷凝热；Q_0，制冷机设计参数下制冷量；G_k，制冷机冷却水循环量。

冷却水泵扬程包括：冷却塔水位到布水器的高差（设置冷却水箱为水箱水位到布水器的高差），冷却塔布水器所需压力（由生产厂技术资料提供），制冷机组冷凝器阻力（由生产厂技术资料提供），吸入管道和压出管道阻力（包括控制阀、除污器等局部阻力等）。

③ 补给水泵　冷热源补给水泵流量可取网路循环流量的 2%～4%（按正常补水量 1%，事故补水量为正常补水量的 4 倍考虑）。

扬程：$$H=H_b+H_{xs}+H_{ys}-9.8\times10h \quad (\mathrm{Pa}) \tag{3-11}$$

按照水柱高度表示为：$$H=H_b+H_{xs}+H_{ys}-h \quad (\mathrm{mmH_2O}) \tag{3-12}$$

工程上认为补给水泵吸水管损失 H_{xs} 和压水管损失 H_{ys} 较小，同时补给水箱高出水泵的高度 h 往往作为富余值，或为抵消吸水管和压水管损失的影响，所以上述公式可简化为：

$$H=H_b$$

补水点的压力值 H_b 可以从水压图上直接得到。当采用补给水泵定压时 H_b 可取静压线的高度。补水泵的台数仍需考虑备用，选择时不应少于两台，一台运行，一台备用。当采用变频水泵补水定压时，其最大流量和扬程均应满足系统要求。

空调水系统的补水点，宜设在循环水泵的入口处。补水泵扬程应比补水点压力高 3～5m。计算出冷却水泵及冷媒水泵、热媒水泵的最大扬程 H_{max} 和最大流量 G_{max}，尚需分别加 10% 的附加值。

根据计算出的流量和扬程，即可进行水泵选型。选型时要使水泵处于高效率区域，还需注意水泵的工作稳定性，也就是说应使工作点位于水泵性能曲线最高点的右侧下降段。

对于大多数多层和高层建筑，空调冷（热）水系统主要为闭式循环系统，冷水泵的流量较大，但扬程不会太高。所以选择冷水泵时，要选择空调、制冷专用的离心泵，在设计高层建筑空调水系统时，应明确提出对水泵的承压要求，同时，为了降低噪声，一般选用转速为 1450r/min 的水泵。

(2) 冷却塔　冷却塔是制冷系统中将热量转移到大气的设备，选用时应根据其热工性能和周围环境对噪声、飘水等方面的要求综合分析比较。设计时应根据外形、占地面积、管线布置、造价和噪声要求等因素选用。

① 冷却塔的型式　常用的冷却塔有玻璃钢和钢筋混凝土两种。玻璃钢冷却塔具有冷效高，占地面积小，轻巧，节能等优点，目前应用最为广泛。

冷却塔按进出水温差 Δt 分为普通型（$\Delta t=5$℃）、中温型（$\Delta t=8$℃）和高温型（$\Delta t=28$℃）；按噪声分为普通型 [噪声 > 65dB(a)]、低噪声型 [60～65dB(A)]、超低噪声型 [< 60dB(A)]；按进风方式分为逆流式和横流式；按结构方式分为圆形、方形和矩形。

空调制冷较多采用抽风式低温型冷却塔，分为逆流式和横流式。

② 冷却塔选型设计时应考虑的问题　各类型冷却塔性能标准见表 3.26。

表 3.26 各类型冷却塔性能标准

项　目	进水温度 t_1/℃	出水温度 t_2/℃	湿球温度 t/℃	水温降 t_w/℃	冷幅(t_2-t_1)/℃
低温塔	37	32	27	5	5
中温塔	42	32～33	27	10	5～6
高温塔	60	35	27	25	8

a. 应选用温差大、冷幅高、冷效好的冷却塔。

温差：
$$\Delta t = t_1 - t_2 \tag{3-13}$$

冷幅：
$$\theta = t_2 - \tau \tag{3-14}$$

冷效：
$$\eta = \frac{\Delta t}{t_2 - \tau} \tag{3-15}$$

式中　t_1、t_2——冷却塔进、出水温度，℃；

　　τ——室外湿球温度，℃。

双效溴冷机冷却水进出口温差一般为 6.5℃，故应选用中温型（$\Delta t=8$℃）冷却塔，若选用普通型（$\Delta t=5$℃）冷却塔时，需对冷却水量进行重新核算。

b. 选用冷却塔时应遵循《采暖通风与空气调节设计规范》(GB 50019—2003) 的规定，在城区建筑物的外部布置时，应重视冷却塔的噪声控制，对冷却塔的风机，宜选择低转速的风机。

c. 中小型制冷机的冷却水量一般在 65～500m^3/h 之间，在冷却塔系列中属中等水量，而逆流式冷却塔交换率高于横流式，故多选用逆流式冷却塔。

d. 当处理水量大于 300m^3/h 以上时，方形冷却塔可实现多风机控制，风机的数量可随着处理水量的增大而增加。排列组装时占地面积较小，而且方形多风机型冷却塔，可随着夏季室外湿球温度的变化随意增减风机数量，用于昼夜温差较大的地区更有利于节能，但方形塔较圆形塔价格高约 25%～30%，而且噪声略大于圆形塔。

e. 冷却塔台数一般应和制冷机台数相同，不需设置备用塔。小型水冷柜式空调机组，也可多台机组合用一台冷却塔。

f. 冷却塔设置的位置应通风良好，避免气流短路，并远离烟囱、厨房排油烟口等高温空气或非洁净气体的部位。

g. 冷季运行的冷却塔应单独设置，并应明确说明，要求生产常采取相应的防冻措施。

工程上常见的冷却塔设置大体有以下三种：

ⅰ. 制冷站设在建筑物地下室，冷却塔设在通风良好的室外绿化地带或室外地面上；

ⅱ. 制冷站外单独建造单层建筑时，冷却塔可设置在制冷站的屋顶上或室外地面上；

ⅲ. 制冷站设在多层建筑或高层建筑的底层或地下室时，冷却塔设在高层建筑裙房的屋顶上。若没有条件这样设置时，可将冷却塔设在高层建筑主楼的屋顶上，应考虑冷水机组冷凝器的承压在允许范围内。

(3) 水过滤装置　在水泵入口和水系统各换热器等入口管道上，均应安装水过滤器，以防止杂物进入堵塞或沾污设备。

Y 型过滤器具有外形尺寸小、安装清洗方便等优点，故应用较多。但 Y 型水过滤器如不安装旁通管和阀，就只能在水系统停止运行时才能拆下清洗。不停泵就能自动冲洗排污的过滤器效果较好，可在设计中选用。

(4) 水处理装置 制冷系统的冷媒水和冷却水均应保持一定的水质条件，以防止设备腐蚀、结垢和产生微生物与藻类物质。根据水质资料和补水量选择软化装置和除氧装置，可参见相应的样本资料和选型手册。电子水处理装置是近年来应用较好的一种水处理装置。

(5) 减振隔振装置

① 隔振效率与减振 各种制冷系统的制冷机和水泵等的机械振动可以直接传递给基础，并以弹性波的形式从机器基础沿建筑结构传播到其他房间，又会形成噪声。在这些产生振动的机器设备与基础之间用弹性材料构成的隔振构件，能消除设备与基础间的刚性连接，从而减弱振动的传递。

通常用隔振效率 T（振动传递率）来表示隔振效果。

$$T=\frac{1}{\left(\frac{f}{f_0}\right)^2-1} \tag{3-16}$$

式中 f——振源（机器设备）的振动频率，Hz；

$$f=\frac{n}{60} \tag{3-17}$$

f_0——弹性减振支座的固有频率（自然频率），Hz；

n——设备转数，r/min。

振动传递率表示减振基础传递到地面的振动与非减振基础传递到地面的振动的比值。减振标准可按不同的安装情况参照表 3.27 选取。

表 3.27 减振标准

类别	允许振动传递率/%	减振效果	使用场所	推荐频率比 f/f_0
Ⅰ	<10	很好	制冷机(或通风机等)安装在上一层，而其下层为办公室、图书馆、病房等和要求减振严格的房间	>3.3
Ⅱ	10～20	好	制冷机(或通风机等)装在广播电台、办公室、图书馆及病房一类要求安静的房间附近	2.5～3.2
Ⅲ	20～40	较好	制冷机(或通风机等)安装在地下室，而其周围为上述以外的一般性房间	

② 工程中常用的减振器 常用的减振器有橡胶减振垫、橡胶剪切减振器、弹簧复合减振器等。

(6) 定压装置、分水器、集水器及附件 较大规模的空调水系统，宜设置分、集水器，分、集水器的直径，初选时应按照总流量通过时的断面流速 $v=0.5\sim1.0$m/s，流量较大时，可取 $v\leqslant2$m/s，并应大于接管最大开口直径的两倍，最后由压力容器的设计确定。

冷水机组、水泵、换热器、电动调节阀等设备的入口管道上，应安装过滤器或除污器，以防止杂质进入。采用 Y 型管道过滤器时，滤网孔径一般为 18 目。

空调水系统应在下列部位设置阀门：空调器（或风机盘管）供、回水支管；垂直箱体每对立管的供、回水总管；水平系统每一环路的供回水总管；分、集水器处供、回水干管；水泵的吸入管和供水管，并联水泵供水管阀门前还应设置止回阀；冷水机组、热交换器等设备的供回水管。

分、集水器及冷水机组的进出水管处，应设压力表及温度计，水泵出口、过滤器两侧及分、集水器各分路阀门外的管道上应设压力表。

空调水系统管道的坡度、空气的排除、泄水、伸缩和固定等，同热水采暖系统。

3.7.5 冷热源设备的布置

中央空调中冷（热）源布置方式均与其水系统的构成密切相关。而冷（热）源设备的布置方式则多种多样。但不管哪种布置方式，都要优先考虑冷水机组、水泵等设备和水系统管路以及管件等的承压，特别是各种压力集中部位的承压能力。冷（热）源设备布置方式有以下5种。

① 冷（热）源设备布置在塔楼顶层　图3.8所示为将冷（热）源设备布置在塔楼顶层的方式及其水系统示意图。其冷（热）源设备宜选用风冷式冷凝器。

② 冷（热）源设备布置在塔楼外裙房的顶层　这种布置方式见图3.9。

上述两种在屋顶上布置的冷（热）源设备，均需妥善解决设备的承重、隔振和噪声的传播问题。

③ 冷（热）源设备布置在塔楼中部的设备技术层　这种布置方式见图3.10。设备层中的冷（热）源设备向下供低区各房间而向上则供高区各房间。

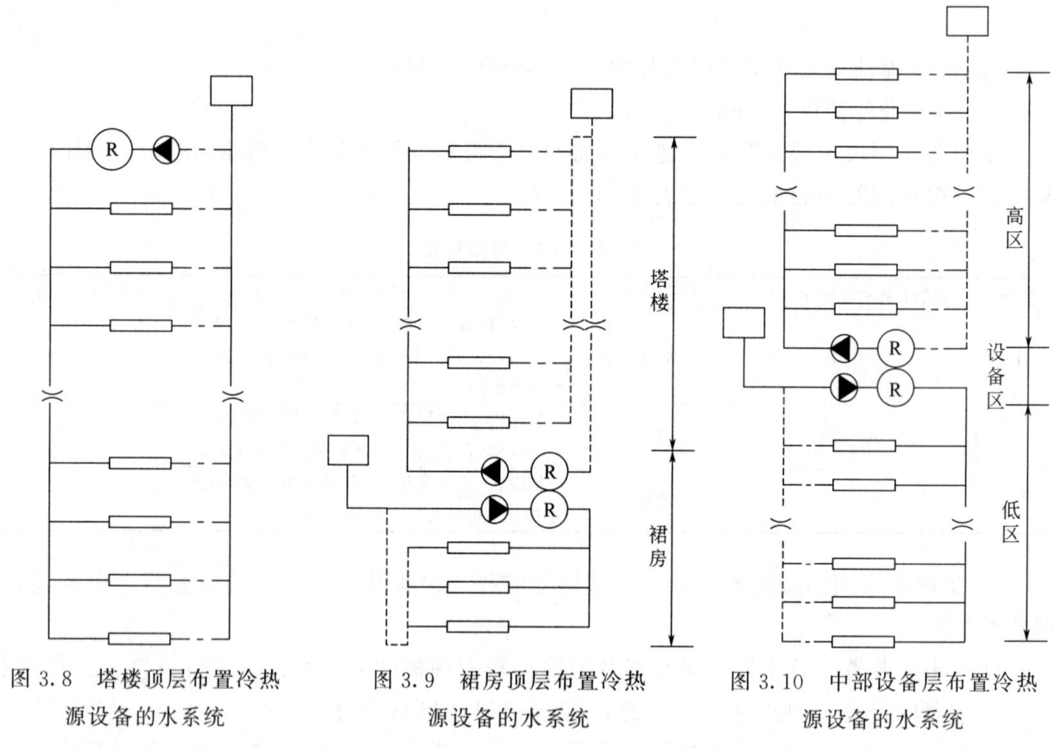

图3.8 塔楼顶层布置冷热源设备的水系统

图3.9 裙房顶层布置冷热源设备的水系统

图3.10 中部设备层布置冷热源设备的水系统

④ 冷（热）源设备布置在地下室或制冷（热）站　设备层以下各层由制冷（热）站直接供水，而设备层以上各层的供水则由设在设备层的水-水换热器供水。这种方式可使水系统管网和设备的静水压力分段承受，以防止制冷（热）站的管网和设备承压过高。

⑤ 塔楼顶层和地下室的冷（热）源设备布置　塔楼顶层和地下室（或另设制冷站）应分别布置冷（热）源设备。如高层建筑的高区最上面的楼层房间采用塔楼顶层风冷式冷（热）水机组供水，而高区其他各层由安装于设备层的水-水换热器供水，低区各层和裙房各层均由制冷（热）站直接供水，这样可降低水系统管网和设备承受的静水压力，使系统工程更合理，基建投资费也会有所下降。

3.7.6 制冷机房的设计图纸内容及实例

机房平面图：

① 机房图应根据需要增大比例。绘出通风、空调、制冷设备（冷水机组、新风机组、空调器、冷热水泵、冷却水泵、通风机消声器、水箱等）的轮廓位置及编号，注明设备和基础距离墙或轴线的尺寸；

② 绘出连接设备的风管制冷机房平面图、水管位置及走向；注明尺寸、管径、标高；

③ 标注机房内所有设备、管道附件（各种仪表、阀门、柔性短管、过滤器等）的位置。

机房剖面图：

① 当其他图纸不能表达复杂管道相应关系及位置时，应绘制剖面图；

② 剖面图应绘出对应于机房平面图的设备、设备基础、管道和附件的竖向位置、竖向尺寸和标高，标注连接设备的管道位置尺寸，注明设备和附件编号及详图索引编号。

流程图、系统图：

① 空调冷热水系统应绘制系统流程图。系统流程图应绘制出设备、阀门、控制仪表、配件，标注介质流向、管径及设备编号；流程图可不按比例绘制，但管路分支应与平面图相符；

② 空调、制冷系统有监测与控制时，应有控制原理图，图中以图例绘制设备、传感器及控制元件位置，说明控制要求和必要的控制参数；

③ 空调的供冷供热分支水路采用竖向输送时，应绘制系统图并编号，注明管径、坡向、标高及设备等的型号。

空调水系统流程图、机房系统、地下室通风空调平面图、地下室空调水系统平面图、地下室设备基础平面图等见图 3.14～图 3.20（见 73～79 页）。

3.8 空调系统节能技术

3.8.1 建筑物本体的节能措施

（1）合理的建筑朝向和外形　节能型的建筑设计是减少空调能耗的重要保证，在进行建筑规划时，在选址和确定建筑物的形、色、方位时都要仔细研究。

（2）建筑围护结构的保温性能　建筑节能的首要任务是改善建筑保温性能，我国《采暖通风与空气调节设计规范》（GB 50019—2003）也规定了围护结构各部分传热系数的值。

在进行建筑物外围护层的构造设计时，应强调外围护层的热工特性要求：防止外墙内部结露、减少内表面温度波动、降低蓄热负荷。

（3）窗户隔热和节能　在空调的外区负荷中，外窗玻璃的日射和传热形成的负荷一般都占了其中的大部分。因此，在节能空调工程中应该重视窗的构造形式并限制窗墙面积比，同时为了减少窗的缝隙渗透引起的冷热能量损失，还应强调窗构造的气密性。在节能空调技术中十分重视在室外空气温度较低时直接利用室外空气供冷，因此窗构造应是能开启的或在其上设有可开启的自然通风口，以便需要时通风换气。

3.8.2 冷热源系统的节能

空调系统所消耗的能量大部分是在冷热源系统中，所以合理选择冷热源对整个系统的能耗是至关重要的。

(1) 热源 热源的种类有热电站、热泵、直燃型溴化锂吸收式冷热水机组、区域锅炉房、小型锅炉房（燃煤、燃油或燃气）。

热电站的能量利用率最高，热泵由于低位热源的种类不同，其制热系数相差很大，所以热泵与区域锅炉房或自备燃油锅炉供热相比，要视具体情况而定。

区域锅炉房的能源利用效率明显优于建筑自备的小型燃煤锅炉，在我国的一些中心城市已不允许建筑自备燃煤锅炉，而采用燃油、燃气锅炉来代替。直燃型溴化锂吸收式冷热水机组供热的效率相当于燃油、燃气锅炉。

用电直接做空调热源是不符合节能原则的。

(2) 冷源 目前在国内常用的空调冷源主要有两大类，即以电能做动力的蒸汽压缩式制冷机和以热能为动力的吸收式制冷机。

冷源的能耗指标相差很大，一般大型建筑的冷源宜选用能耗较低的大型机组，冷量相近的同类制冷机，其性能差异也很大，在选用时应对各种机组进行具体分析比较。

3.8.3 合理选择通风与空调系统

变风量系统、辐射板供热与供冷系统、变水量系统、变制冷剂流量系统、水环热泵系统、地温热泵系统等都具有节能的优点，但是它们应用在不同的场合。在系统选择时，应分析其负荷特性、使用特点、调节要求、管理要求、建筑特点等，使系统与被控制的环境有最佳的配合，达到在良好的环境控制质量条件下既经济又节能的目的。

系统选择与划分应充分考虑运行调节和运行管理的要求，对于不同朝向、内外区的差异，系统应分开设置，以便于分别控制与调节，可避免某些区域夏季过冷、冬季过热，造成能量的浪费。

通风空调系统的气流组织形式是提高能量利用效率的主要因素，合理的气流型式既可使工作区空气环境适宜，又可节能。

3.8.4 空调系统运行节能

(1) 合理确定新风 为了保证室内的空气质量，空调系统要引入新风，新风量取得过大，将增加新风能耗，所以在满足室内卫生要求的前提下，减少新风量有显著的节能效果。

为了减少新风能耗，设计时应考虑以下几方面：

① 从卫生要求确定最小新风量；

② 合理确定新风入口位置提高采气质量；

③ 考虑运行期非峰值负荷时的调节使用要求；

④ 配置必要的风管附件和控制装置，并留有必要的操作空间。

(2) 合理降低室内温湿度标准 近年来，各国都在修订室内温湿度标准。表 3.28 列出了降低舒适性空调房间的室内温度后的节能效果。

(3) 防止过热和过冷 夏季室温过冷和冬季室温过热，都会造成能源的浪费，而且破坏人体舒适感，影响人体健康，这种现象主要是由于自动控制设备不完备，设备选择不当或空调分区不合理引起的。

表 3.28 室内设计参数变化后的节能效果 单位：MJ/m²

季节	夏 季			冬 季		
室内温度/℃	24	26	28	22	20	18
新风负荷	83.0	61.2	44.0	117.6	78.4	48.6
其他负荷	93.0	83.0	67.5	23.9	18.4	14.2
总计	176.0	144.1	111.54	141.2	96.8	62.9
节约率/%	0	18.1	36.6	0	31.5	55.5

(4) 改变空调设备启动和停机时间，在预冷预热时停止取用新风　在间歇空调系统中，应根据围护结构热工性能、室外气温的变化、房间使用功能等进行预测控制，确定合理的启动和停机时间，在保证舒适度的前提下节约空调能耗。

在建筑物预热、预冷时停止取用室外新风，可减少处理新风所损耗的负荷。若冷热源的容量已经确定，则应按照额定出力考虑预冷、预热时间，从而提高冷热源的运行效率，又可缩短预冷和预热时间。

(5) 过渡季取用室外空气作为自然冷源　只有在夏季室外空气的比焓大于室内空气比焓、冬季室外空气比焓小于室内空气比焓时，减少新风量才具有节能意义。当室内外空气比焓出现与上述情况相反时（过渡季），应采用全新风运行，不仅可以缩短制冷机的运行时间，减少新风能耗，还可以改善室内环境的空气品质，所以空调系统在设计时，除了保证冬、夏季的新风量外，在过渡季应能增加新风和全新风运行。

(6) 提高输能效率　要使风机和水泵提高能效，可以减少流量、降低系统压力损失以及提高风机和水泵的效率。在空调工程中一般采用以下措施。

① 采用大温差　冷冻水、冷却水和送风大温差推荐值见表 3.29。

表 3.29 大温差推荐值表

类型	常规空调系统	大温差空调系统
冷冻水温差	5℃	8～10℃
冷却水温差	5℃	8℃
送风温差	6～10℃(≤15℃)	14～20℃

通过加大冷冻水、冷却水温差和送风温差来减少水流量和送风量，降低流体的输送能耗，同时减小管径，也降低了管路系统的初投资。但是大温差也会影响空调设备的性能，如冷冻水温差加大将降低风机盘管、表冷器等的冷却能力和除湿能力，导致冷冻水的供水温度降低，冷水机组的性能系数降低、能耗增加。所以确定温差时应综合考虑系统总能耗（即输送能耗和冷水机组能耗）、经济性、环境控制质量等方面来选择合理的温差。

② 采用低流速　由于水泵和风机要求的功耗大致与系统管路中流体流速的平方成正比关系，因此要使其运行节能，在设计和运行时要采用低流速，同时干管中采用低流速有利于稳定系统的水力工况。

③ 采用输送效率高的载能介质　输送相同冷、热能，所用水管的管径要比风管小得多，并节省建筑空间，同时所用输送能耗又低。所以一般冷冻水应尽量输送到各空调分区附近或使用点上。

④ 选用效率高、部分负荷调节特性好的动力设备　由于空调系统中的设备大部分时间在部分负荷下运行，所以应把设备的最高效率点选在峰值负荷的 70%～80%附近；在选择主机时应充分考虑系统的负荷变化特性，合理匹配制冷机组的台数及容量。

风机和水泵的运行工况点取决于其自身特性和管网的阻力特性，选型时要研究部分负荷时管道阻力变化情况，使风机和水泵的性能与管网特性相匹配，以达到节能效益。

在非峰值负荷时常采用改变空调系统的流量来满足用户的负荷要求，例如，利用阀门调节改变管路性能曲线、改变风机和水泵的性能及运行台数等。

（7）建筑设备自动化系统　随着计算机应用技术的发展，以计算机为基础的集中检测监控系统，建筑设备自动化系统（building automation system，BAS）在能量管理方面得到了广泛应用，采用计算机控制技术对建筑空调系统全面控制。

建筑设备自动化系统可以将建筑物的空调、电气、卫生、防火报警等进行集中管理和最佳控制，即通过对冷热源的能量控制、空调系统的焓值控制、新风量控制、设备的启停时间和运行方式控制、温湿度设定控制、送风温度控制等，达到最佳节能运行效果。

BAS 造价相当于建筑总投资的 0.5%～1%，年运行费用的节约率约为 10%，一般 4～5 年可回收全部投资费用。

3.8.5 建筑中的热回收

建筑中有可能回收的热量有排风热量、内区热量、冷凝器热量和排水热量等，如果把这些本来排到周围环境中的热量加以有效利用，则称为热回收。

（1）排风热回收　为了改善空调房间的空气品质，可以通过加大新风量，使得在建筑物空调负荷中，新风负荷的比例更大，同时利用热交换器回收排风中的能量，节约新风负荷是空调系统节能的有效措施。

可采用全热交换器使排风与新风直接热交换进行热回收，当室内空气的比焓值低于室外空气时，利用它回收排风中的冷量，反之回收热量，全热交换器并不是全年运行的，只在最小新风量时使用。所以采用全热交换器时应有旁通风道和手动或自动切换装置，如图 3.11 所示。

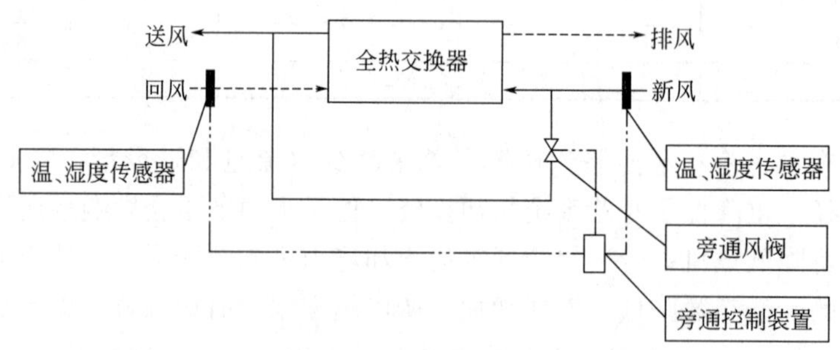

图 3.11　全热交换器连接

用于排风的热交换器有转轮式全热交换器、板翅式热交换器、热管式热交换器。采用热泵回收排风中的能量，如图 3.12 所示即以排风作为热源带有板式换热器的热泵系统，冬季由于建筑物的排气温度较高，所以可将建筑物的排气作为热源加以利用。采用这种系统，不仅可以减少新风的热负荷和节约空调费用，而且与采用室外空气为热源的热泵相比，制热系数明显提高。

用作排风的热交换设备可单独设置在空调排风系统中，也可作为组合式空调机组的一个功能段，一般可节省新风负荷量 70%左右。

空气热回收设备的计算公式见表 3.30。

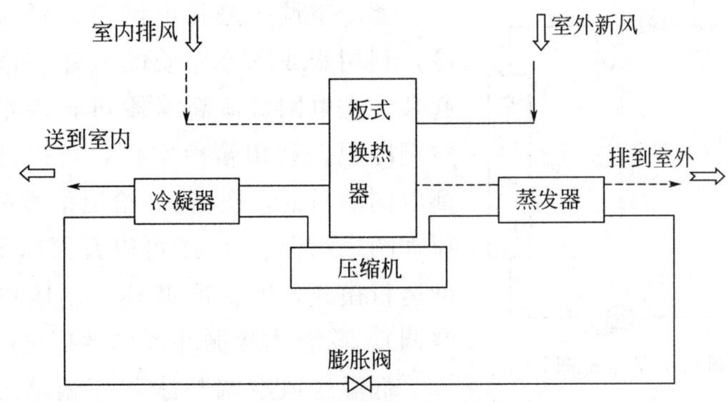

图 3.12 以建筑物排风作为热源带有板式换热器的热泵系统

表 3.30 空气热回收设备选择计算公式

项　目	新　风	排　风
显热效率	$m_t=\dfrac{t_1-t_2}{t_1-t_3}$	$m_t=\dfrac{t_4-t_3}{t_1-t_3}$
潜热效率	$m_d=\dfrac{d_1-d_2}{d_1-d_3}$	$m_d=\dfrac{d_4-d_3}{d_1-d_3}$
全热效率	$m_h=\dfrac{h_1-h_2}{h_1-h_3}$	$m_h=\dfrac{h_4-h_3}{h_1-h_3}$

表中 t_1，d_1，h_1——分别为新风干球温度（℃）、含湿量（g/kg）、比焓（kJ/kg）；

t_2，d_2，h_2——分别为新风通过热交换器后的干球温度（℃）、含湿量（g/kg）、比焓（kJ/kg）；

t_3，d_3，h_3——分别为排风干球温度（℃）、含湿量（g/kg）、比焓（kJ/kg）；

t_4，d_4，h_4——分别为排风通过热交换器后的干球温度（℃）、含湿量（g/kg）、比焓（kJ/kg）。

根据理论推导和实验，在换热器中两种不同状态的介质进行热湿交换时，满足刘易斯关系，则换热器的全热效率、显热效率、潜热效率三者相等，即 $m_h=m_t=m_d$。

用作热回收的热泵就是以建筑物内部热量做热源的热泵，热回收式热泵的使用条件如下。

① 最好同时有制冷和供热的需要，而且排出热量与需热量接近。

② 需要供热的场所靠近回收热量的场所。

③ 回收热量所增加的设备费用在近期内得到回收。

④ 热量回收与热量利用互不影响。系统控制简单、安全性高。

(2) 内区热量回收　由于建筑内区没有外围护结构，所以内区全年均有余热（或冷负荷），因此可以采用水环热泵系统或双管束冷凝器的冷水机组将内区的热量转移到外区。

(3) 建筑内其他热量回收　建筑中空调系统的冷凝热量可用作生活热水的预热或游泳池水加热，也可以利用热泵技术将建筑中的排水提取出来作为生活热水供应或采暖，许多欧洲国家建成了以城市排水作为低位热源的区域供热站。

3.8.6 蓄能技术

空调系统是用电大户，在目前能源紧张的形势下，蓄冷空调是解决这一矛盾的方法之

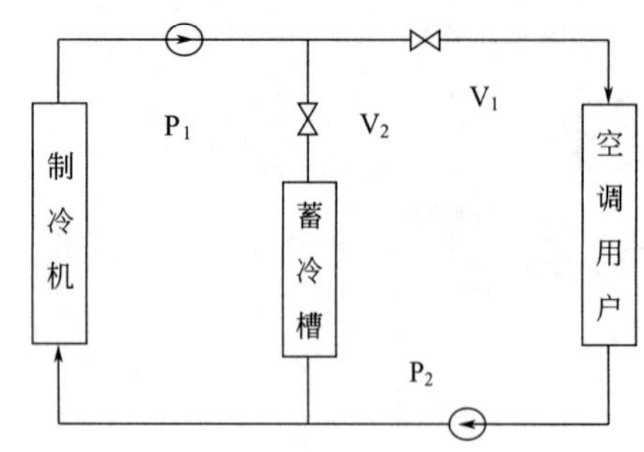

图 3.13 蓄冷空调系统基本原理图

一。蓄冷空调就是将电网负荷低谷段的电力用于制冷，利用水或冰等介质的显热和潜热，将冷量储存起来，在电网负荷高峰段再将冷量释放出来，作为空调冷源。利用蓄冷空调，可以达到削峰填谷，均衡电网的目的。图 3.13 给出了蓄冷空调系统的基本原理图，结合表 3.31 可以看出冰蓄冷空调系统的四种运行模式，即蓄冷循环、制冷机供冷循环（常规空调）、联合供冷循环、单蓄冷供冷循环等。

低温送风空调与冰蓄冷相结合条件下，与常规全空气送风方式比较，具有初投资少、运行费用低、节省空间等特点，如表 3.32 所示。

表 3.31 空调冰蓄冷系统的四种运行模式

运行工况	制冷机	P_1	P_2	V_1	V_2
蓄冷循环	开	开	关	关	开
制冷机供冷循环	开	开	开	开	关
联合供冷循环(部分蓄冷空调循环)	开	开	开	开	开
单蓄冷供冷循环(全量蓄冷空调循环)	关	关	开	开	开

表 3.32 低温送风与常规空调方式比较

项　　目	低温送风方式	常规空调方式
送风温差/℃	14～20	6～10
送风温度/℃	3～11	10～15
空调机组尺寸减少比例/%	20～30	0
风管尺寸减少比例/%	30	0
风机功率减少比例/%	30～50	0

3.8.7 热泵节能技术

热泵是暖通空调节能的一条重要途径，热泵可以把不能直接利用的低位能（如空气、土壤、水、太阳能、工业废热等）转换为可以利用的高位能，从而达到节约部分高位能（煤炭、石油、天然气、电能等）的目的，因此在矿物能源逐渐短缺的今天，利用低位能的热泵技术已经引起人们的重视。利用热泵为暖通空调提供 100℃以下的低温用能具有重大的现实意义，同时热泵在暖通空调中的应用不会对环境产生污染，所以热泵是一项具有更大节能潜力而且环保的新技术。

近年来，热泵空调机组和热泵系统在民用建筑与公共建筑空调工程中应用广泛，有以下几方面。

① 热泵式房间空调器，这种空调器有整体式（如窗式空调器）和分体式两类，适用于一个房间的全年空调。其中有的产品有电辅助加热器，可在室外空气温度降低时补充加热。热泵型房间空调器通过换向阀门的变换，在夏季实现制冷循环，在冬季实现制热循环。但供热时，室外温度一般要高于－5℃，在 0℃以上使用供热效果最好。

② 集中式热泵空调系统，集中式热泵空调系统的所有空气处理设备和空气输送设备都集中在空调机房，这种空调系统常用在全年空调的大、中型建筑物中。

③ 热泵用于建筑中热回收，前已介绍，不再详述。

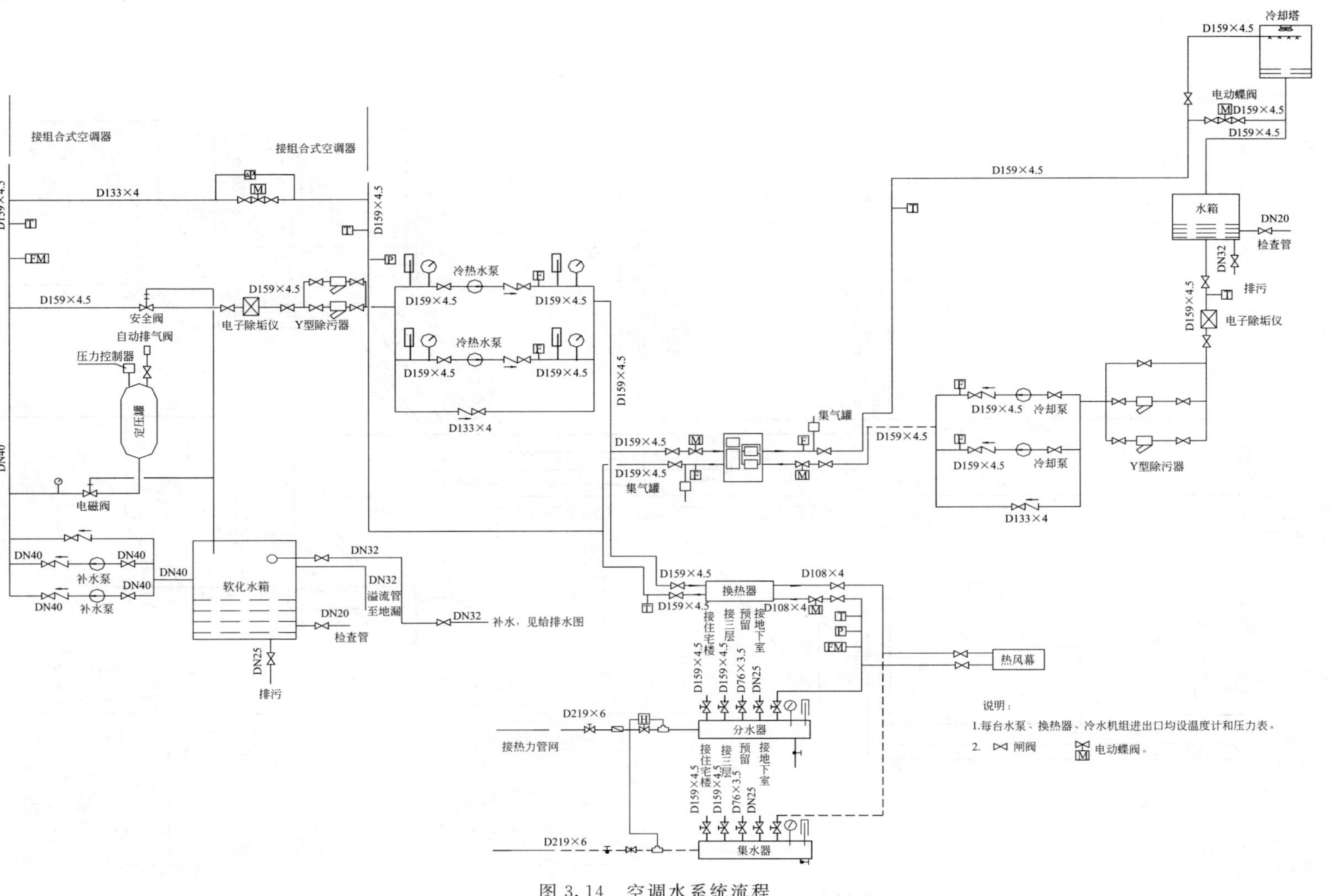

图 3.14 空调水系统流程

主要设备一览表

序号	设备名称	单位	数量	规格及型号	备注
1	螺杆式冷水机组	台	2		
2	真空锅炉	台	1		
3	冷冻水泵	台	3		
4	冷却水泵	台	3		
5	温水水泵	台	2		
6	电子水处理仪	台	2		
7	分水器	个	1		
8	集水器	个	1		
9	机房排污泵	台	1		
10	消防电梯井排污泵	台	1		

主要设备一览表

序号	设备名称	单位	数量	规格及型号	备注
11	埋地式储油罐	个	1		
12	供油泵	台	2		
13	油过滤器	个			
14	烟囱				
15	压差调节阀	个	1		
16	角型横流式冷却塔	台	2		
17	日用油箱	个	1		
18	紧急泄油罐	个	1		
19	Y型过滤器	个	2		

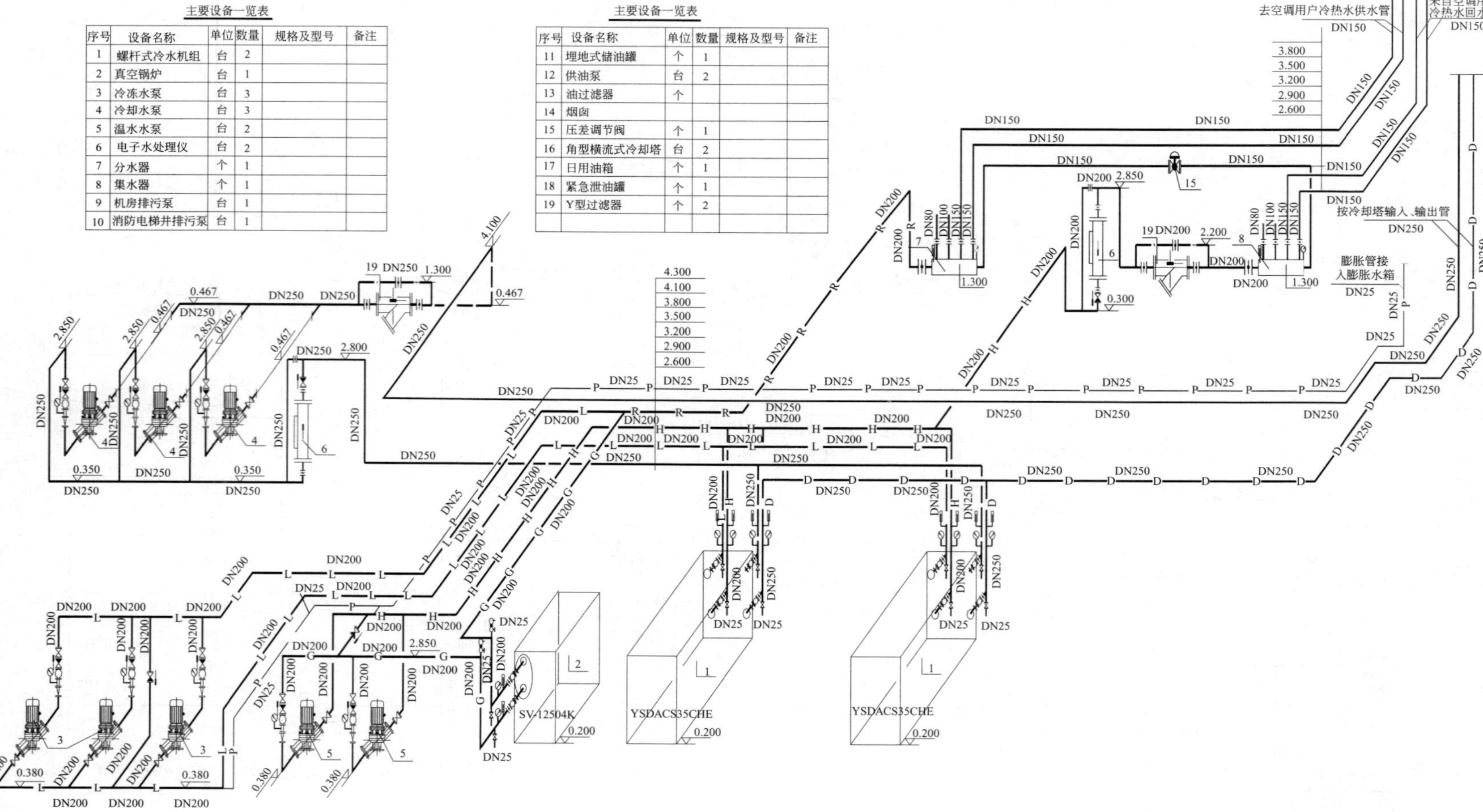

图 3.15 机房管道系统

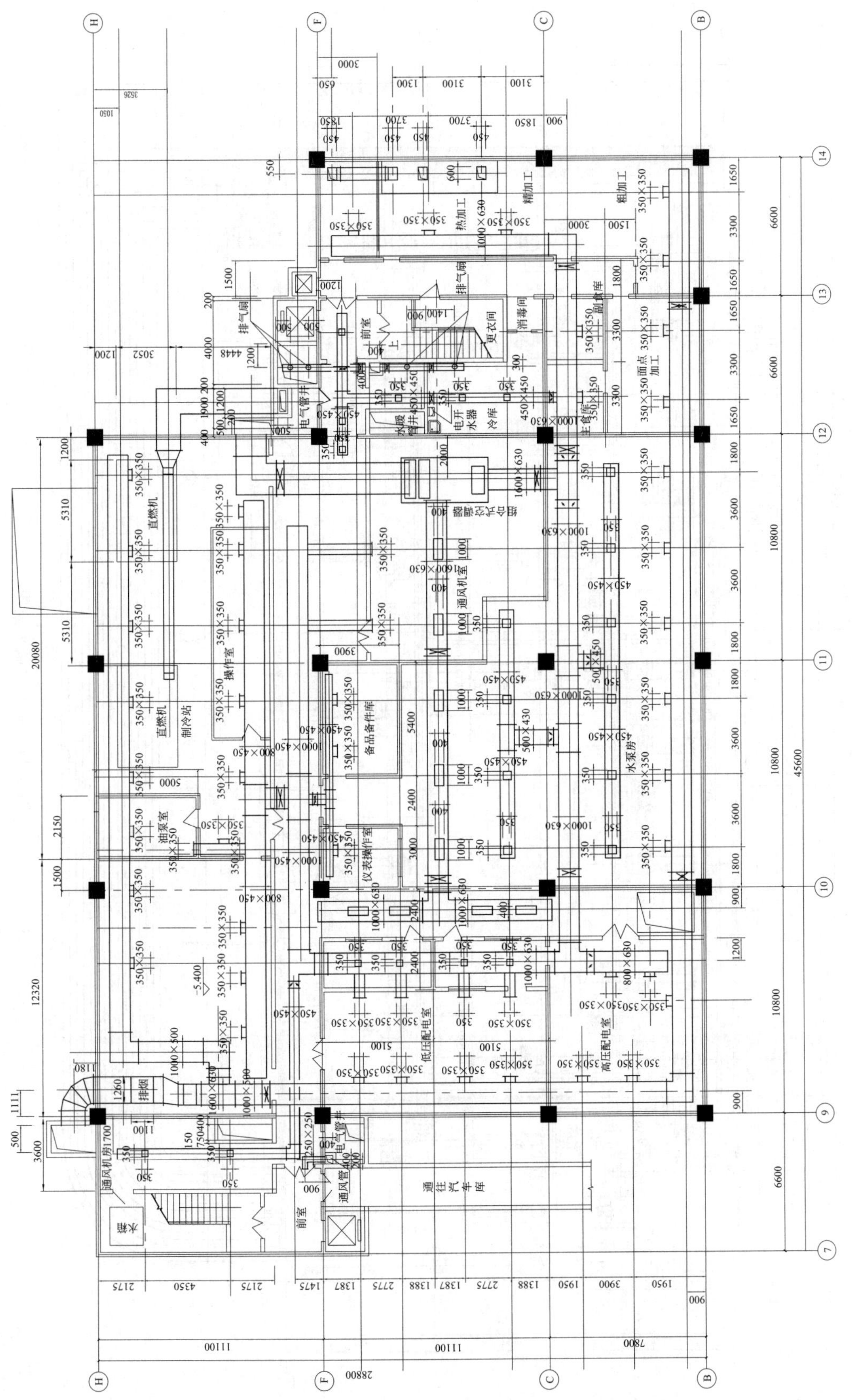

图 3.16 地下室通风空调平面图

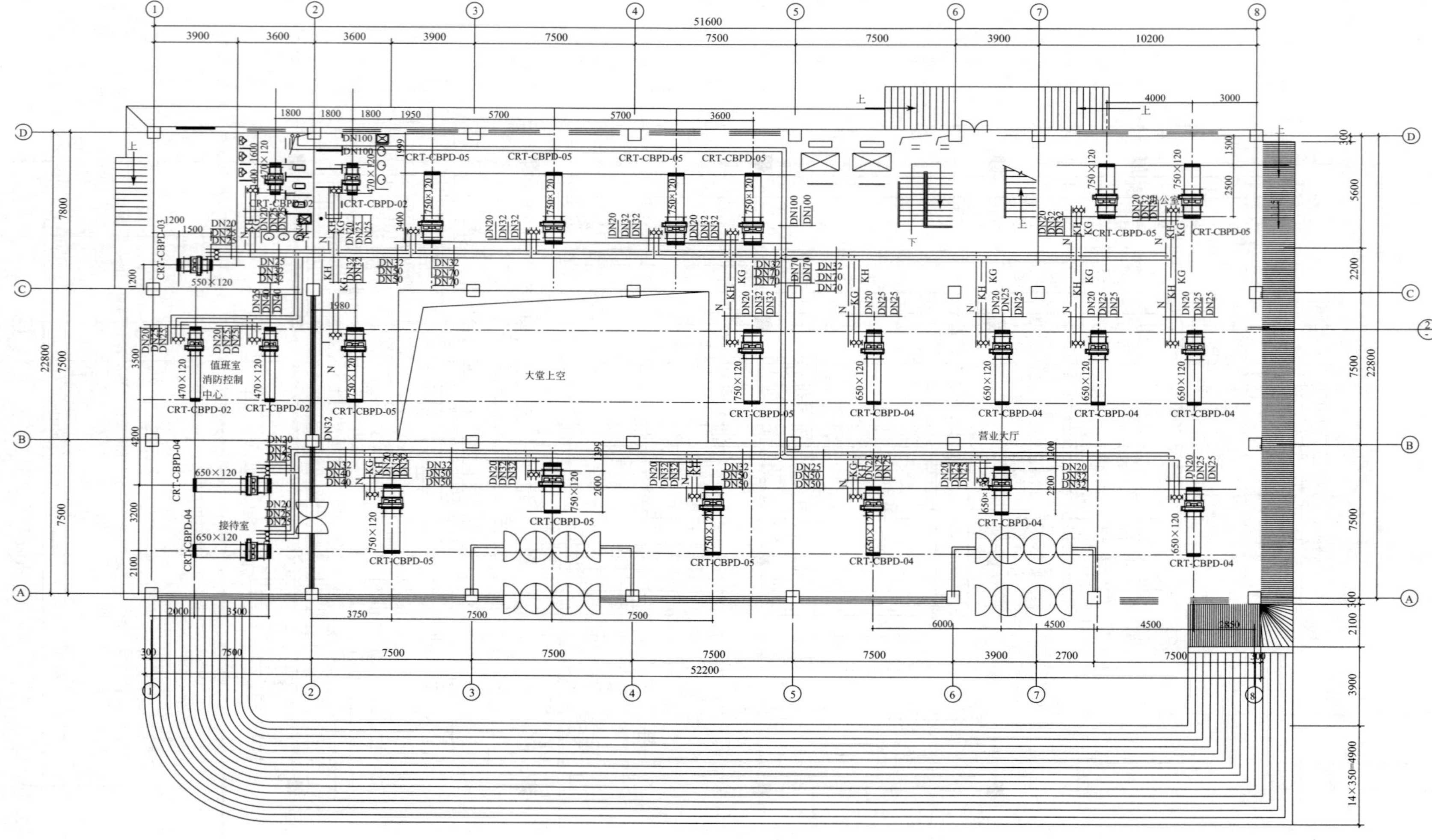

图 3.17　一层空调平面图

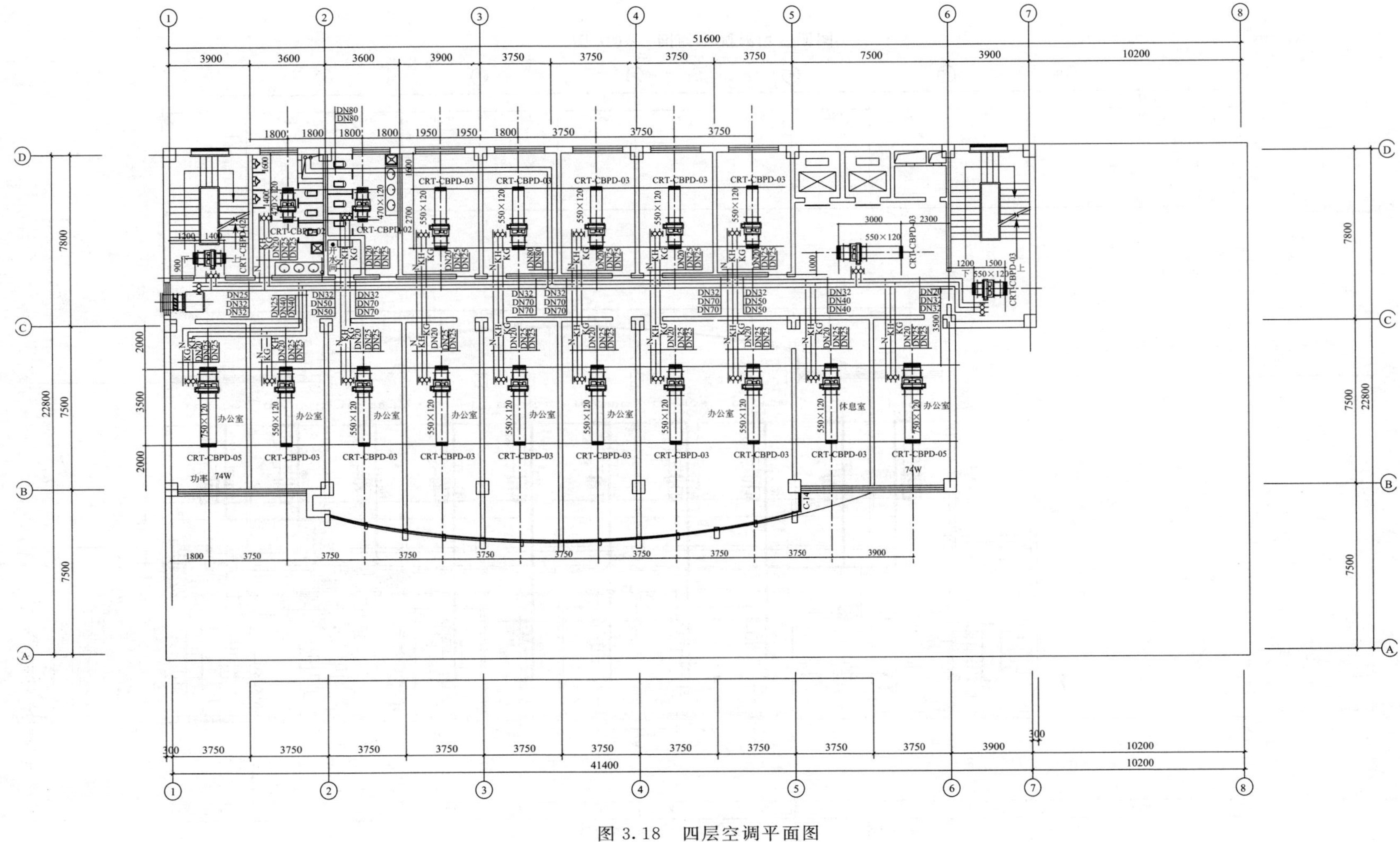

图 3.18 四层空调平面图

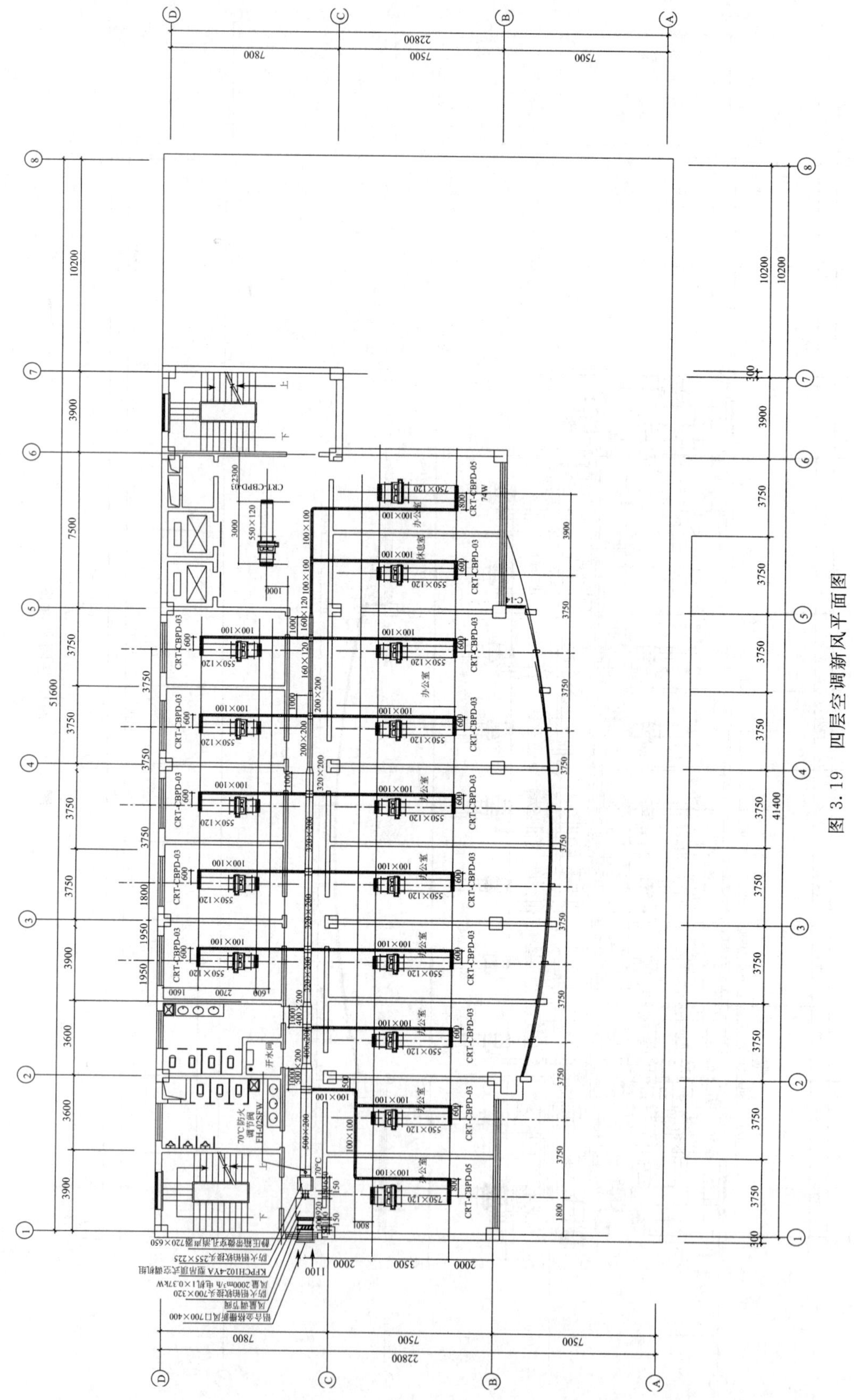

图 3.19 四层空调新风平面图

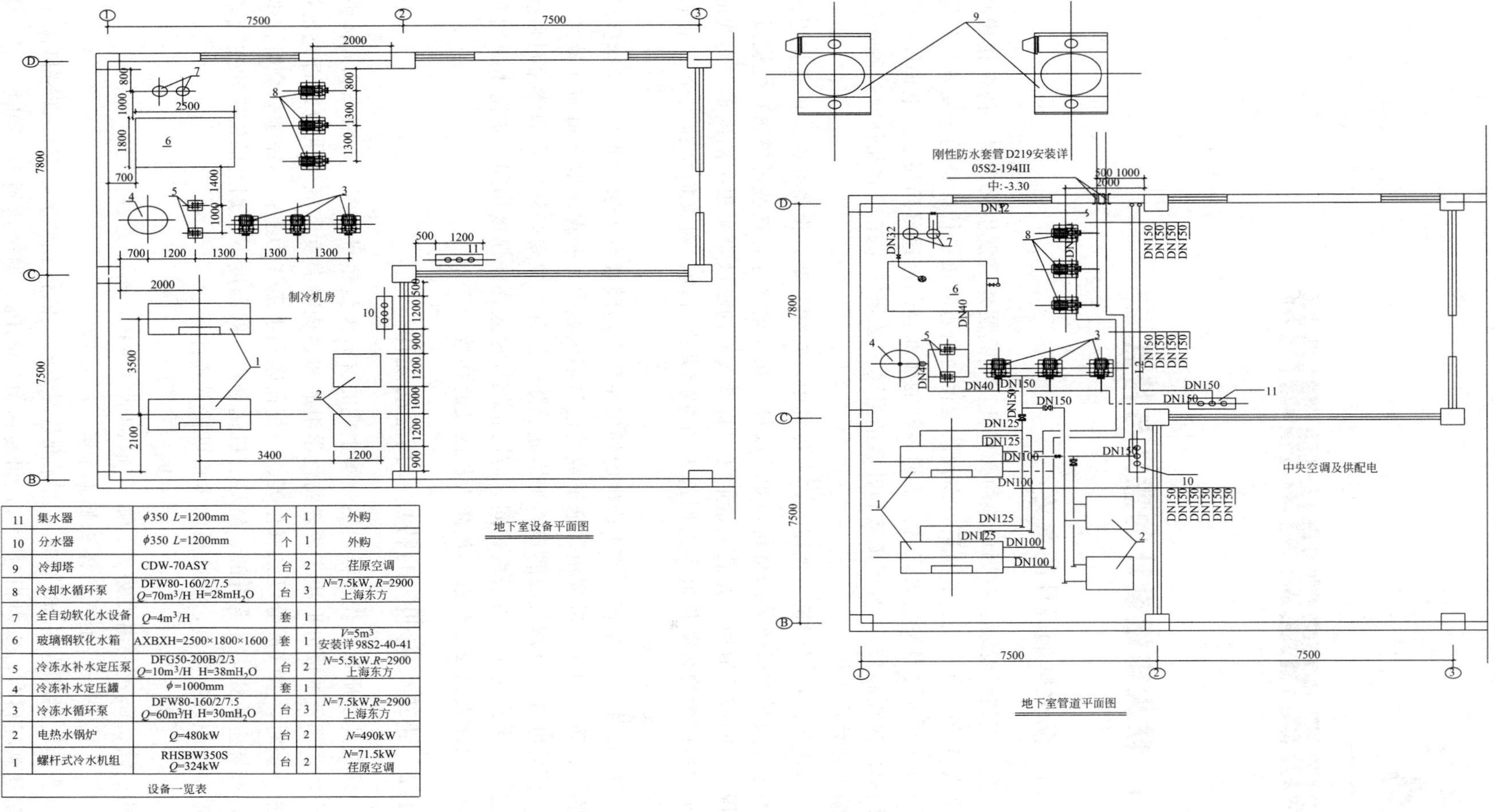

11	集水器	ϕ350 L=1200mm	个	1	外购
10	分水器	ϕ350 L=1200mm	个	1	外购
9	冷却塔	CDW-70ASY	台	2	茌原空调
8	冷却水循环泵	DFW80-160/2/7.5 Q=70m^3/H H=28mH$_2$O	台	3	N=7.5kW, R=2900 上海东方
7	全自动软化水设备	Q=4m^3/H	套	1	
6	玻璃钢软化水箱	AXBXH=2500×1800×1600	套	1	V=5m^3 安装详98S2-40-41
5	冷冻水补水定压泵	DFG50-200B/2/3 Q=10m^3/H H=38mH$_2$O	台	2	N=5.5kW.R=2900 上海东方
4	冷冻补水定压罐	ϕ=1000mm	套	1	
3	冷冻水循环泵	DFW80-160/2/7.5 Q=60m^3/H H=30mH$_2$O	台	3	N=7.5kW.R=2900 上海东方
2	电热水锅炉	Q=480kW	台	2	N=490kW
1	螺杆式冷水机组	RHSBW350S Q=324kW	台	2	N=71.5kW 茌原空调

设备一览表

图 3.20 空调机房设备管道平面图

4

高层民用建筑防火排烟设计

4.1 防火排烟设计的意义与特点

4.1.1 防火排烟设计的意义

高层建筑设置防、排烟设施的必要性：当高层建筑发生火灾时，防烟楼梯间是高层建筑内部人员唯一的垂直疏散通道，而消防电梯是消防队员进行扑救的主要垂直运输工具（国外一般做法要求是当发生火灾后，普通客梯的轿厢全部迅速落到底层。电梯厅一般用防火卷帘或防火门封隔起来）。为了疏散和扑救的需要，必须确保在疏散和扑救过程中防烟楼梯间和消防电梯井内无烟。

现代化的高层建筑，规模大，人员集中，功能复杂，设备众多，还有相当一部分高层建筑使用了大量的可燃装饰材料，如塑胶板、化纤地毯等，这些可燃物在燃烧过程中会使着火区域的房间或疏散通道充满大量烟气，将给人们的疏散带来很大的困难。实践证明，高层建筑火灾所产生的烟雾是阻碍人们逃生和进行灭火行动、对人们生命安全产生危害的最大的因素。

防烟、排烟就是将火灾中产生的烟气在着火房间或着火房间所在的防烟区域加以控制和排除，以防止烟气扩散到疏散通道或其他防烟区域中，确保疏散通道和扑救过程中防烟楼梯间和消防电梯没有烟气的建筑防烟措施。防烟设计，主要是针对防烟楼梯间和前室而言。高层建筑发生火灾时，防烟楼梯间，应防止烟气侵入，确保楼梯间、消防电梯间及前室内为无烟区，保证人们安全疏散和消防人员的及时扑救。

4.1.2 建筑火灾烟气的特点及其流动规律

烟气是物质在燃烧过程中热分解生成的含有大量热量的气态、液态和固体颗粒与空气的混合物，烟气的成分取决于可燃物化学组成和燃烧时温度和氧气供应是否充足等燃烧条件。完全燃烧时，烟气成分以二氧化碳、一氧化碳和水蒸气为主；不完全燃烧时，烟气不仅含有上述燃烧生成物，还含有醇、醚等有机化合物。同温度下，烟气的密度比空气略重，烟气受热后，体积发生膨胀，膨胀后的体积可按下式计算：

$$V_t=V_0[1+a(t-t_0)] \tag{4-1}$$

式中　V_t，V_0——温度为 t℃和 0℃时的烟气体积，m^3；

a——烟气的体积膨胀系数，$a=1273$。

当烟气温度达到 280℃时，比标准状况下空气的体积约大一倍，即密度减小。所以，当火势达到旺盛时，室内相对大气压可高达 10～20Pa，温度达到 700℃时，烟气体积会膨胀 3

倍，其速度水平方向能达到 0.5～0.8m/s，竖直速度能达到 3～4m/s，意味着只需半分钟左右，烟气就可以从大楼的底层扩散到一栋超高层建筑的楼顶。可见，火灾时大楼内烟气的扩散速度是非常之快的。因此，及时有效的控制、引导烟气流动，降低烟气浓度，对人员疏散有很重要的意义。

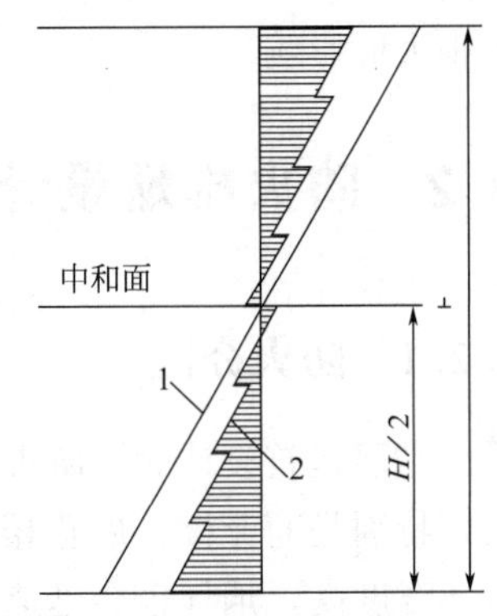

热压作用原理
曲线1—楼梯间及竖井热压分布线
曲线2—各层外窗热压分布线

图 4.1　建筑物楼梯间及竖直贯通通道的理论热压分布线

当火灾发生后，建筑物内烟气温度升高，并迅速上升，能影响到离着火点很远的地方。由于烟气和室内空气存在着温度差和密度差，烟气会由于热压作用，沿建筑内部楼梯间等竖直通道上升，图 4.1 表示了建筑物楼梯间及竖直贯通通道的理论热压分布线。

但实际建筑的渗漏途径各层分布并不均匀，当下部渗漏面较大时，中和面会下降；反之，中和面则会上升。如果火灾发生在中和面以下，烟气就随建筑物内的流动路线进入竖井而上升，当达到中和面以上时，烟气则从竖井进入建筑物的楼层中，使上部的楼层迅速充满烟气，见图 4.2。若火灾发生在中和面以上，由于烟气向上蔓延，中和面以下的楼层相对安全些，见图 4.3（图 4.2、图 4.3 中虚线为烟气流，实线为空气流）。

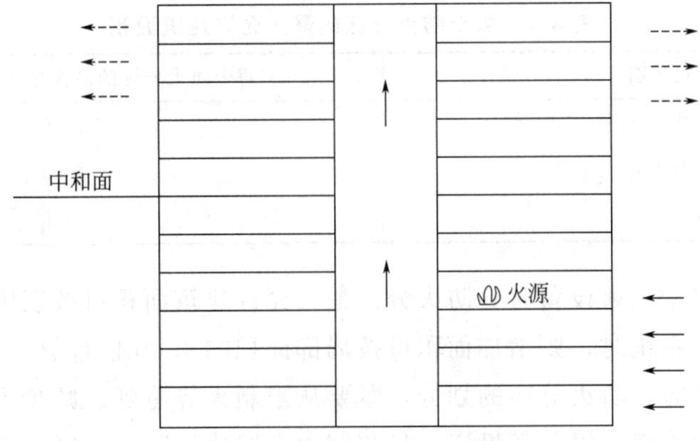

图 4.2　低层发生火灾时烟气流动示意图

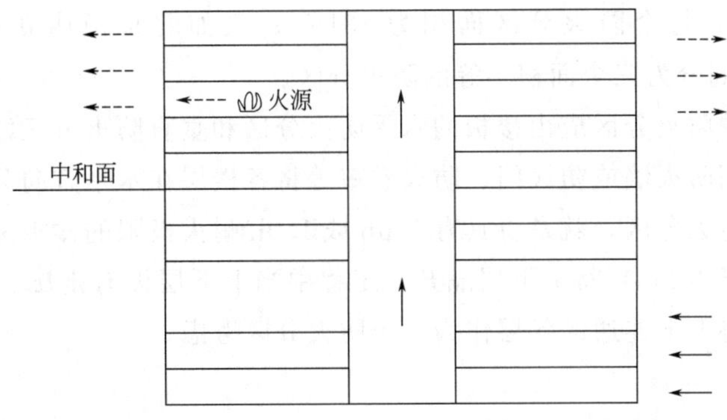

图 4.3　高层发生火灾时烟气流动示意图

另外，在高层建筑中，火灾烟气还会通过通风空调系统的风管、水管、强弱电的线槽、消防水管、给排水管道所形成的空隙进入其他房间，所以建筑物的质量对火灾造成的危害也有很大的影响。

4.2 防火排烟设计的相关建筑基本知识

4.2.1 防火分区

高层建筑设计时，防火和防烟分区的划分是极其重要的。某些高层建筑规模大、空间大，特别是商业楼、展览楼、综合大楼，其用途广，可燃物量大，一旦起火，火势蔓延迅速、温度高，烟气也会迅速扩散，必然造成重大的经济损失和人身伤亡。因此，工程设计中除应减少建筑物内部可燃物数量，对装修家具等陈设尽量采用不燃或难燃材料，除设置自动灭火系统之外，最有效的办法是划分防火和防烟分区。

高层建筑发生火灾时，应该把火灾控制在一定范围内，不让火势蔓延扩大，以减少危害。设计时，建筑专业按“高规”要求，把建筑平面和空间划分为若干个区，区与区之间用防火墙、耐火楼板以及防火门等隔开，这些区间称为“防火分区”。防火隔断上（墙、板等）一般不允许开洞、孔，如确需开时，应采用相应的措施。防火分区最大允许面积在“高规”中做了规定，如表 4.1 所示。

表 4.1 每个防火分区的最大允许建筑面积

建筑类别	每个防火分区的最大允许建筑面积/m^2
一类建筑	1000
二类建筑	1500
地下室	500

当房间内设有自动灭火设备时，防火分区最大允许建筑面积可按表中面积增大 1.00 倍；当局部设置自动灭火系统时，则增加面积可按局部面积的 1.00 倍计算。

在建筑工程设计时，防火分区的划分，既要从限制火势蔓延、减少损失方面考虑，又要顾及到便于平时使用管理，以节省投资。目前国内高层建筑防火分区的划分，由于用途、性能的不同，分区面积大小也不同。如北京中医医院标准层面积为 1662m^2，按东西区病房划分为两个防火分区，每个防火分区面积为 831m^2；又如北京饭店新楼，标准层面积为 2080m^2，用防火墙划分为三个面积不等的防火分区。

目前比较可靠的防火分区应由楼板的水平防火分区和垂直防火分区两部分组成，所谓水平防火分区，就是用防火墙或防火门、防火卷帘等将各楼层在水平方向分隔为两个或几个防火分区；所谓垂直防火分区，就是将具有 1.5h 或 1.0h 耐火极限的楼板和窗间墙（两上、下窗之间的距离不小于 1.2m）将上下层隔开。工程中当上下层设有走廊、自动扶梯、传送带等开口部位时，应将上下连通的各层作为一个防火分区考虑。

4.2.2 防烟分区

对要求设置排烟设施的走道、净高小于 6m 的房间，为了控制火灾时烟气的流动和蔓延，在防火分区内建筑平面上进行防烟分区，采用挡烟垂壁、隔墙或从顶棚下突出不小于 0.5m 的梁等作隔断，暖通专业会同建筑专业，根据排烟设计要求进行分隔，顶棚高度

0.5m 以下可以连通。

每个防烟分区的面积不宜超过 $500m^2$，且防烟分区不应超越防火分区。

高层建筑多用垂直排烟竖井排烟，一般是在每个防烟区设一个垂直烟道。如防烟区面积过小使垂直排烟道数量增多，会占用较大空间，增加建筑造价。反之，则会使高温烟气波及面积加大，受灾面积增加，不利于安全疏散和扑救。所以，防烟分区的划分如下。

① 不设排烟设施的房间（包括地下室）和走道，不划分防烟分区。

② 走道和房间（包括地下室）按规定都设置排烟设施时，可根据具体情况分设或合设排烟设施，并按分设或合设的情况划分防烟分区。

③ 一座建筑物的某几层需设排烟设施，且采用垂直排烟道（竖井）进行排烟时，其余各层（按规定不需要设排烟设施的楼层），如增加投资不多，可考虑扩大设置范围，各层也宜划分防烟分区，设置排烟设施。

4.2.3 防火间距

火灾实例证明，在大风的情况下，从火场飞出的“火团”可达数百米，甚至更远。所以要综合考虑满足消防扑救需要和防止火势向邻近建筑蔓延以及节约用地的要求，“高规”确定了高层建筑的防火间距，见表 4.2。

表 4.2 高层建筑之间及高层建筑与其他民用建筑之间的防火间距 单位：m

建筑类别	高层建筑	裙房	其他民用建筑		
			耐火等级		
			一、二级	三级	四级
高层建筑	13	9	9	11	14
裙房	9	6	6	7	9

4.2.4 建筑的分类

高层建筑根据其使用性质、火灾危险性、疏散和扑救难度等进行分类，其目的是既保障了各种高层建筑的消防安全，又达到了节约投资。如表 4.3 所示。

4.2.5 需做防排烟设计的主要建筑形式

4.2.5.1 疏散楼梯间和前室

一类建筑和除单元式及通廊式住宅外的建筑高度超过 32m 的二类建筑以及塔式住宅，均应设防烟楼梯间。普通电梯的平面布置，一般都敞开在走道或电梯厅。火灾时，因电源切断而停止使用，因此，普通电梯无法供消防人员扑救火灾用，要求设置专门的消防电梯，消防电梯前室应为无烟区。

防烟楼梯间的入口处应设在前室、阳台或凹廊。人们先经过防烟前室，再进入楼梯间。发生火灾时，起火层的防烟前室不仅起防烟作用，还能使不能同时进入楼梯间的人在前室内做短暂的停留，以减缓楼梯间的拥挤程度，因此，前室应有与人数相适应的面积来容纳停留疏散的人员。一般前室面积不应小于 $6.0m^2$。“高规”还规定：“疏散楼梯间及其前室门的净

表 4.3 建筑分类

名 称	一 类	二 类
居住建筑	高级住宅 十九层及十九层以上的普通住宅	十层至十八层的普通住宅
公共建筑	①医院 ②高级旅馆 ③建筑高度超过 50m 或 24m 以上部分的任一楼层的建筑面积超过 1000m² 的商业楼、展览楼、综合楼、电信楼、财贸金融楼 ④建筑高度超过 50m 或 24m 以上部分的任一楼层的建筑面积超过 1500m² 的商住楼 ⑤中央级和省级广播电视楼 ⑥网局级和省级电力调度楼 ⑦省级邮政楼、防灾指挥调度楼 ⑧藏书超过 100 万册的图书馆、书库 ⑨重要的办公楼、科研楼、档案楼 ⑩建筑高度超过 50m 的教学楼和普通旅馆、办公楼、科研楼、档案楼等	①除一类建筑以外的商业楼、展览楼、财贸金融楼、商住楼、图书馆、书库 ②省级以下的邮政楼、防灾指挥调度楼、广播电视楼、电力调度楼 ③建筑高度不超过 50m 的教学楼和普通的旅馆、办公楼、科研楼、档案楼等

宽应按通过人数每 100 人不小于 1.00m 计算，但最小净宽不应小于 0.90m。”

发生火灾时，为使人员尽快疏散到室外，楼梯间在首层应有直通室外的出口，允许在短距离内通过公用门厅，但不允许经其他房间再到达室外。楼梯间必须直通屋顶或有专用通道到达屋顶，不允许穿越其他房间再到屋顶。

4.2.5.2 地下室和半地下室

房间地平面低于室外地平面的高度，超过该房间净高一半者，称地下室。

房间地平面低于室外地平面的高度，超过该房间净高 1/3 且不超过 1/2 者，称为半地下室。

对于地下室、半地下室的安全疏散，有如下要求。

① 每个防火分区的安全出口不应少于两个。

② 房间面积不超过 50m，且经常停留人数不超过 15 人的房间，可设一个门。

③ 人员密集的厅、室疏散出口总宽度，应按其通过人数每 100 人不小于 1.00m 计算。

4.2.5.3 高级旅馆和高级住宅

具备星级条件的且设有空气调节系统的旅馆，称高级旅馆。

建筑装修标准高和设有空气调节系统的住宅，称高级住宅。

4.2.5.4 管道井、电缆井、风井

井道是管道、电缆在高层建筑中垂直敷设的通道，它们往往是火灾蔓延的途径。为了防止火势扩大，要求电缆井、管道井、排烟道、排气井、垃圾道等均应单独设置，不应混设。建筑高度不超过 100m 的管道井，应每隔 2～3 层在楼板处用相当于楼板耐火极限的不燃烧体做防火隔断。

建筑高度超过 100m 的建筑，竖向管道井和电缆井都是拔烟火的通道。建筑物某层起火时，竖向管道井不仅会助长火势，还会成为火与烟气迅速传播的途径，造成扑救困难，所以每层楼板处都应做防火分隔。

4.2.5.5 避难层

避难层是发生火灾时，人员逃避火灾威胁的安全场所。

高度100m以上的建筑，一旦发生火灾，要将建筑内的人员完全疏散到室外比较困难。因此，“高规”中做了规定。

① 建筑高度超过100m的公共建筑，应设避难层，两个避难层之间不宜超过15层，因为发生火灾时集聚在第十五层左右的避难人员，不能再由电梯疏散，可有云梯车将人员疏散下来。

② 封闭式避难层应是无烟区。

③ 避难层可兼做设备层，但设备管道宜集中布置。

④ 封闭式避难层应设独立的防烟设施。

4.3 高层民用建筑的防火排烟方式

目前，高层建筑防排烟系统一般分为三种：①自然排烟；②机械排烟；③机械加压送风防烟方式。

自然排烟是利用热压、风压使室内外空气对流并利用外窗、阳台、凹廊等建筑设施排烟，它不需要专门的排烟设备，火灾时不受电源中断的影响，有利于人员的疏散和火灾施救，构造简单经济，平时可兼做换气用。

利用可开启外窗的自然排烟，往往受到风向及建筑本身的密闭性或热压作用等因素的影响，有时考虑不周会使自然排烟达不到排烟的目的，甚至由于自然排烟系统助长烟气的扩散，反而给建筑和人们带来更大的危害。由于自然排烟是一种经济、简单、容易操作的排烟方式，因而当今世界各国仍保留着自然排烟的形式。

4.3.1 自然排烟的条件

对自然排烟的条件有如下要求。

① 除了建筑高度超过50m的一类公共建筑和建筑高度超过100m的居住建筑以外，靠外墙的防烟楼梯间及其前室、消防电梯间前室和合用前室（电梯和楼梯合用），宜采用自然排烟。

建筑内的防烟楼梯间及其前室、消防电梯前室或合用前室都是建筑火灾时最重要的疏散通道，一旦采用自然排烟方式其效果受到影响时，整个建筑内人们的生命安全会受到严重威胁。因此，对超过50m高度的一类建筑和建筑高度超过100m的其他高层建筑不应采用自然排烟方式。

② 一类高层建筑和建筑高度超过32m的二类高层建筑，无直接对外自然通风窗，且长度不超过20m的走道，或走道两端有自然通风窗，且符合自然排烟条件（如走道长度不超过60m）时，可采用自然排烟。

③ 防烟楼梯间前室或合用前室可利用敞开的阳台、凹廊或前室内有不同朝向的可开启外窗自然排烟时，则利用自然排烟。

4.3.2 自然排烟的方式

自然排烟是利用自然条件（风压和热压）来进行排烟。也就是要保证有一定的可以开启外窗的面积，自然排烟必须的开窗面积要求如下。

① 防烟楼梯间前室、消防电梯间前室可开启面积不应小于2.0m^2，合用前室不应小

于 $3m^2$。

② 靠外墙的防烟楼梯间，每五层内可开启外窗总面积之和不应小于 $2.0m^2$。

③ 长度不超过 60m 的内走道，可开启外窗面积不应小于走道面积的 2%。

④ 净空高度小于 12m 的中庭，可开启的天窗或高侧窗的面积不应小于该中庭地面积的 5%。

排烟窗的设置，应由暖通专业和建筑专业共同研究确定。因火灾产生的烟气，其密度一般比空气小，都上升到着火层上部，所以排烟窗应设置在房间的上方，以利于烟气和热气的排出，并且要求设开启方便的装置。

自然排烟方式主要优点是：不需要专门的排烟设备，火灾时，不受电源中断的影响，构造简单、经济，平时还可兼做通风之用。但是，自然排烟容易受室外风向、风速和建筑本身的密封性或热压作用的影响，排烟效果不够稳定。根据我国目前的经济、技术条件及管理水平，自然排烟方式在国内工程设计中仍被广泛采用。

4.3.3 机械防烟的条件

高层建筑某部位发生火灾时，对垂直疏散通道，如防烟楼梯间、前室、合用前室及封闭式避难层等非火灾部位，进行机械送风加压，使该区域的室内空气压力值高于火灾区域的空气压力，以阻止烟气进入，控制火灾的蔓延，以便人们进行安全疏散。这种防烟设施，对减少火灾损失是很有效的。对于不具备自然排烟条件的垂直疏散通道（防烟楼梯间及其前室、消防电梯间前室或合用前室）和封闭式避难层，应采用机械加压送风的防烟措施。

机械防烟的条件有如下要求。

① 不具备自然排烟条件的防烟楼梯间、消防电梯前室或合用前室。

② 采用自然排烟措施的防烟楼梯间，其不具备自然排烟条件的前室。

③ 封闭避难层。

④ 建筑高度超过 50m 的一类公共建筑和建筑设计超过 100m 的居住建筑，仍应采用机械防烟。

目前国内对不具备自然排烟条件的防烟楼梯间及其前室进行加压送风的做法有以下三种。

① 只对防烟楼梯间进行加压送风，其前室不送风。

② 防烟楼梯间及其前室分别设置两个独立的加压送风系统，进行加压送风。

③ 对防烟楼梯间设置一套加压送风系统的同时，又从该加压送风系统伸出一支管分别对各层前室进行加压送风。

4.3.4 机械加压送风风量计算

为了防止火灾时烟气侵入防烟区，机械防烟加压送风量应保证防烟区的正压要求。防烟部位的正压值是加压送风量计算和工程竣工验收时的依据，它直接影响到防烟系统的使用效果。

4.3.4.1 计算依据

防烟区正压值的确定原则是：在相通的加压部位的门关闭条件下，其正压值应能够阻止火灾部位产生的烟气在热压、风压和浮升力作用下进入防烟楼梯间、前室和避难层而影响到人及财产的安全。

理论研究时，从防烟效果的角度来说，正压值越大越好。但是，由于疏散门的开启方向要求朝着疏散方向，即推开门，而加压作用力的方向恰好与疏散方向相反，因此如果正压值过高，则可能会使开门困难，甚至打不开，会影响人身安全，同时，所需要的送风量也越大。因此加压送风加压部位的正压值要求如下。

① 防烟楼梯间要求的正压值为50Pa。

② 前室、合用前室、消防电梯间和封闭避难层（间）的正压值为25Pa。

4.3.4.2 计算公式的选取

高层建筑防烟楼梯间及其前室、合用前室和消防电梯间前室的机械加压送风量应由计算确定，但考虑到我国目前在加压送风量的设计计算中存在的问题（如建筑施工质量较差、设计资料不完整、设计参数不明确、对加压送风进行科学实验手段不完善等），风量定值范围表，见表4.4～表4.7。

表4.4 防烟楼梯间（前室不送风）的加压送风量

系统负担层数	加压送风量/(m^3/h)
<20层	25000～30000
20～32层	35000～40000

表4.5 防烟楼梯间及其合用前室的分别加压送风量

系统负担层数	送风部位	加压送风量/(m^3/h)
<20层	防烟楼梯间	16000～20000
	合用前室	12000～16000
20～32层	防烟楼梯间	20000～25000
	合用前室	18000～22000

表4.6 消防电梯间前室的加压送风量

系统负担层数	加压送风量/(m^3/h)
<20层	15000～20000
20～32层	22000～27000

表4.7 防烟楼梯间采用自然排烟、前室或合用前室不具备自然排烟条件时的送风量

系统负担层数	加压送风量/(m^3/h)
<20层	22000～27000
20～32层	28000～32000

上述表格中的风量是按开启2.0m×1.6m双扇门确定的，当采用单扇门时，其风量乘以0.75系数计算，当有两个或两个以上出、入口时，其风量应乘以1.5～1.75系数计算，开启门时，通过门的风速不宜小于0.75m/s。

层数超过32层的高层建筑，机械加压送风系统应分段设置，其送风量应分段分系统进行计算。

目前，风量的计算公式很多，通常以发生火灾时，保持疏散通道维持必要的正压值以及开启着火层疏散通道时保持门、洞一定的风速作为计算理论依据。以下是国内在高层建筑防烟设计计算中，应用比较普遍的两个计算公式。

① 按保持疏散通道有一定正压值（压差法）公式：

$$L=0.827A\Delta p^{1/n}\times 1.25\times 3600 \tag{4-2}$$

式中 L——加压送风量，m^3/h；

A——总有效漏风面积，m^2；

Δp——压差值，或加压部位相对正压值，Pa；

n——指数（一般取 2）。

② 按开启火灾层疏散通道时，保持门、洞处的风速（流速法）公式：

$$L=fvm\times 3600 \tag{4-3}$$

式中 L——加压送风量，m^3/h；

v——门、洞断面的平均风速，m/s；

f——开启门的面积的有效面积之和，m^2；

m——同时开启门的数量。

4.3.4.3 参数的确定

（1）基本条件的确定

① 开启门的数量：20 层以下，$m=2$；20 层以上，$m=3$。

② 正压值：楼梯间，$p=50$Pa；前室，$p=25$Pa。

③ 开启门面积：疏散门，2.0m×1.6m；电梯门，2.0m×1.8m。

（2）浮动条件的确定

有些条件受到建筑构件和使用条件的影响，因此规定一个浮动范围。

① 门、洞断面风速：$v=0.7\sim1.2$m/s。

② 门缝宽度：疏散门，0.002～0.004m；电梯门，0.005～0.006m。

（3）对同一工程而言，设计时还应注意的事项

① 各表内风量上下限的选取，需按层数范围、风道材料、防火门漏风量等综合考虑。

② 采用机械加压送风时，由于建筑有不同条件，如开门数量、风速不同，机械加压送风条件不同，应首先进行计算，然后进行校核，若不符合，应取大值。

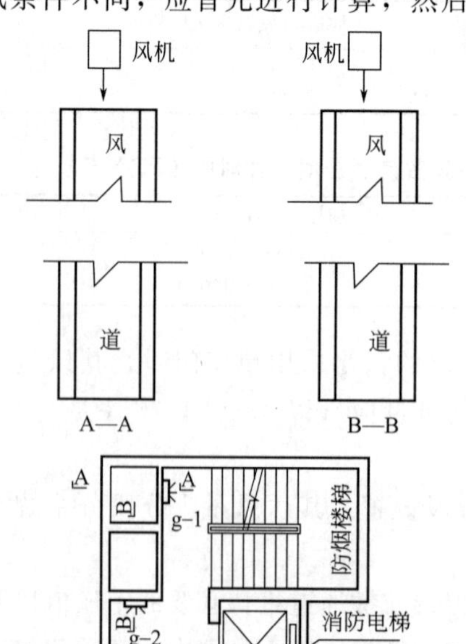

图 4.4 加压送风系统平剖面

③ 剪刀楼梯间可合用一个风道，其风量应按两个楼梯间风量计算，送风口应分别设置。

④ 封闭避难层（间）的机械加压送风量应按避难层净面积每平方米不小于 $30m^3/h$ 计算。

⑤ 机械加压送风的防烟楼梯间和合用前室，宜分别独立设置送风系统，当必须共用一个系统时，应在通向合用前室的支风管上设置压差自动调节装置。

⑥ 楼梯间宜每隔二至三层设一个加压送风口；前室的加压送风口应每层设一个。

4.3.5 机械加压送风系统设计

在实际工程中，对防烟楼梯间及其前室、消防电梯间前室和合用前室的机械加压送风，一般设计成竖向系统，即各层相同的加压部位组成一个系统，见图 4.4、图 4.5。

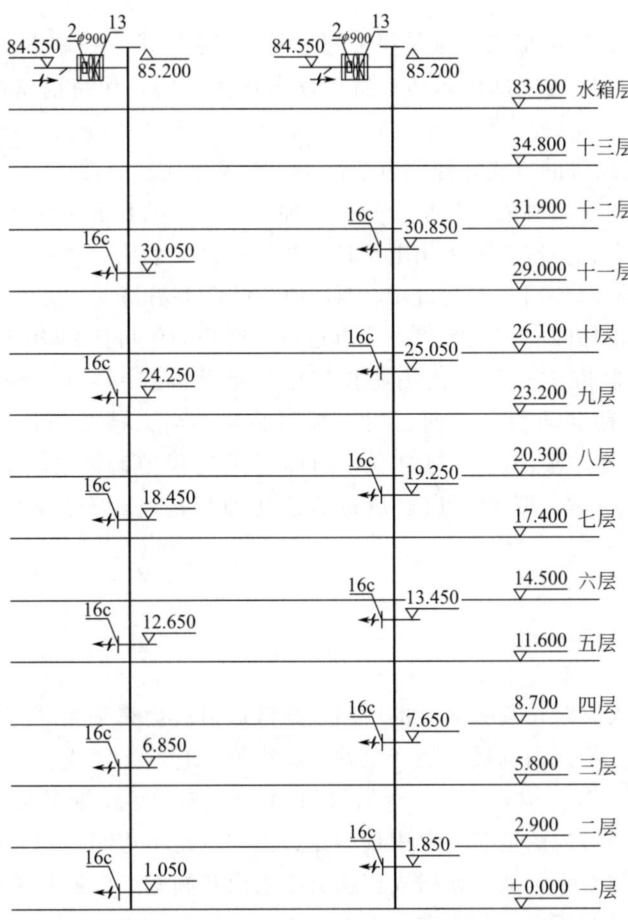

图 4.5　正压送风系统

左剖面图为楼梯间加压送风系统，g-1 为送风口，每隔 2～3 层设一个，常闭，可手动。自动打开系统与消防系统联动，可全部开启，风口应具有调节功能，力求使各个送风口送风量均匀，送风口风速不宜大于 7m/s。

右剖面图为合用前室加压送风系统，g-2 为加压送风口，每层设置一个，一般为多叶送风口，是一种专用产品，靠烟感器控制，电讯号开启，也可手动，输出电讯号联动送风机开启，手动复位，常闭，可手动，自动打开系统与消防系统联动。

加压送风口的开启方式，目前，在工程设计中，一般有三种设计形式。

① 火灾时，开启火灾层及其上、下相邻层送风口，同时开启三个送风口。

② 火灾时，只开启火灾层送风口。

③ 火灾时，开启所有各层的送风口。

三种设计形式各有优缺点：

① 开启火灾层及其上、下相邻层三个送风口的形式，是目前在工程设计中采用比较普遍的形式。但这种形式使风量不能集中使用，在风量计算时，20 层以下的建筑，风量是两层计算的，发生火灾时，上、下相邻层送风口同时开启，风量有可能不足，而且这种控制方

式相应比较复杂。

② 只开启火灾层送风口的形式，风量集中满足了火灾层要求，控制方法也相应简单些，但有可能送风量过大，而使送风部位超压。宜考虑采用泄压阀，保持前室内正压值不要超过 50Pa。

③ 同时开启各层送风口的方式，控制方法简单，但风量比较分散。

实际工程中，楼梯间采用每隔二三层设置一个加压送风口的目的是保持楼梯间的全高度内的均衡一致。据加拿大、美国等国采用电子计算机模拟试验表明，当只在楼梯间顶部送风时，楼梯间中间十层以上内外门压差超过 102Pa，使疏散门不易打开；如在楼梯间下部送风时，大量的空气从一层楼梯间门洞处流出。多点送风，则压力值可达到均衡。

加压送风系统的控制方式一般是由消防控制中心远距离控制和就地控制两种形式相结合。消防控制中心设有自动和手动两套集中控制装置，当大楼某部位发生火灾时，通过火灾报警系统将火情传送至消防控制中心，随即通过远程控制系统（自动或手动）控制，开启加压送风口，同时，联动开启送风机。任何加压送风阀开启时，送风机都要求开启。

4.4 机械排烟

高层建筑一旦发生火灾时，着火区域的房间或疏散通道就会充满大量的烟气，将给人们的疏散带来很大的困难。烟是由物质燃烧产生的云状产物，它的主要成分是过热的无色气体（如空气、CO、CO_2、HCN、NO_2、H_2S 等），还有大量凝聚成不透明的云状的弥散蒸气细滴和弥散的固体微粒。烟对人的危害主要表现为三方面：一是不透明的固体微粒和蒸气细滴降低了能见度，刺激人的眼睛，从而妨碍人们从火中逃出和施救工作的开展；二是高浓度的有毒气体使人中毒昏迷以至死亡，如火灾中 CO、CO_2、HCN、NO_2、H_2S 的含量远远大于正常值，高浓度毒气是火场中使人致命的主要原因，其中由于 CO 致死的人数占死亡人数的 40%；三是大量烟的存在造成空间局部缺氧，使人窒息而导致人体机能显著衰退，在火场中的能动性大大降低。

排烟设计的主要目的是将火灾时产生的烟气，从着火房间内和着火房间所在的防烟区内就地排出，防止烟气扩散到其他防烟区的房间和疏散通道内，以保证人们安全疏散和消防人员的扑救条件。

4.4.1 机械排烟的设置条件

一类高层建筑和建筑高度超过 32m 的二类建筑的下列部位，应设置机械排烟设施。

① 无直接自然通风，且长度超过 20m 的内走道，或虽有直接自然通风，但长度超过 60m 的内走道。

② 面积超过 $100m^2$，且经常有人停留或可燃物较多的无窗房间，或设置固定窗的房间。

③ 不具备自然排烟条件或净空高度超过 12m 的中庭。

④ 除利用窗井等开窗进行自然排烟的房间外，各房间总面积超过 $200m^2$，或一个房间面积超过 $50m^2$，且经常有人停留或可燃物较多的地下室。

一类建筑，一般情况下所用装修材料比较多，相对可燃物也比较多，同时，陈设及贵重物品多，楼梯间人员疏散困难。建筑高度超过 32m 的二类建筑的垂直疏散距离大，人员疏散也比较困难。因此，设置排烟设施时以此为划分条件。

走道排烟是根据自然通风条件和走道的长度进行划分的，走道一般设计成竖向排烟系统，在建筑内靠近走道的适当位置设置竖风道，以达到排烟系统的可靠性。

在房间排烟条件中，规定有“经常有人停留或可燃物较多的房间”的文字，未进行数量规定，实际工程中可根据工程的具体情况正确确定排烟设计方案。

地下室发生火灾时，人员的疏散和消防人员的扑救比地上建筑都要困难得多，高温烟气会很快充满整个地下室，而自然通风条件很差，扑救人员在浓烟、高温的情况下，很难接近火源，所以对地下室排烟条件的规定比地面建筑要严格些。

4.4.2　机械排烟风口的设置

排烟口是机械排烟系统分支管路的端头，烟气首先由排烟口进入分支管，再汇入系统干管和主管，最后由风机排出室外。由于烟气比重较轻，向上运动并贴附在顶棚上再向水平方向流动，所以在各层风道上靠近顶棚的位置设置排烟口。

排烟口具有电讯号开启和手动开启，并输出电讯号功能，可设置280℃自动关闭的作用。排烟口平时关闭，当大楼某层发生火灾时，通过火灾报警系统将火情传送至消防中心，消防中心通过远程控制系统（自动或手动）控制，开启火灾层的排烟口，同时，联动开启排烟风机。排烟阀开启时，排烟风机都能开启。

另外，建筑各层属于不同防火分区，避免各防火分区火势串流，排烟口要求具有烟气温度超过280℃时自动关闭的功能。当烟气温度达到或超过280℃时，烟气中可能带有火种，应该立即停止该火灾层的排烟，否则，火势就有可能串至其他各层而危及其他楼层，造成火势蔓延。排烟支风管上，也应设置当烟气温度超过280℃时能自行关闭的防火阀。当走道长度过长或面积过大时，可进行防烟分区，在防烟分区内分别设置排烟口或分别单独设置排烟系统，以便提高排烟的效果。

排烟口到该防烟分区最远点的水平距离不应超过30m，这里指水平距离是烟气流动路线的水平长度。房间与走道排烟口至防烟分区最远点的水平距离示意图见图4.6。

以往的设计中，往往把排烟口布置在疏散出口前的正上方顶棚上，忽略了排烟口下集聚烟雾的特性，反而不利于安全。所以，“排烟口与附近安全出口沿走道方向相邻边缘之间的最小水平距离不应小于1.50m”，见图4.7。

对于面积较大的房间，需要对房间进行防烟分区，如图4.8。将房间分成了四个防烟分区，防烟分区隔断采用的挡烟垂壁，顶棚下突出0.5m以上，如图4.9所示。中庭排烟方式

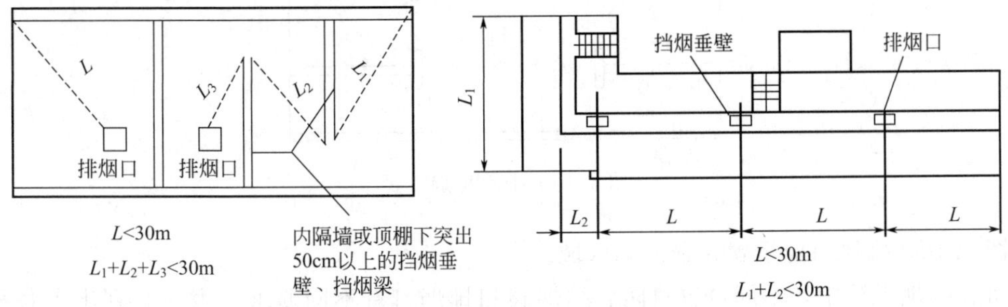

图4.6　房间与走道排烟口至防烟分区最远点的水平距离示意图

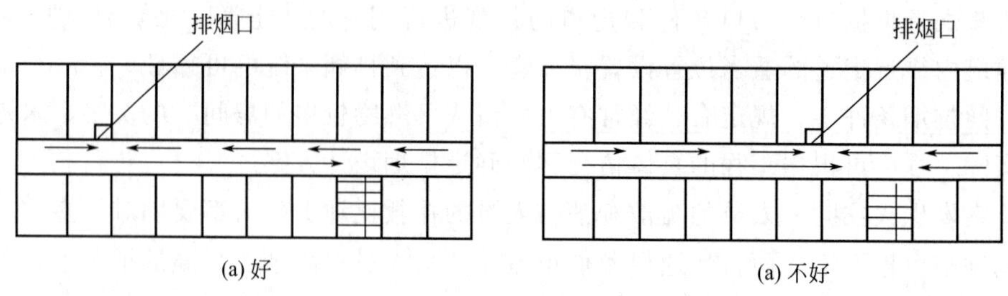

图 4.7 走道的排烟口与疏散口的位置

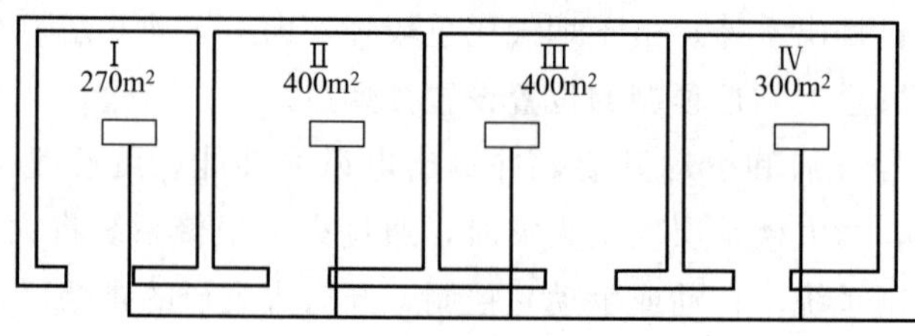

图 4.8 防火分区隔断

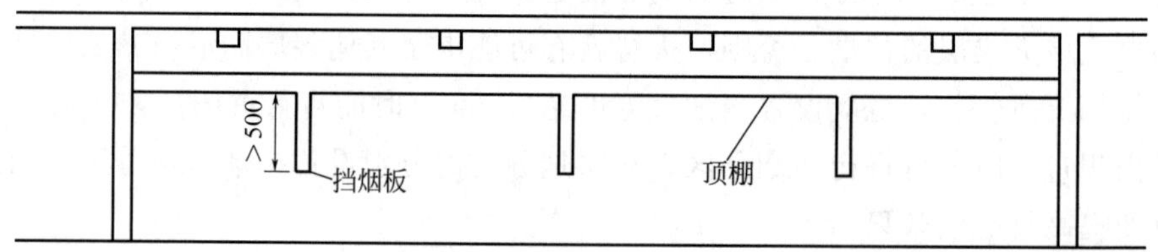

图 4.9 防烟分区的挡烟垂壁

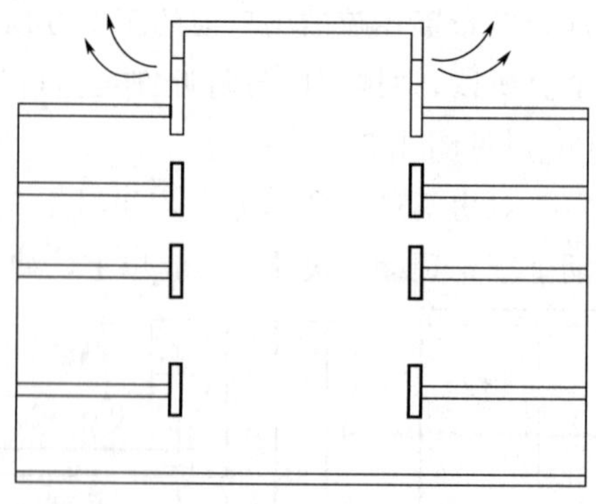

图 4.10 中庭排烟方式

参见图 4.10，排风口应设置在最上部区域。

防、排烟系统中，不同位置对防、排烟阀和排烟口有不同要求。表 4.8 列出了各种防、排烟阀和排烟口的性能。

表 4.8 各种防、排烟阀和排烟口的性能

类别	名 称	性 能	用 途
防火类	防火阀	空气温度 70℃时,阀门自动关闭可输出联动信号,靠熔断器工作	用于风管内,防止火势蔓延
	防烟、防火阀	靠烟感器控制动作,用电讯号通过电磁铁关闭(防烟),还可通过70℃温度熔断器自动关闭防火	用于风管内防止烟、火蔓延
防烟类	加压送风口	靠烟感器控制,电讯号开启,也可手动(或远距离缆绳)开启,可设有280℃温度熔断器防火关闭装置,输出动作电讯号,联动加压风机开启	用于加压送风系统的送风口
排烟类	排烟阀	电讯号开启或手动开启,输出开启电讯号联动开启排烟风机,手动复位	用于排烟系统的风管上
	排烟防火阀	电讯号开启和手动开启,280℃温度熔断器防火关闭装置,输出动作电讯号	用于排烟系统及排烟风机入口的风管上
	排烟口	电讯号开启,手动(或远距离缆绳)开启,输出电讯号联动开启排烟风机,可设 280℃温度熔断器	用于排烟房间、走道顶棚或墙壁上

4.4.3 地下室的机械排烟

总面积超过 200m^2 或一个房间面积超过 50m^2，且经常有人停留或可燃物较多的地下室，应设置机械排烟设施，因为火灾时，高温烟气会很快充满整个地下室。地下室设置通风系统，可利用通风系统进行排烟。它不但节约投资，且对排烟系统的所有部件经常使用可保持良好的工作状态。

当利用通风系统管道排烟时，应采取可靠的安全措施：①系统风量应满足排烟量；②烟气不能通过其他设备（如过滤器、加热器等）；③排烟口应设有自动防火阀（作用温度280℃）和遥控或自控切换的排烟阀；④加厚钢质风管厚度，风管的保温材料必须用不燃材料。

地下室的独立机械排烟系统完全可以用作平时的通风排气使用。

4.4.4 排烟风量计算

在一个防烟分区内，也就是房间不进行防烟分区时，走道和房间的排烟风量按下式计算：

$$L=60A\phi \tag{4-4}$$

式中 L——排烟风量，m^3/h；

A——房间面积，m^2；

ϕ——漏风系数。

即按排烟走道或房间面积 A，每平方米不小于 60m^3/h。当房间进行防烟分区时，应按最大防烟分区面积计，每平方米不小于 120m^3/h，计算公式如下：

$$L=120A_{\max}\phi \tag{4-5}$$

式中 $A_{\max}$——最大防烟分区的面积，m^2。

实际工程中，设置排烟设施的部位，其排风机的排烟量应符合表 4.9 规定。

当排烟风机担负两个以上防烟分区时，应按最大防烟分区面积每平方米不小于 120m^3/h 计算，这里指的是选择排烟风机的风量，并不是把防烟分区排风量增大一倍（每个防烟分区

表 4.9 机械排烟量

<table>
<tr><th colspan="2">排烟系统及其设置部位</th><th>排烟量或换气次数</th><th>备　注</th></tr>
<tr><td colspan="2">担负一个防烟分区的排烟系统</td><td rowspan="2">$\geqslant 60m^3/(m^2 \cdot h)$</td><td rowspan="2">风机最小排烟量不应小于 $7200m^3/h$</td></tr>
<tr><td colspan="2">净高大于 6m 且不划分防烟分区空间的排烟系统</td></tr>
<tr><td colspan="2">担负两个及以上防烟分区的排烟系统</td><td>$\geqslant 120m^3/(m^2 \cdot h)$</td><td>应按最大的防烟分区面积计算</td></tr>
<tr><td rowspan="2">中庭排烟系统</td><td>体积≤17000</td><td>6</td><td rowspan="2">不应小于 $102000m^3/h$</td></tr>
<tr><td>体积>17000</td><td>4</td></tr>
</table>

的排风量仍然按防烟分区内面积每平方米不小于 $60m^3/h$ 计算）。当排烟风机负担两个或两个以上防烟分区排烟时，只保证两个防烟分区同时排烟，确定排烟风机的风量。

4.4.5 机械排烟系统设计要点

① 机械排烟系统横向宜按防火分区设置，竖向穿越防火分区时，垂直风管宜设置在管井内。所有穿越防火分区的排烟管道，应在穿越处设置 280℃时能自动关闭的防火阀。

② 地下室设置排烟系统时，应同时设置补风系统，并且补风系统的补风量要大于排烟量的 50%。当补风通路压力不大于 50Pa 时，可采用自然补风方式，否则必须设置机械补风系统。

③ 机械排烟系统一般最好单独设置，且要求控制简单、使用效果好。为了节省投资和建筑平面及空间，有条件时可与通风系统合用。

④ 排烟系统的补风系统室外设置的进风口与排烟出口的水平距离不宜小于 10m，或垂直距离不宜小于 3m，并且设置进风口时宜低于排烟口。

⑤ 排烟风机设置软接头时，应采用耐高温材料制作。

⑥ 排烟管道应与可燃物保持不小于 0.15m 的间隙，并设置隔热措施。

⑦ 安装在吊顶内的排烟管道，其隔热层应采用不燃材料制作，并应与可燃物保持不小于 150mm 的距离。

⑧ 机械排烟风道必须采用非燃材料制作，工程中经常采用的有两大类：一类是金属风道，如厚度等于 1.0mm 左右的钢板风道；另一类是非金属材料风道，常用的有混凝土风道、砖风道或混凝土和砖混合风道。

两种管材比较：金属风道比较严密，漏风量很少，内壁比较光滑，管道摩擦阻力损失小；非金属风道比较简单，即所谓“建筑风道”。非金属风道漏风量比较大，其严密性受到土建施工质量的影响，往往很难把握质量，从而造成严重的漏风。漏风对排烟系统的影响非常大，一旦漏风量大，火灾部位排烟量就得不到保证，将影响排烟效果。另外，非金属风道空气阻力也比较大。因此，非金属风道采用较少，多采用金属管道。金属排烟风道壁厚的参考值，见表 4.10。

当风道内烟气流速在允许最大风速时，其管道阻力比较大，将会造成距排烟风机最远和最近排烟口之间很大的气流压降，进而使各个排烟口的排风量不易均匀，导致风道内负压增大，同时漏风量也会增加。故有条件的情况下，风道内的风速选用应更合理些。机械排烟风道及风口的允许最大风速见表 4.11。

表 4.10 金属排烟风道壁厚

风速区分	长方形风管长边/mm	圆形风管直径/mm		板厚/mm
		直　管	管　件	
	＜450	＜500	—	0.5
	450～750	500～700	＜200	0.6
	750～1500	700～1000	200～600	0.8
低速风道	1500～2200	1000～1200	600～800	1.0
高速风	—	＜1200	＜800	1.2
	＜450	＜450	—	0.8
	450～1200	450～700	＜450	1.0
	1200～2000	＞700	＞450	1.2

4.4.6 排烟风机的选型设置要求

表 4.11 机械排烟系统允许最大风速

风道及风口	允许最大风速/(m/s)
金属风道	＜20
内表面光滑的混凝土风道	＜15
排烟口	＜7

① 排烟风机可采用普通的离心风机和专用的排烟轴流风机，其特性要求是保证在烟气温度的条件下，即 280℃下，能连续工作 30min。从消防科研部门进行的试验结果表明，在风机的耐热方面，国产的普通中、低压离心风机完全可以满足现行规范排烟的要求；随着新型防火设备的开发、生产，目前国内已生产出多种类型的排烟轴流风机，均可供设计选用。

② 在排烟风机的入口总管及排烟支管上，应设置 280℃时能自动关闭的防火阀。

③ 排烟风机的风量应有裕量，一般按 10%～20%的漏风量考虑。风压应满足最不利环路的要求。

4.4.7 排烟系统的控制方式

高层建筑由于自身所具有的楼层多、可燃物多、电器设备多、陈设及贵重物品多、建筑功能多、楼内人员多的“六多”特点，决定了高层建筑火灾发生时产生的烟气多，需要疏散的人员多，火灾中遇难死亡人员多的“三多”；火烟毒性大，火灾损失大的“二大”；火烟扩散快，火势蔓延快的“二快”；楼内人员疏散难，消防灭火扑救难的“二难”的火灾特性。所以高层建筑起火后烟火控制不当会造成严重的危害。因此，高层建筑发生火灾时，要求消防系统迅速、准确、可靠地投入运行，正确地控制和监视排烟系统的动作顺序是十分重要的。

对于重要建筑的消防，要求设置消防控制中心。

火灾自动报警系统，由触发器件、火灾报警装置、火灾警报装置以及具有其他辅助功能的装置组成。它是人们为了及早发现和通报火灾，并及时采取有效措施控制和扑灭火灾而设置在建筑物中或其他场所的一种自动消防设施，是人们同火灾作斗争的有力工具。

火灾报警，消防控制设备对联动控制对象应有下列功能：

① 停止有关部位的风机，关闭防火阀，并接收其反馈信号。

② 启动有关部位防烟、排烟风机和排烟阀，并接收其反馈信号。

消防系统是一套完整的防火灾系统，建筑发生火灾时，烟感器（或温感器）接受火灾报警后，将火灾信号传输到消防控制中心的集中报警控制器，然后立即启动消防水泵和防排烟设备。同时，关闭空调系统和防火卷帘，停止电梯使用及供电系统。而消防电梯为两电源的保安供电，仍可保持正常工作，供消防人员扑救火灾使用。火灾发生时，消防控制设备联动控制排烟系统，首先要开启排烟口，排烟口平常是关闭的（常闭）。火灾时可以用自动和手动两种方式开启。

机械排烟系统控制程序举例如下。

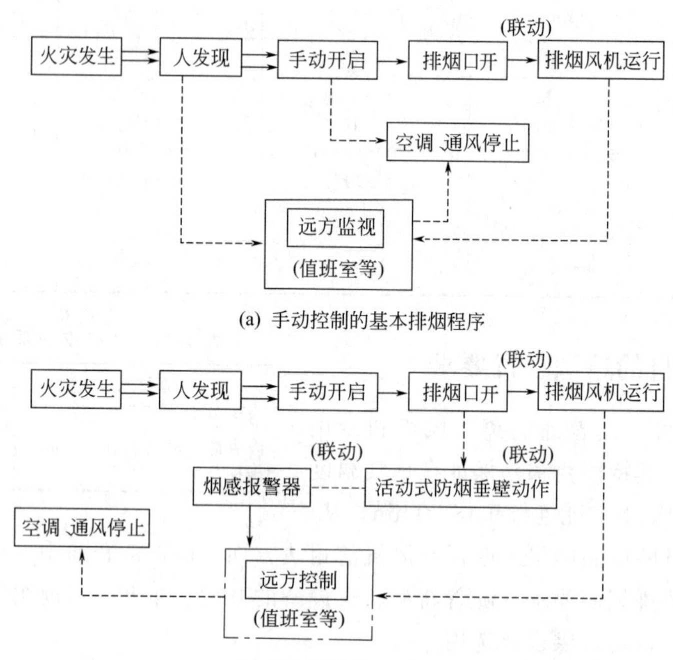

图 4.11 不设消防控制中心的房间机械排烟控制程序

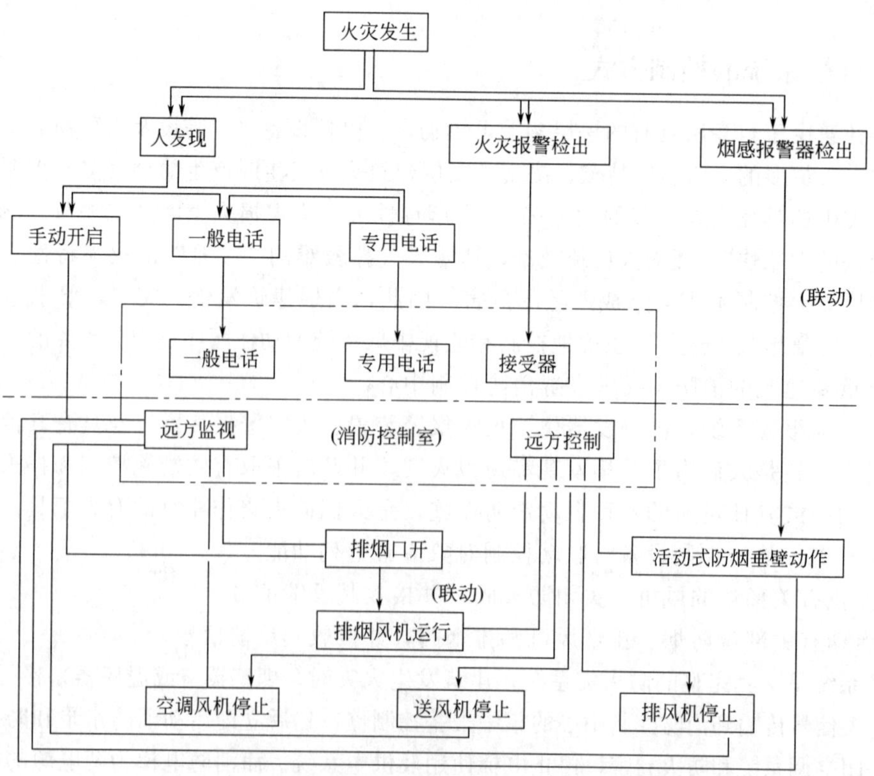

图 4.12 设有消防控制中心的房间机械排烟控制程序

图 4.11 为不设消防控制中心的房间机械排烟控制程序示意图。

图 4.11(a) 为靠手动开启排烟阀，排烟口和排烟风机连锁的手动控制的基本排烟程序；图 4.11(b) 为设有烟感器报警，有活动式防烟垂壁的手动控制程序，火灾时，烟感器报警，挡烟垂壁动作，联动排烟口和排烟风机启动，有信号送到值班室，遥控空调通风设备停止运行。

图 4.12 是设有消防控制中心的房间机械排烟控制程序。火灾时，火灾报警器动作后，房间的排烟口和排烟风机的开启，空调设备和通风送、排风机的停止等动作均由消防控制中心集中控制。

4.5 地下停车场、汽车库的排烟设计

近些年来，新建的停车场逐渐向高层和地下空间发展，其投资费用比较大，一旦发生火灾，将产生大量的烟气，如果不迅速排出室外，容易造成人员伤亡事故，也给消防人员进入地下扑救带来困难。所以，如何解决好地下停车场的通风和防排烟设计问题是地下停车场设计中的一个重要问题。要求设计既满足平时通风要求，排除汽车尾气和汽油蒸气，送入新鲜空气，以使有害物含量达到国家规定的卫生标准的要求；又要满足火灾时的排烟要求，以保证火灾发生时迅速扑灭火源，防止火灾蔓延，限制烟气的扩散，排除已产生的烟气，以保证人员和车辆撤离现场，减少伤亡，保障消防人员安全有效地扑救。另外，地下停车场空间很大，又处于半封闭状态，因此，一般来说，地下停车场应该同时考虑设计机械排风系统和机械排烟系统，并且要处理好二者的关系。

根据存放车量的多少，车库的防火分类见表 4.12。

表 4.12 车库的防火分类

名称	类别			
	Ⅰ	Ⅱ	Ⅲ	Ⅳ
汽车库	>300 辆	151～300 辆	51～150 辆	≤50 辆
修车库	>15 车位	6～15 车位	3～5 车位	≤2 车位
停车场	>400 辆	251～400 辆	101～250 辆	≤100 辆

注：汽车库的屋面亦停放汽车时，其停车数量应计算在汽车库的总车辆数内。

4.5.1 地下停车场有害物的种类及危害

地下停车场内汽车排放的有害物主要是一氧化碳（CO）、碳氢化合物（HC）、氮氧化物（NO_x）等有害物。它们来源于曲轴箱及排气系统。燃油箱、化油器的污染物主要为碳氢化合物（HC），即由燃油气形成的。若控制不好，其污染物将达到总污染物的 15%～20%；由曲轴箱泄漏的污染物同汽车尾气的成分相似，主要有害物为 CO、HC、NO_x 等。有的汽油内加有四乙基铅做抗爆剂，致使排出的尾气中含有大量铅成分，其毒性比有机铅大 100 倍，对人体的健康和安全很危害很大。表现有以下几种

① 一氧化碳是最易中毒且中毒情况最多的一种气体，它是碳不完全燃烧的产物。当人吸入一氧化碳，经肺吸收进入血液。因一氧化碳与血红蛋白的亲和能力比氧气大 210 倍，因而很快形成碳氧血色素，阻碍了血色素输送氧气的能力，导致人严重缺氧，发生中毒现象。

② 大量的氮氧化合物排到空气中也引起人们的中毒，对黏膜、吸收道、神经系统、造血系统引起损害。

③ 汽油热气内毒性最大的是芳香的碳氢化合物，各种牌号的汽油内芳香的碳氢化合物含量一般为2%～16%。当人们吸入汽油蒸气后，会引起人的特殊的刺激（如麻醉）。当中毒严重时，将会导致人们丧失知觉，并引起痉挛。

④ 有易燃易爆危险。汽油发生爆炸的极限为下限2.5%，上限为4.8%。当空气内一氧化碳的含量为15%～75%时，一氧化碳也会发生爆炸。

汽车在地下停车场内的启动、加速过程均为怠速运转。在怠速状态下，CO、HC、NO_x 三种有害物散发量的比例大约为7∶1.5∶0.2。由此可见，CO是主要的。根据TT36－79《工业企业设计卫生标准》，只要提供充足的新鲜空气，将空气中的CO浓度稀释到《标准》规定的范围以下，HC、NO_x 均能满足《标准》的要求。

4.5.2 地下停车场、汽车库的防烟分区

面积超过2000m^2 的地下应设置机械排烟系统，设有机械排烟系统的停车场，其每个防烟分区的建筑面积不宜超过2000m^2，且防烟分区不应跨越防火分区。防烟分区可采用挡烟垂壁、隔墙或从顶棚下突出不小于0.5m的梁进行划分。

汽车库应设防火墙划分防火分区。每个防火分区的最大允许建筑面积应符合下表4.13的规定。

表4.13 汽车库防火分区最大允许建筑面积 单位：m^2

耐火等级	单层汽车库	多层汽车库	地下汽车库或高层汽车库
一、二级	3000	2500	2000
三级	1000		

① 敞开式、错层式、斜楼板式的汽车库的上下连通层面积应叠加计算，其防火分区最大允许建筑面积可按本表规定值增加一倍。

② 室内地坪低于室外地坪面高度超过该层汽车库净高1/3且不超过净高1/2的汽车库，或设在建筑物首层的汽车库防火分区最大允许建筑面积不应超过2500m^2。

③ 复式汽车库的防火分区最大允许建筑面积应按本表规定值减少35%。

地下停车场的机械排烟系统可与通风系统联合设计，对于面积小于2000m^2 的停车场，未要求设计机械排烟装置，但是，排烟量与通风排风量均为换气量6次/h，如果排风机满足排烟要求，地下停车场一旦发生火灾时，通风排风系统也可以起到排烟的作用。

4.5.3 地下停车场、汽车库的风口设计

地下停车场面积超过2000m^2 时，排烟系统设计应进行防烟分区，每个防烟分区内都应设计排烟口，排烟口常闭。火灾时，该防烟分区内的排烟口开启，并连锁启动排烟风机，如果排烟和排风合用一套系统，则排风机一般是常开的，但排烟口与排风机仍应设计连锁装置。一些设计、研究人员提出以下观点。

① 在以往的排风系统设计中，要求排风量上部排1/3，下部排2/3，而排烟设计要求从上部排风，给排烟排风系统联合设计系统造成一定矛盾，目前许多排风设计也考虑全部从上

部排风，原因如下。

a. 汽车有害物的大部分，其中包括一氧化碳的98%～99%，碳氢化合物的55%～65%和氮氧化物的98%～99%都是从尾气散发出来的，而尾气的排放温度高达500～550℃，这样高温的排放气流产生很大的浮力，尾气很难滞留在车库下部。

b. 有1%～2%的CO和NO_x以及25%的C_mH_n从曲轴箱排出，有10%～20%的C_mH_n。从燃油系统排出，这两部分排放物虽然温度不像尾气那么高，且NO_x也比空气密度大些，但这些有害物是在发动机工作时才排放的，而发动机工作时汽车处于行驶状态，车库的气流随着车子进进出出处于强烈扰动与混合状态，尾气也处于汽车后部的涡流之中，排放物也不会沉积于车库下方。而那些停稳放好的汽车，其发动机已经关闭，没有什么有害物排出了。有实测数据可以证明，用通风换气的办法将汽车排出的CO稀释到容许浓度时，NO_x和C_mH_n远远低于它们相应的允许浓度。也就是说，只要保证CO浓度排放达标，其他有害物即使有一些分布不均匀，也有足够的安全倍数保证将其通过排风带走。

c. 高层建筑的地下车库一般只为停放轿车、最多是面包车设计的，车库净高只有2.2～2.8m左右，这样的高度，上下都布置风口，既不便于施工，也无太大必要，况且有时根本没有空间允许车库下部布置风口。

② 当前采用的上下均有风口的设计方案中存在隐患。按目前流行的做法是设计地下车库排烟排风系统时，风管设计一套系统，但风口的布置则按平常排风要求考虑，上部常开风口排风1/3，下部常开风口排风2/3。一旦火灾发生时，为满足排烟要求，需将下部风口全部关闭，让所有烟气均从上部风口排出。当火灾发生时，下部风口全部关闭，管网特性曲线发生变化，风机工作点产生漂移，上部风口吸入烟气量会比原来的1/3有所增加，但绝不可能增加到自身原有风量的3倍，这是由风机特性曲线的形状特点决定了的，不会以人们的主观愿望为转移。其结果是，平时排风的要求满足了，可是一旦发生火灾，由于排烟量达不到设计要求，就可能给人员疏散和火灾扑救带来意想不到的后果。

③ 排烟设计，将常开风口（烟气温度超过280℃能自行关闭）全部布置在车库上部，则系统既能满足火灾时的排烟要求，也能满足日常排风的要求，系统不需要任何切换，工作点也不会发生任何变化。这样的系统构造简单、管理方便、工作稳定，从下部排风的目的是排除含铅汽油中的含铅气体，铅的比重大，沉积在下部，考虑到今后使用的汽油中不会含铅，同时汽车库一般层高较矮，在汽车行驶的扰动下，室内有害气体分层的可能性较小。这样排烟和排风系统可以合用。

地下停车场火灾时产生的烟气，开始时绝大部分积聚在车库的上部，若将排烟口设在车库的上方，排烟效果比较好。“规范”规定，排烟口应设置在车库的顶棚上或靠近顶棚的墙面上，排烟口与防烟分区最远地点的距离关系到排烟系统效果的好坏。排烟口与最远排烟地点距离太远，将会影响排烟速度，会降低排烟装置的安全性。因此“规范”规定了排烟口距该防烟分区内最远点的水平距离不应超过30m。

4.5.4 地下停车场的排风量与送风量的计算方法

目前，国内尚未制定出正式的地下停车场通风设计计算的统一规定。目前常用的方法有以下几种。

4.5.4.1 用规定的换气次数方法确定地下停车场的排风量与送风量

机械排风量换气次数按5～6次/h计算，送风量为换气次数4～5次/h。

地下停车场平均每台占面积不同，通常为20～40m^2。但有的停车场竟达到每台车占地50m^2（如日本大阪长掘地下车库面积指标为55.8m^2/台）。这样，若用换气次数确定地下的地下停车场的排风量，对于两个停车位相同、有害气体排量相近的停车场而言，其计算出的排风量会出现相差一倍的现象。也就是说，不加分析地盲目用换气次数计算地下停车场的排风量，就有可能出现风量过大的现象，造成通风设备实际投资和运行费用的浪费；也可能出现风量过小，造成停车场内有害物超过允许浓度的现象。

4.5.4.2 按全面通风稀释有害气体计算地下汽车库的排风量和送风量

地下停车场按全面通风考虑，汽车库内有害气体浓度 C 处稳定状态时，所需的全面通风量为：

$$L=G/(C-C_{\rm O}) \tag{4-6}$$

式中 L——地下汽车库排风量，m^3/h；

G——地下汽车库有害气体产生量，mg/h；

C——地下汽车库有害气体允许浓度，mg/m^3；

$C_{\rm O}$——地下汽车库地面上大气中有害气体浓度，mg/m^3。

地下停车场内同时散发数种有害气体浓度，排风量应根据式(4-6)，分别计算出稀释各有害气体所需的风量，然后取最大值。然而根据文献的分析，稀释CO的排风量 L 是最大值，因此，根据地下停车场CO允许浓度计算排风量即可。根据国家标准规定，车间空气中CO的最高允许浓度为30mg/m^3，当工人工作时间一次不超过30min时，CO允许浓度可放宽到100mg/m^3。故地下停车场内空气中CO的允许浓度建议取100mg/m^3。

上式中，各参数计算方法如下。

（1）地下停车场内汽车尾气排放量 表4.14列出了常见车辆在怠速状态下，每台车单位时间排放量和浓度 C。

表4.14 各类汽车尾气排气量

类型		产地	车牌	型号	排气量/(L/min)	CO平均浓度/(mg/m^3)	氮氧化物平均浓度/(mg/m^3)	平均排气量/(L/min)
小轿车	国产车	中国	上海	SH760A	502	64028	2.56	526
		中国	北京	BJ-212	550			
	进口车	美国	福特	EXPTnr60	360	45625	9.01	419
		前苏联	拉达	1300	291			
		日本	皇冠	RT2800	621			
		日本	马自达	1800SG-8	403			
面包车	进口车	日本	丰田		492	55000	9.92	456
		日本	五十铃		419			
	国产车	中国	沈阳	SY622B	550	55000	5067	550
		中国	北京	BJ632A	550			

另外要注意到，地下停车场停放的汽车尾部总排放量不仅与车型、停车车位数、车位利用系数、单位时间排量和汽车发动机在车库内工作时间有关，而且与排气温度有关。表4.14中数据是在排气温度为550℃（国产车）、500℃（进口车）条件下的数据，而检测汽车排放有害气体浓度时尾部气温为常温20℃左右。为此应进行温度修正，其计算公式为：

$$Q_i = T_2 WSB_i D_i t 10^{-3} / T_1 \tag{4-7}$$

$$Q = \sum_{i=1}^{4} Q_i \tag{4-8}$$

式中 Q——地下停车场内汽车排气总量，m^3/h；

Q_i——停车场内 i 类汽车的排气总量，通常按表 4-14 中的 4 类选取（国产小轿车和面包车，进口小轿车和面包车），m^3/h；

S——车库的停车车位利用系数，即单位时间内停车辆数与停车车位数的比值，其值由建设单位与设计人员共同确定，一般取 0.5～1.5；

W——地下停车场的停车总车位数，台；

B_i——i 类汽车单位时间的排气量，每台 L/min，可由表 4-14 查取；

D_i——i 类占停车量总数的百分比；

t——每辆车在地下停车场内发动工作时间，一般取平均值 $t=6$min；

T_1——汽车的排气温度，K；国产车 $T_1=825$K，进口车 $T_1=773$K；

T_2——地下停车场内空气温度，一般取 $T_2=293$K。

（2）地下停车场内的 CO 排放量可用下式计算

$$G = \sum_{i=1} Q_i C_i \tag{4-9}$$

式中 G——地下停车场 CO 的产生量，mg/h；

C_i——i 类汽车排放 CO 平均浓度，mg/m^3，由表 4.14 查取。

（3）地下停车场地面上大气中 CO 浓度　由公式(4-6）计算地下停车场的排风量时，地下停车场在面上大气中的 CO 浓度，实测值为 2.71～3.23mg/m^3，设计中可取2.5～3.5mg/m^3。

（4）送风量的计算　为了防止地下停车场有害气体的溢出，要求停车场内保持一定的负压。由此，地下停车场的送风量要小于排风量。根据经验，一般送风量取排风量的85%～95%。另外的5%～15%补风由门窗缝隙和车道等处渗入补充。

4.5.5 地下停车场的防排烟系统设计要点

地下停车场的系统设计，一些设计、研究人员总结出设计要点如下。

① 地下停车场通常是一种半封闭或封闭的大空间建筑，无法利用建筑物门窗等开口进行自然通风和排烟。由此，要同时设置机械排风系统、机械排烟系统和送风系统（自然补风或机械送风）或机械排风系统兼排烟系统和送风系统。

② 地下停车场的通风排烟系统应独立设置，不应与上层通风或空调系统混为一个系统。

③ 关于气流组织，建议下部排出 2/3 风量，上部排出 1/3 风量，排风口布置要均匀，尽可能接近车尾部，应使在任何地方的烟雾都不能聚集不散。排风系统的总排风口应位于建筑物的最高处或远离主体的裙房顶部，以免形成二次污染。而送风系统的送风口宜设在主要通道上，送风速度不宜太大，防止送风与排风短路。

④ 送风方式通常有两种方式，即自然补风和机械送风。对于南方地区的地下一层停车场，从节能和降低初投资角度看，应尽量利用车道自然补风方式。车道补风要注意车道进口速度，一般应小于 0.5m/s，以保证汽车进出车道不受影响。对于高寒地区，一定要设置机械送风系统。在冬季要送热风，其送风系统要采取有效的防冻措施，以免冻坏空气加热器，这是高寒地区地下停车场送风系统中很重要的问题，应引起设计者的充分注意。

⑤ 对于高寒地区的地下停车场通风设计，应充分考虑排风的热回收问题。地下停车场通风系统的排风量和送风量很大，加热补风用能量十分可观，在可能的条件下，应尽可能用排风的废热来预热新风，这是十分有意义的节能措施。另外，在条件许可时，可考虑利用地面上的商场、开敞式办公室等公共建筑的空调排风作为地下停车场的补风系统。

⑥ 高寒地区地下停车场的进出口处应设置大门空气幕，并应注意大门空气幕的防冻问题。

⑦ 地下停车场通风系统的送、排风机可选用轴流风机、离心风机或斜流风机。而电机宜选用防爆电机。为了防止停车场内空气外泄，运行中应保持停车场处于负压状态，因此，排风机与送风机宜联动，以防止单独开启送风机，造成地下停车场内处于正压状态。

⑧ 排风、送风、排烟三者应同时考虑，尽量简化系统。设计中尽量避免同时设置三种系统，否则管道和设备过于复杂。因此，目前地下停车场的通风设计中，常将排风系统兼作排烟系统使用，使排风系统与排烟系统密切结合起来，变成一个复合系统。通过多年的研究和实践证明，这种复合系统不仅在技术上是可行的，而且在经济上也是节省的。这种系统平时作为机械排风系统用，火灾时又用为机械排烟系统。鉴于此，必须提出平时机械排风系统与火灾时机械排烟系统二者如何处理的问题。

4.5.6 复合系统设计中应注意的几个问题

目前，排风系统兼做排烟系统使用的这种复合系统是地下停车场通风设计中一种常用方式。它是将机械排风系统与排烟系统密切结合起来，将排风与排烟功能密切结合起来，将二者不同的要求结合起来。因此，复合系统设计时，既要满足排风功能，又要满足排烟功能；既要符合排风的要求，又要符合防排烟的一些特殊要求。一些设计、研究人员总结出在设计中应注意解决好下述几个问题。

4.5.6.1 解决排风量与排烟量不一致的问题

地下停车场排风系统的排风量是根据全面通风稀释有害气体（如 CO）至允许浓度以下为原则来确定的。而排烟系统的排烟量为，当排烟系统担负一个防烟分区时，应按该防烟分区面积每平方米不小于 60m^3/h 来计算；担负两个或两个以上防烟分区时，应按最大防烟分区面积每平方米不小于 120m^3/h 来计算。排烟系统风机的最小排风量不应小于 7200m^3/h。这样，二者风量很难统一。例如，上例中排风量为 16200m^3/h，若分为两个防烟分区(400×2)时，其系统排烟量为 48000m^3/h。二者相差甚远。这是用一个系统平时排风、火灾时排烟的主要矛盾之一，在设计中应该很好地解决这个问题。其技术主要有以下几种。

① 设计中选用两台或两台以上风机并联运行。平时仅一台风机运行，火灾时根据烟感报警，通过消控中心连锁开启另一台风机投入运行，即两台风机并联运行。其中一台风机及风压适用于排风系统要求；两台风机同时启动并联运行风量和风压满足排烟量及风压要求。这种方式，排风机机房面积稍大些，日常维修工作量也多些。

② 选用双效风机。平时排风时可低速运行，火灾时可高速运行。目前，国内已有厂家生产双效速消防排烟风机和低噪声变风量排烟风机。如某系列双速排烟轴流风机机号NO5～NO12，高转速时，风量由 8000m^3/h 到 60000m^3/h，风压由 568Pa 到 720Pa；低速运转时，风量由 4000m^3/h 到 39700m^3/h，风压由 142Pa 到 320Pa。

③ 将防烟分区划小，降低系统排烟量，使之与排风量一致或接近。例如某停车场(800m^2）分为 6 个防烟分区的话，每个防烟分区面积为 140m^2，系统的排烟量为

16800m³/h，与其排烟量一致。这样，用一个系统平时排风，火灾时排烟就无风量相差的矛盾了。

4.5.6.2 解决排风系统与排烟系统对气流组织要求不一致的矛盾

地下停车场排风系统要求上部排出 1/3，下部排出 2/3 的汽车废气。而对于排烟系统来说，根据烟气上升流动的特点，排烟口总是设置在停车场的上部。发生火灾时，为了防止火灾发生区烟气侵入非火灾的防烟区内的烟气，而非着火的防烟分区内排烟口应关闭。这与平时排风系统气流组织截然不同。这就要求在复合系统设计中，应采取有效的技术措施，注意解决好排风系统与排烟系统对气流组织要求不同的矛盾。其解决方法通常有以下几种。

① 复合系统风道布置时，应充分考虑防火分区和防烟分区问题。一般来说，一个防火分区布置一个或两个复合系统，系统的分支管按防烟分区设置。

② 排风系统与排烟系统合用一条风道，可分为多支管系统及单支管系统如图 4.13、图 4.14。

a. 多支管系统如图 4.13。

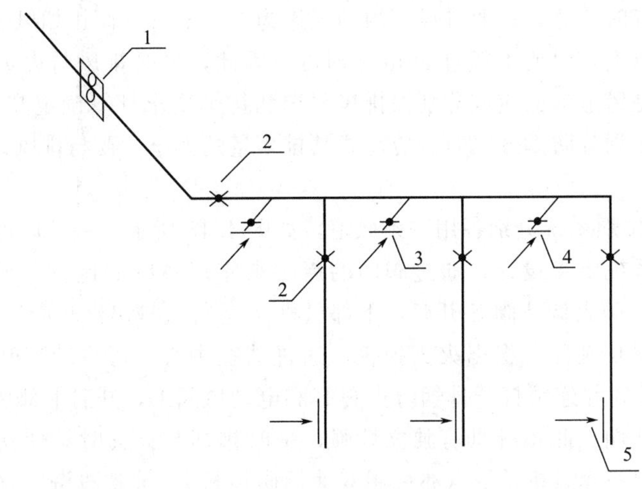

图 4.13 多支管系统

1—单速排风/排烟风机；2—防烟防火阀；3—排烟防火阀；4—排风/排烟口；5—排风口

停车场上部设系统总管，由总管均匀地接出向下的立管，总管上与立管的下部均设有排风口，总管上部的排风口兼做排烟口，设置普通排风口，支管上的排风口仅作为排风口之用，设置防烟防火阀，布置如图 4.13。平时上下排风口同时排风；火灾时下部排风口的防烟防火阀自动关闭，上部排风口作为排烟口排除烟气。总管接出多个立管，则每个立管尺寸小，因而占有空间小。但每个立管上均设置防烟防火阀，不仅初投资大，且由于阀门多，易出现失控和误控情况，影响系统运行的有效性。

b. 单支管系统如图 4.14。

停车场上部设系统总管，由总管接出一根支管，该支管在下部形成水平管，总管与立管都均匀设有普通排风口，在支管靠近总管处设置防火防烟阀，布置如图 4.14。平时上下排风口同时排风；火灾时，支管上的防烟防火阀自动关闭，上部排风口作为排烟口。总管只接出一个立管，则只设一个防烟防火阀就可满足火灾时的排烟需要，控制上较上一个方案简

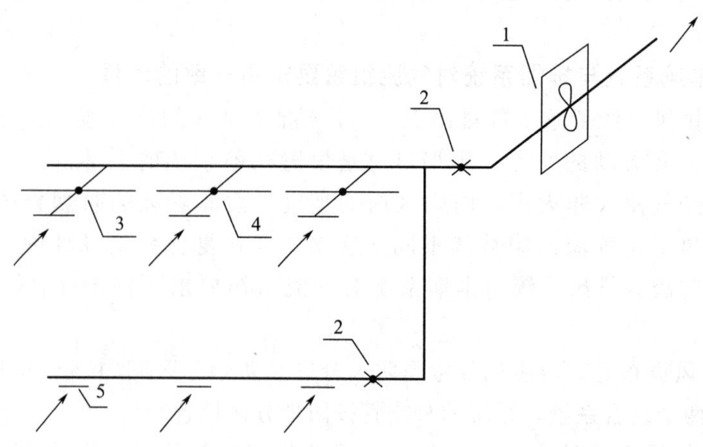

图 4.14 单支管系统

1—单速排风/排烟风机；2—防烟防火阀；3—排烟防火阀；4—排风/排烟口；5—排风口

单，且初投资省，但占用空间大。因停车场面积大，选该方案经济，方便。

但是设计该系统时注意，一般排风道内的风速为 6～8m/s，而排烟风道内的风速可以达到排风风速的两倍以上，只要不超过 20m/s 即可。因此，平时排风与火灾时排烟完全可以共用一条风道，只是风道断面应该分别按排风要求和排烟要求计算确定其断面面积的大小，取其大者。或者，在划分防烟分区时，应注意其排烟量的大小，要与排风系统的风道断面面积的大小相适应。

③ 排风系统与排烟系统分别各用一条风道，如图 4.15 所示。一条风道按排风系统要求时，另一条按排烟系统要求设计，通过阀门的启闭来实现系统的运行。平时排烟防火阀 B 和电动风阀 D 关闭，防火调节阀 C 开启，下部风机 A 运行，排出汽车废气，保证卫生要求。火灾发生时，防火阀 C 关闭，根据火灾报警，通过消控中心，可自动打开处于着火点的防烟分区内排烟风口 E，并连锁打开排烟防火阀 B 和电动风阀 D，开启上部风机 A，与下部风机并联运行，进行排烟。此系统具有独立性强、平时排烟与火灾时排烟互不影响、可靠性高、排风与排烟合用一套风机系统（亦可用双速消防风机）、节省投资等优点。其缺点是风道布置复杂一些。

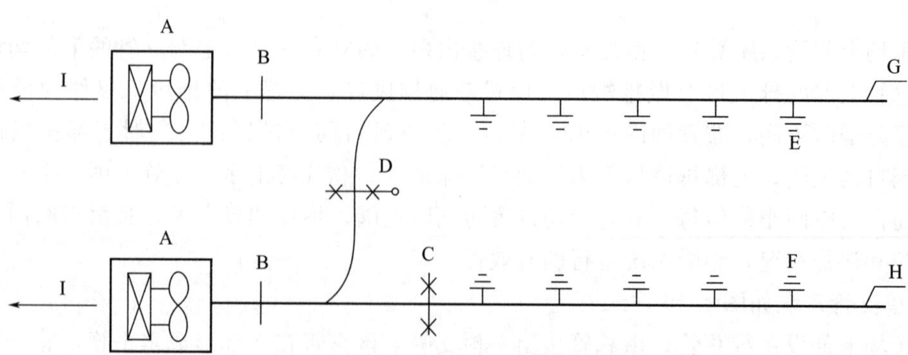

A—排风机兼排烟机；B—排烟防火阀；C—防火调节阀；D—电动风阀；E—上部排烟风口；F—下部排风口(兼排水口)；G—上部排风管；H—排风沟(兼排水沟)；I—排风

图 4.15 排风系统与排烟系统分用风道

4.5.6.3 复合系统防排烟的特殊要求

复合系统除了保证平时排风功能外，火灾时还要起到排烟作用。因此，系统布置、附件、风机的选择都要符合防排烟的特殊要求。

① 系统的布置要与防火分区、防烟分区相适应。

② 排烟风口的布置要符合有关的防火规范要求。火灾发生时，严格按消防控制程序，控制复合系统的排风功能与排烟功能的转换；控制防火阀、排烟阀、排烟防火阀等附件的开启与关闭；任何一个排烟阀或排烟防火阀的动作，可自动使风机高速运转或使其余排烟风机启动。

③ 设备与附件的选择要符合有关防火规范的要求。例如，要求所选择的风机在280℃下，可连续运转30min。

④ 考虑到风机的耐热程度和防止高于280℃的带火焰的烟气蔓延，在风机入口附近设置280℃关闭的排烟防火阀。

4.6 民用建筑防空地下室防护通风的设计

4.6.1 平战结合人防地下室通风设计的特点

对于防空地下室的位置选择、战时及平时用途的确定，必须符合城市人防工程规划的要求。同时也应考虑平时为城市生产、生活服务的需要以及上部地面建筑的特点及其环境条件、地区特点、建筑标准、平战转换等问题，地下、地上综合考虑确定。防空地下室的位置选择和战时及平时用途的确定，是关系到战备、社会、经济三个效益能否全面充分发挥的关键，必须认真对待。

城市中修建的大多为供居民防空使用的人防工程，且多数为附建式人防建筑。由于防护的需要，这些人防建筑一般都建在地面以下，除了少许的出入口与外界相通以外，就是一个无任何外窗的高度密闭性的空间，战时防护等级不高，使用人员多，密度大，出于平战结合的考虑。

一般防护体内通风系统的设计应包括以下三个方面的内容：①战时防护通风系统；②平时地下室送排风系统；③地下室火灾时消防排烟和排烟补风系统。

4.6.2 人防地下室送、排风系统

4.6.2.1 送风系统

防空地下室应充分利用当地自然条件，并结合地面建筑的实际情况，合理地组织、利用自然通风。采用自然通风的防空地下室，其平面布置应保证气流通畅，并应避免死角和短路，尽量减少风口和气流通路的阻力。

（1）送风系统的装置　战时防护通风系统应具备和满足清洁式通风、过滤式通风和隔绝式通风三种通风方式的要求。当战争来临时，在人员进入防空地下室，出入口部的防护密闭门等关闭之后，为了保障人员在防护体内长期生活和工作，在外界空气遭到污染并带有毒剂时，将外界新风先通过除尘器滤除尘埃再经过过滤吸收器吸收毒剂，达到呼吸标准后向防护体内送风的过程称为过滤式通风；而当敌方施放化学或生物武器后外界毒剂类型尚未判明之前或外界剂浓度过大时，以及更换过滤吸收设备之时或过滤吸收设备失效之后，在以上任一

情况出现时都必须使整个防空地下室与外界空气隔绝，此时所进行的通风就是隔绝式通风。

按清洁通风和过滤通风的关系，给出了送风系统的三种形式，见图 4.16。

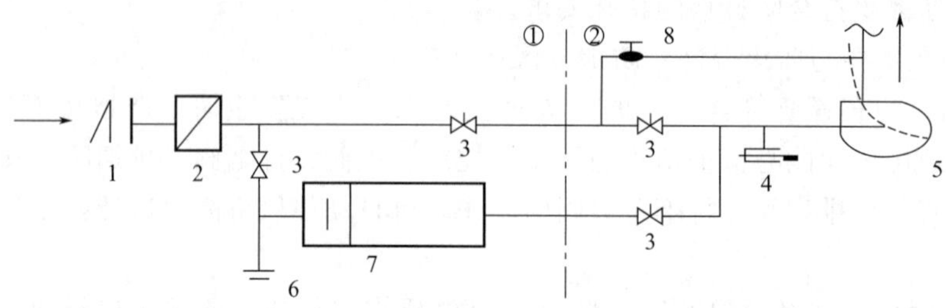

(a) 清洁通风与过滤通风合用通风机的送风系统

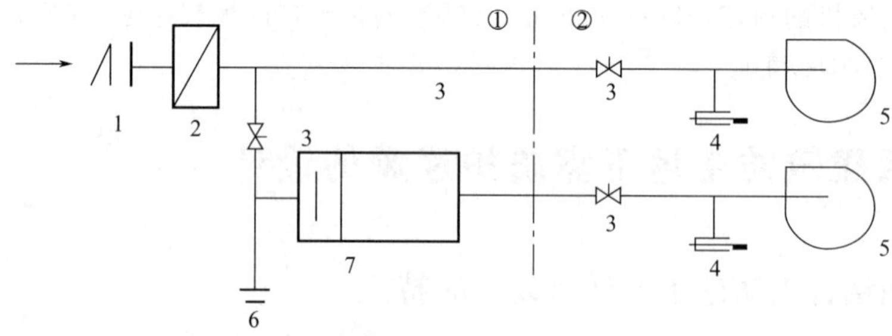

(b) 清洁通风与过滤通风分别设置通风机的送风系统

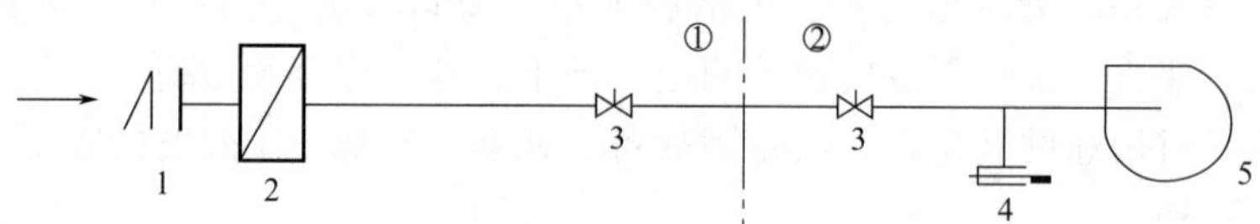

(c) 只设清洁通风的送风系统

图 4.16 人防地下室通风系统

①染毒区 ②清洁区

1—消波设施；2—粗过滤器；3—密闭阀门；4—插板阀；5—通风机；

6—换气堵头；7—过滤吸收器；8—增压管旋塞阀

(2) 送风系统设备的选型 设备选型的主要内容应包括：送风机，粗过滤器，过滤吸收器以及防爆波活门的选择计算。

① 送风机的选择 通风机应根据不同使用要求，选用节能和低噪声产品。战时电源无保障的防空地下室应采用电动、人力两用通风机。

常用的风机有两大类：电动脚踏两用风机及电动手摇两用风机两类。其中电动脚踏两用风机有 DJF-1 型和 SR-900 型两种，电动手摇两用风机也有 F270-1 型和 F270-2 型两种。

由于过滤式通风和清洁式通风存在 1∶2.5 的风量关系，因此在送风机的选配上有两种方案可以考虑：清洁式通风和过滤式通风分别配置送风机，即按防护工事内的掩蔽人数的清洁式通风，过滤式通风的新风标准分别计算其风量及系统所需风压选配送风机满足各自的要求。但由于脚踏或手摇风机驱动力有限，其转速低，风量小，风压也较低，用它来满足清洁式通风的要求是有困难的，而若只为清洁式通风配置电动式风机时，则在战时长时间断电、缺电的情况下，仅用过滤式通风则很不尽如人意，为此采用在两台风机的进风管上并接旁通管和旁通阀可以一定程度上缓解上述矛盾。当长时间缺电又需进行清洁式通风时，关闭密闭阀，打开旁通阀，两台脚踏风机联合工作，可使系统风量增加。

② 粗过滤器的选择　粗过滤器不仅用以平时处在清洁通风时滤除空气中较大颗粒的灰尘，而且用以战时滤除粗颗粒爆炸残余物、毒物和放射性物质，较常采用的是LMP型油网除尘器，又分D型和X型两种，它们都是片式或称块式结构，必须控制通过每块除尘器的风量，应以800～1600m³/h为参照。实际工程中常用管式（匣式）、立式和人字形三种方式，根据具体情况由设计人员自行设计除尘器的框架再用支架托起固定在墙上，使建筑空间得到充分利用。工程设计时应注意在除尘器两端的管道上预留DN15的测压管，以供测定除尘器阻力用。

③ 过滤吸收器的选择　过滤吸收器主要以过滤吸收空气中的毒雾、毒烟、放射性灰尘、细菌气溶胶和毒剂蒸气等，是防护通风系统的关键设备。一般常采用SR型的过滤吸收器，有额定风量为300m³/h、500m³/h、1000m³/h三种规格，过滤吸收器两端的管道上预留DN15的测压管。

④ 通风管道应采用符合卫生标准的不燃材料制作。

（3）战时使用的和平战两用的机械通风进风口、排风口，宜采用竖井分别设置在室外不同方向。进风口应设在空气流畅、清洁处。

4.6.2.2　排风系统

（1）排风系统的装置　防空地下室的排风系统，由消波设施、密闭阀门、自动排气阀门或防爆超压自动排气活门等防护通风设备组成，实现清洁式，过滤式和隔绝式三种通风方式，并在过滤式通风时，使防护体内形成30～50Pa的超压。见图4.17。

战时主要出入口最小防毒通道的换气次数，二等人员掩蔽所应保证每小时30～40次，有洗消间的防毒通道的换气次数，每小时不宜小于50次。当设有两道防毒通道时，应保证出入口的每一道防毒通道的换气次数。因此在设计中必须对防毒通道的换气次数进行校核计算，假若不能满足要求，应通过增大过滤通风量或减少防毒通道的体积来提高换气次数，直到满足要求为止。

（2）排风系统设备的选型　排风系统相对防护送风系统来说，设备少，管道简单，设备的选型主要是防爆活门、自动排气阀门或防爆超压自动排气活门的选择计算，防爆波活门的确定同送风系统。但应注意，若平时通风与战时通风合用消波设施时，应选用门式防爆波活门。自动排气阀或防爆超压自动排气活门的数量按式(4-10)计算：

$$n=\frac{L_j-L_l}{L_p}\quad（个）\tag{4-10}$$

式中　L_j——过滤式通风的进风量，m³/h；

L_l——规定超压下的渗漏现象，按清洁区容积的4%计算；m³/h；

L_p——自动排气阀在规定超压下的排气量，m³/h。当$p=40$Pa时，YF-D150，YF-D200和FCS-250型排气量分别为190m³/h，300m³/h，700m³/h。

4.6.3　风口井及管道井平时与战时的转换设计

在平战结合的人防工程设计中，为了满足平时的使用要求，往往需要开设多个进风井、排风井及管道井，它们都是整个人防工程防护的薄弱环节。柴油发电机组的排烟口应在室外单独设置。进风口、排风口宜在室外单独设置。供战时使用的及平战两用的进风口、排风口

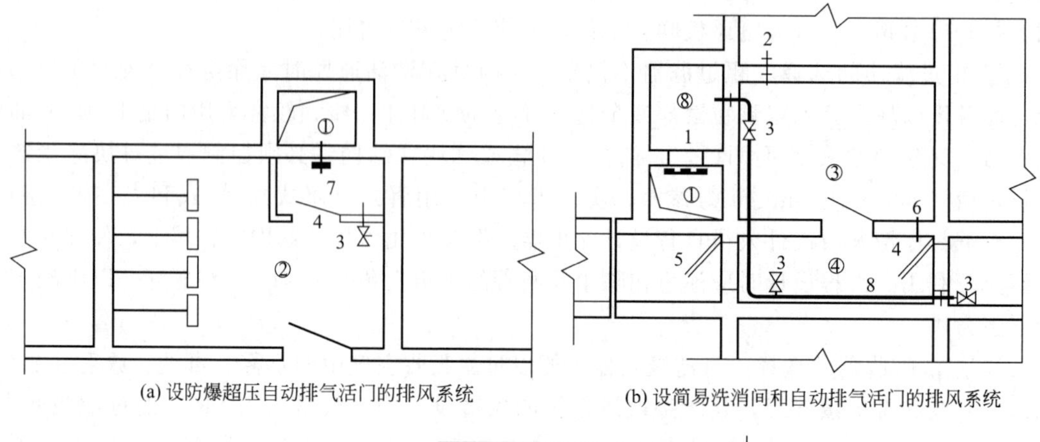

(a) 设防爆超压自动排气活门的排风系统

(b) 设简易洗消间和自动排气活门的排风系统

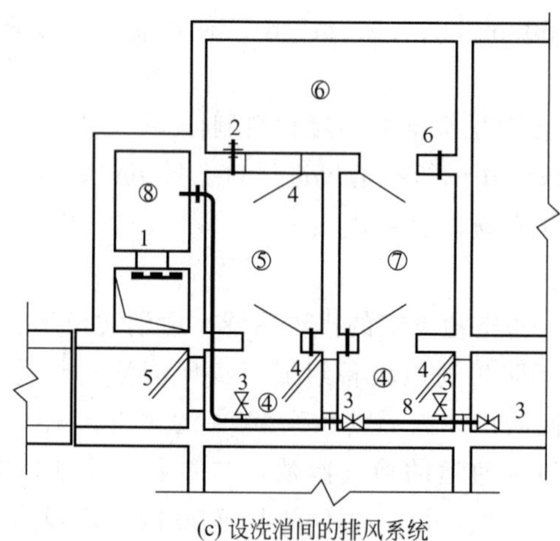

(c) 设洗消间的排风系统

图 4.17　防空地下室的排风系统

1—防爆波活门；2—自动排气阀门；3—密闭阀门；4—密闭门；5—防护密闭门；

6—通风短管；7—防爆超压自动排气阀门；8—排风管

①排风竖井；②厕所；③简易洗消间；④防毒通道；⑤脱衣室；⑥淋浴室；⑦穿衣室；⑧扩散室

应采取防倒塌、防堵塞以及防雨、防地表水等措施。应给予足够的重视，并应有临战前的转换措施。

采暖通风与空调系统的平战结合设计，应符合下列要求：

① 平战功能转换措施必须满足防空地下室战时的防护要求和使用要求；

② 在规定的临战转换时限内完成战时功能转换；

③ 专供平时使用的进风口、排风口和排烟口，战时需采取防护密闭措施。

对风口井的转换设计，工程上常采取三种方法：

① 在风口井的防护工事的顶板位置临战加盖预制板并采用砂袋、泥土等加以密封；

② 在风井壁顶埋法兰穿墙短管，临战前拆除防护体内平时风管，用法兰带钢板及橡皮垫与预埋的法兰短管用螺栓连接；

③ 设置集气管，并在井壁位置安装防护密闭门，平时开启，战时关闭。

对管道井的转换设计，工程上常采取两种方法：

① 如条件允许，临战前拆除管道，后盖预置板再加密闭措施；

② 在防护顶板上的管道上设置抗爆波阀门顶板位置和管间空隙，用混凝土密封，并应保证一定的连接强度。

人防物资库等战时要求防毒，但不设滤毒通风，且空袭时可暂停通风的防空地下室，其战时进、排风口或平战两用的进、排风口可采用“防护密闭门＋密闭通道＋密闭门”的防护做法；专业队装备掩蔽部、人防汽车库等战时允许染毒，且空袭时可暂停通风的防空地下室，其战时进、排风口或平战两用的进、排风口可采用“防护密闭门＋集气室＋普通门（防火门）”的防护做法。防护密闭门的设计压力应按《人民防空地下室设计规范》第3.3.18 条确定。见图 4.18。

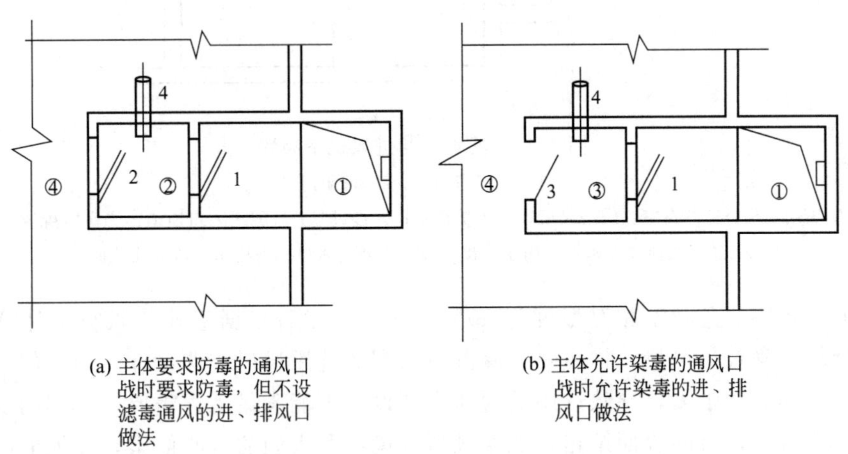

(a) 主体要求防毒的通风口战时要求防毒，但不设滤毒通风的进、排风口做法

(b) 主体允许染毒的通风口战时允许染毒的进、排风口做法

图 4.18　进、排风口防护做法

1—防护密闭门；2—密闭门；3—普通门*；4—通风管；

①通风竖井；②密闭通道；③集气室；④室内

注：当为平战两用的通风口时，普通门*应采用防火门，其开启方向需适应进、排风的需要。

滤毒室与进风机室应分室布置。滤毒室应设在染毒区，滤毒室的门应设置在直通地面和清洁区的密闭通道或防毒通道内（图 4.19），并应设密闭门，进风机室应设在清洁区。

4.6.4　人防地下室通风设计存在的问题

人防地下室通风的系统设计，一些设计、研究人员总结出设计中遇到的问题有以下几种。

（1）通风设计风量不足　《人民防空工程设计规范》规定，平战结合的人防工程新风量可根据不同的使用要求，采用地面同类型建筑通风量设计标准，一般不低于 30m^3/(人・h)。有的设计人员强调节能，降低工程造价，就连这个低标准也达不到。由于新风量不足，工程内的有害气体和污染物超标，空气中的二氧化碳含量升高，空气质量劣化，工程内的人员感到头痛、胸闷、恶心，工作效率下降，有的甚至不能坚持工作。有的设计人员虽然选取的设计新风量正确，但由于选用的防爆波活门与工程所需新风量不匹配，进风段风速过大，即使平时把活门全部打开也满足不了要求，造成新风量不足。

（2）热湿负荷不进行严格计算，随意性过大　人防工程设计规范规定，平时使用的人防工程，室内温度和湿度的标准为：夏季不大于 26～28℃，相对湿度不大于 70%～80%，有

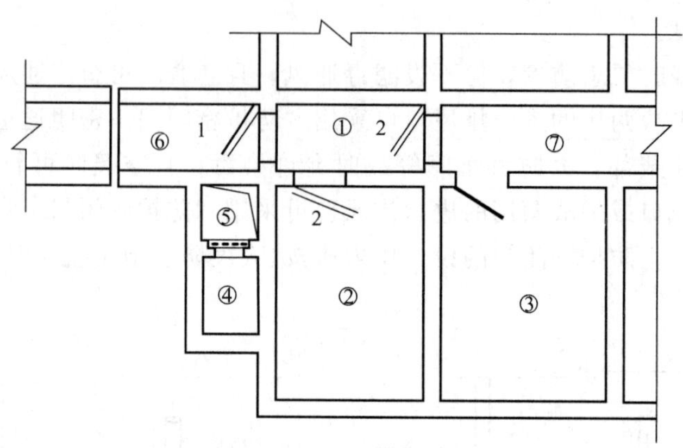

图 4.19 滤毒室与进风机室布置

1—防护密闭门；2—密闭门

①密闭通道；②滤毒室；③进风机室；④扩散室；⑤进风竖井；⑥出入口通道；⑦室内清洁区

注："直通地面"系指可由主要出入口、次要出入口或备用出入口通往地面

特殊要求的手术室、急救室相对湿度为 50%～70%。然后根据室外通风空调计算参数进行热湿负荷计算，确定进风量、排风量、除湿量，据此选用通风空调设计。但有的工程没有经过严格计算，随意性很大，导致选用的通风空调设备不能满足工程需要，工程内夏季温度偏低，相对湿度偏大，有的墙面结露，低温潮湿环境不利人们的身心健康，使人们的身体免疫力降低，工作效率下降。同时，铁件生锈，家具变形，影响工程使用。

(3) 气流组织不合理　有的人防工程为了降低工程造价，把系统布置得非常简单。如某人防工程，钢筋混凝土结构，柱网间距 7.2m，东西长 60m，南北长 21.6m，只在沿墙布置两道送风管，间隔 3m，设单层百叶风口，送风不均匀，废气排不出去。

(4) 忽视工程的除尘消声　有的人防工程根本就没有考虑消声问题，有的送风段设了消声器，而回风段却忽略了。有的安装不当，起不到消声的作用，有的选择除尘器不计算阻力，噪声超标，除尘、消声均满足不了使用要求。

(5) 新风系统造成二次污染　在我国中部和西部地区，采用大风量通风驱湿是行之有效的办法。但是，有的人防工程的新风系统没有设旁通管，全新风要经过除湿设备，增加通风阻力，造成二次污染，不利于通风换气。

(6) 进、排风口设置不合理　有的人防工程进、排风口与工程出入口合并设置，人为污染新风源，有的进风口和排风口设置过近，刚排出的废气又进入人防工程。

(7) 运行管理不善　有的人防工程缺乏专业人员管理，该开的阀门不开，该关的阀门不关，影响通风效果。如某人防工程送风防火阀关闭，造成一个分区送不进风，有的人防工程设备管理制度不落实，设备运行无记录，完全是一种低能管理。

4.6.5 应当采取的措施

对应上节的问题，在实际工程中采取相应的措施。

(1) 提高新风质量　近年来，对改善人防工程内部环境，提高空气质量进行了大量研究，有的加大新风量，有的控制或消除室内污染，有的采取空气自净措施。

室内人员战时新风量，见表 4.15。

表 4.15 室内人员战时新风量 单位：$m^3/(人\cdot h)$

防空地下室类别	消洁通风	滤毒通风
医疗救护工程	≥12	≥5
防空专业队队员掩蔽部、生产车间	≥10	≥5
一等人员掩蔽所、食品站、区域供水站、电站控制室	≥10	≥3
二等人员掩蔽所	≥5	≥2
其他配套工程	≥3	—

加大新风量无疑对改善人防工程内部环境是有利的，但却相对地加大了空气处理设备的负荷，显然是不经济的。所以应当合理地控制新风量，一般每人每小时 30～40m^3 左右。另外，采取有效措施，消除空气污染。如进风口与排风口的距离不宜小于 10m，进、排风单独设置通风竖井，避免与出入口合并设置，取风口的高度不宜小于 2m，且选择在比较清洁的地方，尽量靠近绿化带。在空气过滤方面，要根据当地的空气污染指数合理选用空气过滤器，力求高效过滤，便于维修更换。

(2) 严格计算工程热湿负荷和通风系统阻力

共分为五步。

① 合理确定室内外温湿度计算参数，计算工程内的热湿负荷，包括人员散热散湿、壁面散热散湿、电气及设备散热、自然水面的散湿、新风带进的热和湿。

② 计算热湿比。

③ 初选通风系统，计算系统阻力。

④ 根据热湿负荷和系统阻力选用设备。

⑤ 验算复核。

(3) 重视通风系统的布置　人防工程通风系统的效果取决于系统布置是否合理。对有通风空调要求的通风系统，通常采用一次回风，即

$$L_s = L_x + L_h \tag{4-11}$$

式中　L_s——设计通风量，m^3/h；

L_x——新风量，m^3/h；

L_h——回风量，m^3/h。

新风与回风混合后，经处理后送入室内，有时还可以考虑二次回风。在这里要注意两个问题：一是最好不要把吊顶、地沟作为回风道，因吊顶和地沟回风会把吊顶装修材料散发出来的有害气体及地沟潮湿霉变的空气送入工作区，影响新风质量。二是系统布置时设置全新风系统，在春秋季节将不经过处理的空气直接送入工程内换气，在我国中西部地区更为重要。

(4) 合理的气流组织　对大型人防工程应考虑均匀布置送回风口，一般采用上送上回，也可以采用上送下回，尽量避免侧送侧回，送回风口要选用直片式散流器，气流射角不大于 40°，使气流直接达到人员活动区。

(5) 科学的运行管理　通风系统的运行管理人员必须经过上岗培训，熟悉系统操作原理，建立必要的操作规程，对设备运行工况要经常测试和调整，做好值班记录。除尘器要定期清理更换，尽量提高空气的清洁度。

5

公共建筑空调设计特点

结合旅馆、商场、影剧院和体育场（馆）、医院等几种公共建筑的特点，本章主要介绍暖通空调设计要点，以帮助大家对此类公共建筑的空调设计有一个初步了解。

5.1 旅馆建筑空调设计特点

5.1.1 旅馆空调设计的重要性

旅馆建筑是我国民用建筑中最先步入现代化水准的建筑。这类建筑使用功能齐全，一般都装有全年舒适性空调。因此搞好此类建筑物的空调设计，保证各空调房间内的温度、湿度、新风量、风速、噪声和含尘浓度等 6 项涉及热舒适标准和卫生要求的舒适性空调室内设计参数，是空调设计者的主要任务；如设计计算失误将造成空气调节不能满足要求，建筑将达不到预定等级，可见进行旅馆建筑空调合理设计是很重要的。

节能空调设计是旅馆建筑节能的重要环节，空调能耗约占旅馆建筑总能耗的 60%。舒适指标和房间卫生要求使空调制冷设备（冬季为供暖设备）和新风、排风设备通常处于运转状态，因而要消耗大量能源，空调能耗已成为城市民用能耗的大户。空调设计在保证各等级旅馆建筑和康乐中心热舒适指标和卫生要求的前提下，要尽量降低空调、制冷、供暖和新、排风设备装机容量，并从设计上要为随气候变化而调节、控制开启台数和开启功率打下基础。绝不能为确保热舒适指标而任意加大设计系数，这是摆在空调设计者面前的一个十分迫切而又重要的问题。设计者在设计中必须遵循选用性能先进的节能型空调制冷设备进行节能的原则。

防火排烟与安全卫生是旅馆空调设计的重要任务。旅馆建筑和康乐中心人流集中，且此类建筑的空调房间一般均为窗户不开启的密闭性建筑。因此，空调设计必须要注意到对空调房间及时排除人们呼出的 CO_2 和人体排泄出的有气味的有机气体，并按不同等级的旅馆建筑对新风量的不同指标，将室外新鲜空气经过滤和冷热交换使之达到送入室内空气状态要求的条件，再经消声处理后补进房间，以确保空调房间的卫生要求。从防火排烟与安全角度考虑，送风系统（无论是补新风还是全空气风道送风）必须在进入每个房间的墙内加装防火阀，排风设施必须要具备日常排风和发生火警事故时的事故排烟功能，在地下汽车库等处还需设有防烟垂壁等设施，以确保正常情况和非常时期的安全。

5.1.2 客房空调设计要点

客房是旅馆建筑的重要组成部分，客房区是旅馆经营的主体。客房面积约占一般旅馆建筑总面积的33.6%。客房的装修程度、卫生洁具、家具、音响和空调水平是构成客房等级和收费标准的重要因素。普通客房为标准间（双人间）和单人间，高级客房一般为套间，低级客房则为三人间。一、二级旅馆一般还设有装饰华丽庄重、设施华贵高雅、保安等级高、通讯功能齐全的由多间客房组成的“总统套间”。就空调而言，由于客房等级不同，各类客房空调的容量配装、自控方式、送新排风设施和噪声控制也有不同。

（1）客房空调设计的特点　客房空调设计的最大特点是大多采用风机盘管加新风机组，并在卫生间设有排风装置。

① 客房用作冷热交换的主要空调设备一般选用风机盘管　风机盘管机组已经定型化、规格化，有卧式、立式和立柱式等可供选择、安装，布置灵活、方便，各房间可以独立调节，并可以用“节能”钥匙达到客人离开时关掉机组或转为低档运行，既节能又节省费用。由于设置独立新风系统和独立机组，各个房间的空气互不串通，单独维修也不影响其他房间，调节灵活，管理方便。

选择风机盘管时要考虑到人体的舒适感范围比较宽，为满足不同人员对温、湿度的不同要求，有一个适当的灵活调节范围是必要的，而且机组使用一段时间后，阻力增加，风量减少，功能下降。因此，按中速挡容量选择机组是适宜的（风机盘管分高、中、低速三档）。客房风机盘管一般均做冬夏两用空调机组，夏季供入7℃左右冷水降温除湿，造成低温干燥的客房舒适环境，冬季则供入60℃热水升温加热，造成温暖如春的客房舒适环境。

② 使客房保持空气清新是空调设计的主要任务　客房新风供给的方式有三种，以适应不同等级的旅馆补新风的需要。

一是无组织地依靠窗缝渗透或开小气窗进入新鲜空气来达到换气的目的，这种方式存在以下问题：

a. 新风量很难保证，时有时无，时多时少；

b. 破坏了客房温度的均匀性，并且湿度很不好控制；

c. 室外大气污染严重的城市，不经过滤而渗入室内的新风不干净。但这种方式投资省，多用于四级旅馆。

二是新鲜空气经过新风机组的处理，有组织不间断地送入客房，大多数有一定水平的一、二级高层饭店、宾馆每层楼设一新风机组，优点如下：

a. 保证室内一定的正压，防止室外空气渗入而破坏室内温度的均匀性，并可以保证室内的卫生条件；

b. 通过不断向室内送入新风，可使前批旅客的气味不影响到下一批；

c. 新风可以负担一定的冷负荷。

三是分散吸取新风的方式，把通过天井或外墙的小型新风管直接接至风机盘管的回风端，这种就地取新风的方式由于新风量不易控制，只宜用在少数灵活的地方，但选用风机盘管机组时要放大处理新风部分的冷、热量。

新风量的确定要考虑新风量必须满足客房正压要求、局部排风和卫生条件三者所需要的新风量中的大者来确定新风量。宾馆客房一般取30～50m^3/(人·h)。

③ 客房异味和CO_2气体一般要从卫生间排除　卫生间排风系统的设计风量是按换气次数5～8次/h计算。为防止室外空气的渗透，送入室内的新风量应大于排风量的20%。排风系统按其规模可分为小系统与大系统两种。

风系统不管其大小，一般都是利用竖风管（或竖井砖风道）从下往上排风，风管布置在相邻客房卫生间的竖井内，小系统的竖风管一直延伸到屋面与屋顶风机相接；大系统一般利用中间某层或顶层吊顶空间（层高需特殊加高）布置水平排风干管，将竖风管的排风汇集起来，通过竖井与顶层排风机房的排风风机相接排出室外。

(2) 室内空调设计计算参数　室内空调设计参数的选取，直接影响到工程投资、能量利用和运行费用，对于不同级别、不同性质的工程应分别对待。国标对客房空调设计计算参数的规定列于表 5.1。

表 5.1　旅馆客房空调设计计算参数

客房级别	夏季			冬季			新风量［m^3/(人·h)］	空气含尘浓度/(mg/m^3)
	温度/℃	相对湿度/%	风速/(m/s)	温度/℃	相对湿度/%	风速/(m/s)		
一级	24	≤65	≤0.25	24	≥50	≤0.15	≥50	≤0.15
二级	25	≤60	≤0.25	23	≥40	≤0.15	≥40	
三级	26	≤65	≤0.25	22	≥30	≤0.15	≥30	
四级	27			21				

(3) 空调方式　客房空调一般是采用风机盘管加新风系统。夏季，空调冷源供给 7℃的冷水，12℃的回水；冬季，空调热源供给 60℃左右的热水，回水温度 50℃左右。独立的新风系统，将新风经风管送至客房内，卫生间设置排风扇就地排风。通常走道、电梯候梯间等公共场所也要求设置空调。至于公用卫生间，应视工程具体要求。客房风机盘管常用的有四种形式：

① 卧式暗装型，一般安装在客房过厅的吊顶内；

② 立式明装型，一般安装于窗下地面上；

③ 立柱式明装型，一般安装于客房一角的地面上；

④ 柜式明装型，一般安装于客房靠墙的地面上。

四种形式中前两种应用较多。除上述四种常用形式外，尚有立式暗装、卧式明装型等多种形式。对于标准形式布置的客房，风机盘管一般布置在进入房间走道的上方吊顶内，气流形式为侧送，风机盘管回风口集中回风，回风口设在走道吊顶上。对于套间房和非标准形房间的风机盘管的选型和布置，应根据装修等具体情况决定，并应与装修密切配合。风机盘管的凝结水通常是排至设置在卫生间管井内的凝结水立管中，各层客房竖向组成一个凝结水排放系统，且在下部分别或集中后排放。

凝结水温度比较低，凝结水管要求保温，凝结水是自然排放，容易造成漏水。因此风机盘管要求安装水平，以避免集水盘凝结水外溢，凝结水支管要求保持一定安装坡度，坡向排水方向，以保证凝结水排放畅通。规范规定，风机盘管排凝结水支管安装坡度不小于 1%。风机盘管安装标高低于回水干管时，风机盘管内会积聚空气。一般情况，风机盘管回水出口处设有手动排空气阀，用于排除风机盘管内的空气。供、回水管应避免向上弯后又再向下弯的驼峰形状，否则，管内会存有空气，从而影响水流畅通。

(4) 风机盘管的控制方式　根据旅馆等级和用户要求，可采用不同的控制方式。有四种风机盘管的控制方式可供选择：

① 三速开关手控式；

② 风机开停自控式（用温控器）；

③ 风机开停与调水量自控式（用温控器和三通阀或二通阀）；

④ 风机无级调速自控式（用电子恒温器）。

(5) 风机盘管的水系统设计　旅馆中风机盘管系统大多采用两管系统，只有要求较高的工程才有三管或四管系统。为了使系统阻力平衡，使水力工况稳定，水系统宜采用同程式，但也有采用异程式用平衡阀来平衡系统阻力的。

由于风机盘管系统水温低，冷水管道的保温要保证质量，通常用外表面贴有铝箔的玻璃纤维保温瓦，或用岩棉等材料外包玻璃布并刷漆或涂料。调节阀门应倒装，阀门的凝水应滴入水盘，并通过 $i=1\%$ 的凝水排水管排出。至于风机盘管壳体内产生的凝水，则可通过选择合理的调节方法予以避免（例如，配装电磁二通阀加电控门钥匙，当风机停止运转时，冷水阀门随之自动关闭，则可避免结露现象产生）。

风机盘管无水量调节装置时，则可按朝向进行分区域控制，也可采用变水量方式，即在各区回水管上装有三通阀，由室内恒温器调节进入盘管的水量，对总系统来说水量是不变的。当然也可用二通阀代替三通阀来控制进入盘管的水量。采用变水量系统不宜用一台制冷机（2～3 台为好），因为进入制冷机的水量小于额定值时，导致冷水温度过低而使机器停车。为使回到制冷机的水量不发生变化，可用各种控制方法。最简单的是在分水器和集水器之间设一旁通管，管间设一阀门，当负荷减小，供水量被调小时，分水器压力上升，由于与集水器之间产生压差而打开旁通阀，将供水量旁通到集水器。

除控制水量外，还可采用分区控制水温的调节方法，即利用回水和供水混合比例的变动（设置三通阀）而变动水温，这种方式常用于建筑规模大的高层旅馆等场合。

水管的布置方式和新风系统的分区往往是一致的，在旅馆建筑中水管可经主竖井向客房最高层或分区技术层引出各区的水平总管，由各水平总管分出立管按垂直方向供水，这种竖向供水的方式往往和风管及卫生设备管道共用同一竖井，布置较合理。另一种是横向供水，其适用性和新风系统水平布置方式是一致的。

5.1.3　餐厅、宴会厅、多功能厅空调设计要点

(1) 空调负荷　餐厅、多功能厅的空调负荷主要包括有食品散热、照明散热、新风负荷、建筑传热和人体散热等。在空调冷负荷中，包含的不定因素比较多。如人员密度，从站席到婚礼仪式变化在 1.2～0.3 人/m^3 之间，随宴会的种类不同而不同。照明容量的变化在 30～70W/m^2 之间，室内冷负荷（显热）变化在 58～174W/(h・m^2) 之间。因此，餐厅、多功能厅的空调冷负荷变化范围较大。

餐厅内食品散热量，对不同类型的用餐差别很大。中式菜肴，一般散热量比较大，西餐菜品散热量相应少一些，就餐人数往往也难以准确确定。因此，工程设计中，空调负荷的计算，往往由于缺乏必要的基础资料，无法准确计算。实际上，由于经营的随意性，设计与实际使用很容易产生偏差。

因此在餐厅、宴会厅、多功能厅空调冷负荷设计计算时，要充分考虑满员超员的冷负荷余量。餐厅的空调负荷中，菜肴、新风和人体散热都与就餐人数有关。表 5.2 中列出了各类餐厅就餐人数和照明容量的参考资料。

表 5.2 餐厅就餐人数和照明容量

餐厅类型	就餐人数 /(人/m^2)	照明容量 /(W/m^2)	餐厅类型	就餐人数 /(人/m^2)	照明容量 /(W/m^2)
中餐厅、宴会厅	0.6	50	大宴会厅	0.8	70
日食餐厅、宴会厅	0.6	55	咖啡厅	0.5	40
小宴会厅	1.0	40	休息厅	0.25	30

根据文献介绍，对于中餐菜品散热量按人均每小时 170kJ 左右计算。显然，餐厅就餐人数以及人均菜品散热量与餐厅经营菜品内容、餐厅所在城市及位置等许多因素有关。在缺乏计算基础资料时，设计时通常采用估算负荷指标。这些估算指标在许多设计手册中均有收录。

(2) 空调方式　大型餐厅、宴会厅和多功能厅，建筑面积和空间都比较大，一般是采用低风速全空气系统，空气处理设备可以采用组合式空调器或立、卧式风柜。组合式空调器设备集中、管理方便，新风量调节方便，且过渡季节可充分利用室外自然风，节约能量，噪声容易处理，但占地面积大，投资多。风柜设备容量和系统较小，因而灵活性大，设备费用低，但需要设置独立的新风系统。卧式吊顶风柜管理维护比较麻烦，如需要经常清洗过滤器。另外，还有漏水的可能性。空气处理设备应根据工程具体情况，经过技术经济比较后选型。

风机盘管加新风系统是另一种常见的空调方式，由于近年来高层建筑的层数屡见增高，但每层楼的层高却往往有所降低，所以餐厅、宴会厅、多功能厅往往因层高所限，难以装设全空气低风速形式的较大断面的送（回）风管道，因而对层高较低的餐厅、宴会厅、多功能厅以采用风机盘管加新风系统的空调方式为好。这种空调方式近年来经常出现在许多工程设计中。

气流组织形式与所选空气处理设备有一定关系。采用组合式空调器时，因系统比较大，一般多采用上部送风，经回风管下部回风。这种气流形式，对房间的温度场比较均匀，但风管多，而且尺寸大，往往会受到建筑空间的影响。另一种回风形式是在组合空调柜附近集中回风。这种回风形式简单，但对房间温度分布和压力分布都不够理想，远离回风口的区域回风不畅，靠回风口近的地方的外门、窗可以吸入室外空气，而远离回风口的地方形成正压，室内冷空气通过门、窗外逸。另外，集中回风口尺寸很大，需要与装修密切配合。

对于 100～200m^2 时的中等规模餐厅，空气处理设备选用风柜的较多，主要是系统简单，投资省。采用卧式吊顶风柜时，设备吊装在楼板下的吊顶内，不占用建筑面积，气流形式为上送、上回或上送、下回。

小型餐厅，一般采用风机盘管空调比较多，它使用灵活，效果比较好，噪声低，而且占用房间空间少，对于层高较低的建筑，更具有优势。气流形式通常是上送上回或侧送上回，主要取决建筑装修形式。

大厅就餐人数较多，而且具有许多气味。因此，要求供给足够的新鲜空气，同时还要设置排气系统。要求新风量略大于排风量，以保持餐厅内微正压，防止厨房等房间的气体串入餐厅内。如果餐厅内正压过大，其有气味的气体也会影响到别的房间。因此，一般认为，排风量为送风量的 90%左右，餐厅的新风系统通常是独立设置，组合空调器从回风混合段吸入排风应视系统的大小及装修水平确定。

5.1.4 歌舞厅空调设计要点

KTV 歌舞厅是丰富人们文化生活、工作后休闲、扩大社会交往和繁荣城市生活的主要娱乐场所之一。一般包含有三个方面的功能，即 KTV 厅、歌厅和舞厅。

(1) KTV 歌舞厅的使用特点

① 使用时间较为集中，空调高峰负荷出现在使用时间。

② 内热负荷（如人体、灯光、电气设备等的散热量）所占的比重较大。

③ 使用时单位面积人员的密度高、散热散湿量大，要求供应的新风较多，需要换气量也大。

(2) 室内空调设计计算参数　目前，国家标准还未对 KTV 歌舞厅空调设计计算参数作出明确的规范，根据有关资料介绍，推荐按表 5.3 所列参数采用。

(3) 空调负荷　KTV 歌舞厅空调冷负荷主要包括有建筑传热、照明负荷、设备散热、人体散热和新风负荷。表 5.4 中列出了部分负荷的统计数据。

表 5.3　KTV 歌舞厅空调设计参数

客房级别	夏季			冬季			新风量/[m^3/(人·h)]	空气含尘浓度/(mg/m^3)
	温度/℃	相对湿度/%	风速/(m/s)	温度/℃	相对湿度/%	风速/(m/s)		
KTV 厅	26	65	0.25	20	40	0.15	30	0.15
歌厅	26	65	0.25	20	40	0.15	30	
舞厅	25	60	0.35	20	40	0.15	30	

表 5.4　KTV 歌舞厅部分负荷统计值

房间类别	照明负荷/(W/m^2)	人体散热	
		人数/(人/m^2)	散热量/[W/(h·m^2)]
KTV 厅	50～60	0.4～0.6	84～126
歌　厅	50～60	0.4～0.6	58～87
舞　厅	40～50	0.2～0.3	58～87

KTV 厅的散热设备为大型彩色电视机，歌厅和舞厅的散热设备主要是音响设备。

(4) 空调方式　KTV 厅一般面积比较小、数量多，且要求隔音效果好。因此，大多采用风机盘管加独立新风空调方式。它使用灵活，相互间不影响，隔声效果好。但在设计集中新风和排风系统时，应防止风管内传声。

歌舞厅空调常采用以空调机组处理空气，以低风速的单风道或双风道为送风管道，以散流器、双层百叶或条缝形风口顶送方式送风的空调送风系统。这是从歌舞厅作为公共场所的功能特点而决定的。也可采用风机盘管加独立新风的空调系统。两种空调方式在歌舞厅空调设计中是并驾齐驱的。具体设计时应因地制宜，要权衡各种利弊并与建设单位充分协商后，再确定采用哪种空调方式。

(5) KTV 歌舞厅的新风、排风系统　KTV 歌舞厅一般人员较多，而且活动量大，室内 CO_2 气体、灰尘比较多，再加上部分人吸烟，室内空气比较脏，应该设计有完善的新风和排风系统。送入新风应经过冷却、过滤处理，保证室内空气的清新卫生。

5.1.5 康乐中心空调设计要点

(1) 康乐中心空调特点　康乐中心具有多方面的使用功能，空调设计要根据康乐中心内各个功能厅的不同使用性能和对环境气候条件的不同要求，要采取能适应其不同需要的各种不同的空调方式。其特点如下。

① 风机盘管加新风系统是康乐中心的主要空调方式，亦即是康乐中心最常见的空调方式，特别适用于房间面积较小的台球室、保龄球室、麻将室、健身室、美容美发室、按摩室、贵宾厅、休息室和更衣室等房间。康乐中心空调设计的最大特点，是要特别注意风速和气流组织，即要防止空调送回风的风速过大，最好使气流不直接吹向宾客的身体，不吹向台球台和保龄球球道。

② 吊装式或柜式空调机组全空气系统，常用于房间面积中等的壁球厅、保龄球室和健身房等分散设置房间的空调。

③ 卧式空调机组全空气系统，常见于房间面积较大的网球厅（馆）、壁球厅和房间相距不远的保龄球室、台球室、健身房等房间。

④ 排风量大于送风量的空调系统，有桑拿浴、蒸汽浴室、冷热水浴室、更衣室及公共卫生间等，这些房间均应设独立的排风系统，以便把废气和怪味排出屋顶及室外，使这些房间保持负压，防止这些房间的废气和怪味发生外溢，串入相邻康乐中心的其他房间。

(2) 空调设计计算参数　美容、美发和康乐中心的空调设计计算参数如表 5.5。

表 5.5　美容、美发和康乐中心的空调设计计算参数

客房级别	夏季			冬季			新风量 /[m³/(人·h)]	空气含尘浓度 /(mg/m³)
	温度/℃	相对湿度/%	风速/(m/s)	温度/℃	相对湿度/%	风速/(m/s)		
美容美发室	24	≤60	≤0.15	23	≥50	≤0.15	≥30	≤0.15
康乐设施	24	≤60	≤0.25	20	≥40	≤0.25	≥30	≤0.15

国内一些工程设计采用的参数统计如表 5.6。

表 5.6　国内一些康乐中心的空调设计参数

客房级别	夏季		冬季	
	空气温度/℃	相对湿度/%	空气温度/℃	相对湿度/%
台球、保龄球、网球、美容、健身房、	24～26	55±10	20～22	50±10
游戏机房、录像	24～26	55±10	20～22	50±10
麻将、按摩	25～27	55±10	19～21	50±10
桑拿、热水浴	26～28	60±10	22～24	60±10
蒸汽浴室、更衣室	～40	65±10	约 30	65±10

(3) 空调方式　康乐中心空调系统设计应根据不同的使用功能、特殊要求和建筑装修形式，选用不同的空气处理设备和气流形式。

健身房、麻将室、冷热水浴、桑拿浴、蒸汽浴、按摩房、办公室、贵宾室、休息室、更衣室、美容美发室等面积较小的房间，一般采用双管卧式风机盘管加新风系统，气流形式应与建筑装修密切配合。可将风机盘管吊装在房间的天花板内，经铝合金散流器或双层百叶送风口向房间内吹送冷（热）风，而回风口可为单层百叶回风口。送、回风口表面与顶棚平整地装饰在一起，以求美观。每台风机盘管的连接水管上可安装电动比例调节二通阀或三通阀，并在风机上安装自动恒温控制器，以便随意调节房间内的温度和送风速度。设计时应使控制器装设在房间内，这样可随时根据宾客的需求进行调节，从而实现房间内适宜的气候环境。

至于新风系统，可根据各层建筑的实际特点，采用集中型或分散型的新风系统。如采用多台分散安装的吊装式新风机组，不但可满足各房间对新风的需求，而且，还可节约新风机房（新风机组内配有冷、热交换翅片 4～6 排）。对于桑拿、蒸汽浴和冷、热水浴房，气流不应直接吹向人体，而且要避免室内气流速度过大。

保龄球、壁球等建筑面积较大的房间，可设置卧式吊顶式或立式风柜单风道系统。气流形式可采用顶送风，集中回风方式。设置卧式吊装式空调机组时可暗装于顶棚之内。其送、回风口与装饰顶棚相平齐，保证美观大方的格局和协调雅观的装饰。系统中所需的新鲜空气，可采用分散采风形式，将新风口分布在隐蔽于吊顶以上的墙上，利用小断面新风管与吊装空调机组的回风管相接而采集所需的室外新风量。这种方式的最大优点是：可减小新风集中式的大断面风管，有利于降低建筑物的层高，节省建筑空间及投资。保龄球只在投球区设置空调，但设备房散发热量，故要求排风。

网球厅（馆）和面积较大的壁球厅等，选用低噪声可变风量空调机组，并采用变风量低风速单风道系统，利用安装于吊顶上并与之平齐的散流器向厅内输送冷（热）风。该系统可采用单层可调百叶回风口并直接装设在机房立面墙壁内作为侧回风，也可采用将回风口装设于吊顶板上作为上回风，或采用格栅回风口装于地板上作为下回风均可。回风口形状与颜色应与装饰相协调，并保证安装回风口部位的墙面、顶棚或地板的美观平整。这种系统调节风量的方法有多种，可在宾客较少的非峰值负荷时减少送风量，从而可大大节省动力消耗。据检测，当运行风量减至设计风量的 50％时，运行电流约减少 25.6％，因而全年空调运行消耗的电力比定风量方式小得多。如送风面积大或房间多，设计时可将变风量系统分为两个或数个系统，以使控制更灵活，调节更方便，节能效果更显著。

康乐中心的电梯机房，因设备发热量较大和机房尾面受太阳辐射热的影响，致使室温较高，但设立中央空调又因受到系统膨胀水箱安装高度的限制，以致不能实现集中供冷。在此情况下可设计为分体立式空调机组的局部空调方式。

为了保持空气平衡，在设置新风的同时，应设置排风系统，以保证在房门关闭时新风顺利送入。桑拿浴、蒸汽浴室、更衣室、卫生间等房间，宜设计独立的排风系统，并保持室内负压，以免气味互相串入。

（4）康乐中心空调水系统设计　空调水系统一般采用两管制，分别由设在制冷站内的冷水机组供冷，由设在锅炉房内的热水锅炉或蒸汽锅炉所产生的蒸汽通过汽水热交换器转换为热水向系统供热，也可采用直燃式双效溴化锂吸收式冷热水机组进行夏供冷、冬供热。夏供冷、冬供热是通过制冷站内分水器、集水器上的转换开关来实现换向，以转换冷、热媒供给的。冷冻水的进出口水温为7/12℃，热水的供回水水温为 60/50℃。水系统最好采用双管同程式，以保证其水力运行工况稳定可靠、冷热均匀。带有补充水管和水位控制的膨胀水箱一般安装于屋顶上，这样可保证水系统始终能满流运行。在空调水系统每层管道的末端设备上均需装设自动排气阀，以便随时自动把系统中分离出来的空气排净，保证管道系统中水力工况在满流状况下运行。位于水力系统上的空调末端设备最好由三通双位控制阀控制，这样可避免低负荷时的压力积聚，能保证系统的安全运行。

5.2 商场建筑空调设计特点

商场又称百货公司、百货大楼或购物中心等，是人员众多的公共场所，商场经营的商品种类繁多，而且具有很大的随意性。有的商场还设有餐饮、娱乐、休闲、游戏设施等。商场内的温度、相对湿度、清洁度和新鲜空气量等对顾客和营业人员都有很大的影响。因此，百货商场的空调设计，除了要满足广大顾客的购物要求外，还应照顾到长期在商场内工作的职工要求。为了改善购物环境，提高商业经济效益，空调设施越来越被商业部门重视。

5.2.1 百货商场建筑的特点

① 空间较大、货柜和陈列摆设多样、人流众多，要合理安排顾客流动路线和货物进出路线，避免交错混杂。

② 根据商品特性安排营业部位，贵重商品一般设在楼上，日用商品设在最方便的地方，笨重商品多安排在底层或地下一层。

③ 有些商场、商店和其他用途的建筑组合在一起，或附设在某些建筑之中。如大型购物中心，不仅有百货商场，而且还有自助食堂、快餐厅、冷饮厅、电影院、游乐场、美容院、儿童乐园、游泳池和展览厅等活动内容的建筑。目前很多旅馆、车站、航空港等处，均开辟了很多商场、商店，有的还附带饮食店、食品商场等。

④ 营业大厅要求宽敞，且有良好的通风、采光设施，对大中型商场还应设置通风空调。柜台平面布置应有较大的灵活性，以适应经营商品变换的需要。

⑤ 因人流集中，应特别注意安全消防措施等。

商场和一般建筑有相同之处，但也有很多特殊性的地方，如商场由于人流众多，照射商品的灯光较强，因此在冷、热负荷计算方面，人体发热和灯光负荷成为主要考虑的因素。并且很多商场的柜台、货架或店铺开间组合，有时要重新划分或重新布置，经营商品也会有新的变换，这就要求空调系统和风口布置要适应这些变化等。

因此，设计百货商场暖通空调系统，选择冷、热源和布置送、回风口时，必须充分考虑到商场的这些特点，进行合理设计。

5.2.2 商场空调设计的特殊性问题

① 在售货场陈列的商品是多种多样的，商品的种类变化和商场形式的变换也是较多的，而商场人员的密度和照明负荷也有很大差别，所以空调方式和设备也应具有各种灵活性以适应各种要求。

② 综合性的商场，有时有饮食店、各种商店、文化娱乐中心等，应根据一般售货情况和特点，不同的营业时间划分空调通风系统和设置通风换气装置。

③ 对于特殊售货场，举办展销物品的会场等，在冬季有的地方也要降温。也就是在南方地区，冬季有可能要进行制冷，在北方地区，可以进入大量室外冷风以达到降温目的。另外当室内人员比较多的时候要考虑进入充分的新鲜空气量，同时在春秋季也希望能够用室外新风用作商场内制冷降温。

④ 商场办公室一般设置在商场外面的较多，由于其空调时间和一般售货场不同，必须

考虑另外的系统，通常采用风机盘管系统。

⑤ 为防止从主要进出口侵入的室外空气，商业建筑物在冬季应设置热风幕，以防止冷风从大门侵入室内；夏季多采用普通空气幕（又称气帘）。

⑥ 由于商业建筑人员频繁进出，而且易燃物品也较多，对高层商业建筑和封闭性的地下商场等应配置排烟等防火设备。

⑦ 有采暖要求的地区，商场的周边区域内区的系统应分开设置，以便可以同时实现内区供冷、周边区供热，夜间用周边区系统采暖维持室内一定温度。特别是一些寒冷地区，最好在周边区增设一套热水采暖系统，做夜晚值班采暖和白天对周边区补充供热用。

5.2.3 室内空调设计计算参数

百货商场内温度、相对湿度的选取，需要考虑到人们的衣着及生活习惯，室内、外温差等因素。当室内温、湿度能满足顾客要求时，一般也可以满足商场营业人员的要求，但新风量的选取，应多考虑营业员的要求，因为他们长时期在商场内工作。根据我国的设计及有关标准规定，商场夏季的室内参数定在气温 24～28℃，相对湿度定在 40%～65%。目前商场空调系统大多采用全空气系统，为了节能实际上夏季蒸汽或热水锅炉不运行，故都不设再热器，而采用露点送风方案。实测表明，国内大中型商场夏季室内相对湿度达不到设计要求，一般为 70%～85%，其原因是商场室内冷负荷中人员占了相当大的比例（约 60%～90%），导致室内的热湿比很小，这时，用常规的空调设备已无法处理到所要求的送风状态点，致使室内空气状态点向湿度增大的方向移动。如果室内相对湿度在 70%～80%，而温度在27～28℃，就会使人感觉不舒服。为此需降低室温，如降低到 25℃以下，以改善室内的热舒适状态。百货商场室内空调设计计算参数可按表 5.7 选取。

表 5.7 百货商场空调设计计算参数

客房级别	夏季			冬季			新风量/[m³/(人·h)]	空气含尘浓度/(mg/m³)
	温度/℃	相对湿度/%	风速/(m/s)	温度/℃	相对湿度/%	风速/(m/s)		
较高标准	26～28	55～65	0.25	18～20	40～50	0.15	85～15	0.15
一般标准	27～29	55～5	0.25	15～18	30～40	0.15	85～15	0.15

对于旅游建筑内的商场或外宾友谊商场，空调设计计算参数如表 5.8 所示。

表 5.8 旅馆内百货商场空调设计计算参数

客房级别	夏季			冬季			新风量/[m³/(人·h)]	空气含尘浓度/(mg/m³)
	温度/℃	相对湿度/%	风速/(m/s)	温度/℃	相对湿度/%	风速/(m/s)		
一级	24	65	0.25	23	40	0.15	18	55
二级	25			22			10	
三级	26			20			9	
四级	27			20			9	

5.2.4 空调负荷

（1）百货商场夏季空调负荷　主要包括：人体散热、照明散热、建筑传热、新风负荷及自动扶梯的动力和实际运行的机器发热等。

百货商场的室内发热包括人体、照明，人体发热的负荷计算法详见有关手册。关于百货商场的照明负荷的详细要求，应根据建设单位（业主）和电气工程师的要求确定。灯光照明负荷一般是不均匀的，当无具体灯光功率分布的数据时，一般也可参考表 5.9，按表 5.10 进行估算。也可按如下值选取：一般营业厅平均为 20～40W/m^2；珠宝金银首饰部或需要特殊展示商品的区域平均约为 60～80W/m^2，这里的照明水平一般较高，有时可达到 220W/m^2；休息区、接待处、洗手间等平均为 20W/m^2。

表 5.9 百货商场的照明负荷

建筑物层数	照明负荷/(W/m^2)	备注
一层、地下层	40～50	表内数字中较大者代表标准较高的商场
标准层	35～50	
最上层	35～40	

表 5.10 其他负荷

类别	负荷
商品陈列柜	7～10W/m^2
自动扶梯	7.5～11kW/台

如果不能从建设单位（业主）或建筑师处获得较确切的人员密度指标时，可参考下面的估算数字。对人员集中的火车站、港口以及繁华商业区的商场，人员密度可在表 5.11 的基础上增加 20%～50%后使用。

表 5.11 人员密度估算表

楼层或营业厅情况	人员密度/(人/m^2)	备注
一层	1.5	有自动扶梯的商场取最大值
标准层	0.5～1.0	
地下层	1.0	
特殊售货场	2.0	
食品、冷饮	1.0	
奢侈品售货场	0.3	

商场人流是计算人体散热和新风负荷的重要依据，影响人流的主要因素有以下几种。

① 经营商品的品种和所在楼层。一般商场是根据商品的特性安排营业位置，贵重商品、文具、文艺类多设在楼上，日用商品多设在购物方便的底层或低层，人流相应多一些。

② 商场所在城市、地域。对于大城市里繁华地域的百货商场，人流会多一些。

③ 商场规模和档次。对规模大、品种多、购物环境好的商场，人流也会多一些。目前，对商场人流的统计资料还不够完善，现将有关资料所介绍的商场人流数据列于表 5.12。

表 5.12 百货商场人流分布/(人/m^2)

商场类型	市中心大型商场	城市中型商场	中、小城市商场
一层	1～1.5	0.8～1.2	0.6～1.2
二层	0.8～1.2	0.6～1.0	0.5～1.0
三层及以上	0.5～1.0	0.4～0.8	0.4～0.6

在初步设计阶段缺乏空调负荷等基础资料时，可以根据工程的具体情况，对各类负荷进行分析后按负荷指标选取。室外新风负荷的确定：百货商场由于室内人员密度比较大，必须有充分的室外新风。根据有关规范，按每人 8.5～15m^3/h 进行计算。人流密度的估算可按大城市商场人流密度 0.7～1.2 人/m^2；中小城市 0.2～0.7 人/m^2 确定。

商场的发热设备主要有自动扶梯、食品冷藏柜。自动扶梯为 7.5～11kW/台。食品冷藏陈列柜有封闭式和敞开式两类。自选商场中通常是敞开式的，这类陈列柜有卧式和立式（又多层隔板）两种。陈列柜中所带制冷设备的容量与开口面积、柜内温度、柜的形式等有关。无确切资料时，敞开式陈列柜形成的冷负荷可取如下数值：冷却物陈列柜（0℃左右）卧式约为 190W/m（按每米柜长计），立式约为 650W/m；冻结物陈列柜（－18～－12℃）卧式约为 300W/m，立式约为 1400W/m。

（2）空调负荷的概算值　百货商场建筑在方案设计阶段，往往需要粗估空调负荷的供冷量。有条件时，应尽量根据具体资料进行计算；当无计算条件时，可参照表 5.13 进行估算。

表 5.13　空调制冷负荷的概算值

建筑物名称（百货商场）	普通空调系统 /(W/m^2)	声能空调系统 /(W/m^2)	换气次数 /(次/h)	荧光灯照明 /(W/m^2)
全部有空调的面积	209～244	175～198	6～9	40
一层	279～314	233～256		
二层以上	186～238	151～186		

由于百货商场空调制冷负荷与该商场建筑物大小、结构、形状、地区和所处的地段等因素有很大关系，故表 5.13 中给出的数值有上、下幅度，对闹市繁华区应取上限值。

日本曾对百货楼建筑冷负荷进行过统计分析，经回归整理后的建筑面积和冷源装机容量关系式如下。

制冷设备容量　$R=0.143F$

式中　R——制冷设备容量，kW；

F——建筑面积，m^2。

日本商场客流量比我国商场客流量少，故每平方米冷负荷较我国少。

对噪声的要求：百货商场人多，环境噪声比较大，所以对一般营业厅的噪声级 NC50～55(dB) 没有问题，对特殊要求的应根据不同情况提出：如乐器商店、珠宝店、美术商店、书店可按允许噪声级 NC35～45(dB)，要求稍高的高档商场允许噪声级 NC40～50(dB)。

5.2.5 空调方式

百货商场采用集中空调方式的很多，且各种形式并存。主要体现在空气处理设备的选型。

（1）组合式空调器　组合式空调器应根据使用功能进行组合，百货商场选用的组合式空调器，一般设有混合段、过滤段、换热段、风机段和消声段等功能段。

组合式空调器空调系统处理风量大，一个系统可以负担 1000m^2 左右的空调面积，而且功能齐全，新风量可以控制。在过渡季节，可以充分利用室外空气自然冷源，达到节约能量、改善室内空气品质的目的。另外，管理也比较方便。但是，在工程应用中，往往是由于它投资多，占地面积和风管占用空间大，选用受到了一定的限制。

(2) 风柜　风柜分为卧式和立式两种。具有设备简单、紧凑，处理风量比组合式空调器小等特点。一般是 2000～15000m^3/h 左右，系统相应比较小，但使用灵活。卧式、吊顶式风柜可以吊装在楼板下的吊顶内，不占用建筑面积，投资较省，设计布置简单，对于中、小型商场用得比较多。但是，吊顶式风柜维护管理很不方便，譬如清洗过滤器，需要在高空吊顶内工作，存在着漏水的可能性，尤其是凝结水排水管容易漏水，需要设计独立的新风系统。另外，噪声也比较大，如果选用立式风柜，可以克服维护管理不方便、容易漏水等问题，但需要增加设备安装的建筑面积。

(3) 风机盘管　风机盘管处理能力小，对于商场需要的设备台数多，维修工作量大，漏水的可能性也大，需要设置独立的新风系统。一般来说，风机盘管不适宜用于大面积的商场建筑，只有当建筑层高很低，布置设备、风管有困难，或者有其他特殊要求时才被采用。

百货商场空调气流组织以上送下回、侧送下回和上送上回形式为多，送、回风形式与建筑装修、建筑允许空间等因素有关，同时还与空气处理设备选型有关。如选用卧式吊顶风柜时，为了布置方便，通常采用上送上回气流形式。当选用立式风柜时，则多采用上送下回气流形式。采用组合式空调器时，还可采用管道式回风。应当指出，当建筑层高较高时，冬季空调所送热风具有浮升力，容易造成上部空间过热，而下部温度偏低现象。上送下回形式有利于冬季室内空气温度的均匀分布，同时商场内人流多，容易产生灰尘，下部回风，可以使地面灰尘不通过人的呼吸区而从下面排走。商场的一个特点是货柜密布，自然通风条件差，在过渡季节室外气温还不是很高时，由于室内人员多，照明强度大，当设计不周时，不得不提前供冷。因此，过渡季节，充分利用室外新风自然能源降温是商场节约能耗的有效措施。

(4) 过滤器　国内商场，由于客流量大，多数商场的室内空气的含尘浓度、浮菌浓度都超标。实测表明，机械进排风系统运行条件下，商场内的含尘浓度高达 $3mg/m^3$，为允许浓度的 20 倍，浮菌浓度高出室外 7～24 倍。为改善商场空气品质，空调系统应设有初、中效两级过滤，第一级初效过滤器的大气尘计数效率大于 50%，第二级中效过滤器的大气尘计数效率为 70%～90%。

5.3 影剧院建筑空调设计特点

影剧院是综合性的现代艺术娱乐场所，观众厅和舞台是影剧院的建筑主体，是观众和演员停留和活动的场所。影剧院建筑的主要特点是：观众厅面积大、空间高、人员多而集中，舞台的空间高，有复杂的布景和灯具等，还要求适应不同艺术、不同季节的使用需要。因而，给空调设计带来了一系列复杂问题。

5.3.1 室内空调设计计算参数

(1) 影剧院室内空气设计参数的确定应综合考虑下列因素

① 人体能满足舒适感要求的空气温度、相对湿度、气流速度的不同组合；

② 考虑影剧院（级别）标准和建筑设计装修标准，见表 5.14；

表 5.14 电影院分项标准

等级	甲等	乙等	丙等
耐久年限	一级	二级	二、三级
耐火等级(不低于)	二级	二级	三级
环境功能	高级	中级	中级至普通
装修	高级	中级	中级至普通
暖通设备	高级(空调)	中级(采暖、机械通风或空调)	普通(采暖、机械通风或自然通风)
卫生设备	高级	中级	普通
座椅	软椅	软、硬椅	硬椅
视听条件	根据等级及规模,分别规定相应的极限及推荐值		

③ 人体的舒适感觉;

④ 室内、外温差及人们的生活习惯;

⑤ 工程投资情况。

(2) 影剧院是人们短时间停留的场所，空调设计应结合使用特点，不要盲目套用国外数据或不顾国情而盲目追求高标准。

① 电影院空调室内设计参数，见表 5.15。

表 5.15 电影院空调室内设计计算参数

参数名称	夏 季	冬 季
温度/℃	26～29	14～18
相对湿度/%	55～70	≥30
平均风速/(m/s)	0.3～0.7	0.2～0.3

注：夏季采用天然冷源降温时，室内设计温度应低于 30℃

② 剧场空调室内设计计算参数，见表 5.16。

表 5.16 剧场空调室内设计计算参数

参数名称	夏 季	冬 季
温度/℃	25～28	16～20
相对湿度/%	50～70	≥30
平均风速/(m/s)	0.2～0.5	0.2～0.3

注：夏季采用天然冷源降温时，室内设计温度应低于 30℃

③ 空调房间室内计算参数规定，见表 5.17。

表 5.17 空调房间室内计算参数规定

建筑物	夏季					冬季				
	高级		一般		空气平均流速/(m/s)	高级		一般		空气平均流速/(m/s)
	t/℃	Ψ/%	t/℃	Ψ/%		t/℃	Ψ/%	t/℃	Ψ/%	
人短时间停留场所、文化设施(演出、集会、博览、电影院)	26～28	65～55	27～29	65～55	0.3～0.5	18～20	≥35%	16～18	—	0.2～0.3

④ 我国某些影剧院工程实例之室内空气参数，见表 5.18。

⑤ 国外采用空调室内设计参数情况规定:

表 5.18 我国某些影剧院工程实例之室内空气参数

影剧院名称		夏季			冬季		
		温度/℃	相对湿度/%	空气流速/(m/s)	温度/℃	相对湿度/%	空气流速/(m/s)
中国剧院	观众厅	26～28	50～60	0.5	16～18		
	舞台	26～28	50～60	0.3	16～18		
北京展览馆剧院		26～27	60		18		
锦城艺术宫		26～28	40～65		18～20	40～65	
新疆人民会堂	观众厅	27	55		16	55	
	舞台	25	55		20	55	
上海大光明电影院		26	60				
杭州剧院	观众厅	26±2	60～70	≤0.4	16～18	40～60	≤0.4
	舞台	24±2	50～60		18～20	40～60	
南宁剧院	观众厅	27	55～60		20～22	55	
	舞台	27	55～60		20～22	55	
漓江剧院	观众厅	27	55～60		18～20	55	
	舞台	27	55～60		18～20	55	
友谊剧院		27	60				
武汉歌剧院		26	60				
山城宽银幕电影院		28	70	0.3			

美国按美国供暖、制冷、空调工程师协会（ASHRAE）给出的等效温、湿度舒适图所推荐的范围确定：舒适区的范围大致为干球温度 24～26℃，相对湿度 30%～60%。但考虑到剧场、影院等夏季观众衣着单薄，所以选择舒适区偏热的范围（室温较高）。而冬季衣着较保暖，室温则偏低些。

考虑空气流速的影响，当轻薄衣着、静坐时，干球温度 27℃，流速 0.2m/s，或干球温度 28℃，流速 0.5m/s，均为舒适条件。当中等衣着（正常衬衣和普通西服）时，干球温度 24℃，流速 0.6m/s 时为舒适条件。

英国对 20 世纪 60 年代建成的一些剧场等场所的调查统计，空调室内空气参数为，夏季干球温度 21.1～23.9℃，湿球温度 15.6～17.2℃；冬季干球温度 16.7～21.1℃，湿球温度 13.3～14.4℃。

日本则多采用夏季干球温度 26℃、相对湿度 55%～60%；冬季温度 20℃、相对湿度 50%。

为了节能，近年国外也都在修改标准，如美、英、日等国对室内空调设计参数提出了限制。以夏季室温 26℃、相对湿度 65%，冬季室温 20℃、相对湿度 40%作为空调供冷和供热的最高标准。一般夏季将室温由 26℃提高到 27℃，冬季由 24℃降到 21℃，可使空调系统冷热负荷各减少 10%左右。

5.3.2 空调负荷

（1）影剧院空调负荷的特点 电影院、剧场空调夏季冷负荷，冬季热负荷与其他类型的民用建筑、公共建筑有其不同的特点。

① 影剧院一般都是非全天非连续使用的，或间断使用或集中在部分时间使用。观众厅演出时间每场只有1～2h或2～3h，门厅、休息厅观众停留时间则更短。

② 影剧院主要房间（观众厅、休息厅等）是人员密集的场所，人体湿负荷较大，总热负荷中潜热负荷较大时，热湿比较小。因而当室温较低时，可以减少潜热量，从而降低或不要再热（夏季），有利于节能。反之，潜热负荷大，热湿比小，空气处理过程的机器露点低，因此就产生了再热的必要。

③ 影剧院观众厅往往被包围在其他附属房间之间，温差传热量和太阳辐射得热量很小。并且，因建筑声学处理的需要，墙壁、顶棚等大量使用吸声材料，这就使这种围护结构的隔热性能非常好，更加减少了建筑围护结构传热的冷热负荷。

④ 冬季由于室内发热量大（人体、照明等），建筑耗热量小，所以有可能非但不需送热风，还可能需送冷风，甚至需要制冷。

⑤ 观众厅一般照明负荷比较小，每平方米建筑面积约5～10W。电影院只需在开映前或散场时才开灯照明，这部分负荷更小，映出时间则全部关闭，国内一般电影院观众厅不计入照明负荷。

⑥ 剧场舞台灯光发热则是主要负荷，不但负荷大且变化大。设计时应设法在灯具附近排风，灯光负荷的40%～60%可以忽略不计。

⑦ 高大空间的观众厅，地面前低后高，室内温度分布也是前低后高，特别是冬季更为明显。在垂直方向上也有较大的温度梯度，下部温度低，上部温度高，靠近顶棚形成稳定的高温空气层，这就是温度分层现象。这一现象在一定程度上减轻了夏季冷负荷。

⑧ 由于观众厅、休息厅等人员密集，为满足卫生要求所需新风量大，因而新风负荷大，常可达空调总冷负荷的30%左右。

（2）影剧院空调负荷计算　影剧院夏季空调负荷包括有：人体散热、照明散热、建筑传热及新风负荷。

影剧院属非连续性使用的建筑，而且每次使用时间不长，观众厅内人员多，热、湿负荷比较大，但照明负荷可以少考虑。舞台演出时，照明负荷比较大，应该按最大照明负荷考虑。

影剧院属于比较定型的建筑，在空调负荷计算中，相对而言，不定因素比较多，计算需要的主要基础资料基本具备，空调负荷应通过计算确定。在初步设计阶段资料不齐全时，可按负荷指标估算，待施工图阶段时再进行计算，空调负荷冷指标介绍如下。

① 单位建筑面积冷负荷

影剧院：290～380W/m^2；

电影院：256～349W/m^2。

② 单位座位（人）冷负荷

影剧院：244～349 W/人；

电影院：232～290 W/人。

5.3.3 最小新风量

空调房间需要供给新风以冲淡CO_2和臭气。新风量的多少对空调系统的造价和能量消耗影响很大。影剧院等人员密集的场所，新风耗冷量可达总耗冷量的30%，所以在满足卫生要求的前提下应尽量减少设计新风量。

新风量的采用主要按控制 CO_2 浓度及冲淡臭气而定。影剧院 CO_2 来源于人体，人体维持生命运动和一定的体温需要消耗能量，这些能量来源于食物的代谢过程，同时产生 CO_2 和水，并排出体外。CO_2 的产生量与人的活动强度、食物种类、体表面积等有关。体表面积又随性别、年龄、人种等而异。成年男性静坐时发生量为 13.9L/(人·h)，极轻微的活动时 CO_2 产生量为 17.1L/(人·h)，如室内外 CO_2 浓度分别为 0.25%及 0.03%，依此计算的每人需新风量为 6.3 m^3/(人·h) 及 7.8m^3/(人·h)。

过去曾普遍规定一般空调房间每人最小新风量为 30 m^3/(人·h)。然而考虑到影剧院观众厅等场所人员密集，停留时间较短，为了节能而降低新风量标准，如果设备只是在短时间使用，则上述新风量可稍稍降低，在两次演出之间进行稀释。英国对允许吸烟的影剧院采用新风量为 14 ～29/(人·h)，不允许吸烟的影剧院采用 9 ～17m^3/(人·h)。

国内影剧院及集会场所新风量取用标准也各有不同。如广州中山纪念堂为 12.5m^3/(人·h)，上海人民剧场为 8m^3/(人·h)，福州人民剧场为 14.9m^3/(人·h)，成都锦城艺术宫为 10m^3/(人·h) 等，一般约在 7 ～15 m^3/(人·h) 范围内。

5.3.4 空调方式

影剧院属高大空间建筑，观众厅地面有一定坡度，并且一般在后部设有楼座，而舞台空间高、跨距大，布景幕布比较多，风管和送风口布置比较困难。

(1) 观众厅　观众厅空调冷负荷和送风量大，空气处理设备通常选用组合式空调器，观众处于静坐状态，送风不可直接吹向人群。建筑空间高，冬季送热风时，由于热气流浮升会形成较大的温度梯度而造成上热、下冷，气流组织一般有以下几种形式。

① 上送下回　上送下回是观众厅常用的气流形式，送风管道布置在上部吊顶内，送风口设在吊顶上，回风口设在观众厅的下部侧墙上或观众座位下面，上送下回气流形式，送风气流分布均匀，但冬季室内空气温度竖向不够均匀，有楼座时，楼上温度容易过热。有条件时，楼下和楼上宜分别设系统，便于调节。

② 喷口后送，同侧下回　送风口设在观众席的后墙上且水平向下倾，朝舞台方向送风，回风经观众区至设在后墙下侧的回风口，观众厅处于回风气流中，速度场比较均匀。喷口出口风速取 4～10m/s 时，气流射程可达 25～30m。冬季送热风时，仍存在热气流浮升问题，这种气流形式，风管布置简单，但应防止气流噪声对后部观众的影响。

③ 下送上回　送风口设在观众厅的座位下，从下部送风，回风口设在上部吊顶上或侧墙上方，送风首先进入观众区，温度场比较均匀，冬季观众区的温度可得到有效的保证，但应避免送风速度过大和直接吹向观众。这种系统节能效果良好，也可以从大厅上部高温区进行排风，而达到进一步节能的目的。

④ 侧送侧回　从观众厅两侧墙上方侧送风，在同侧的下方回风，观众厅处于回风气流中，风管布置简单，投资省，适合于小型影剧院。

(2) 舞台　剧场舞台空间大，主台高度可达 18m 以上，台宽接近于观众厅的宽度，台深可超过 10m 以上，台上布景重叠，形式各异，不允许气流吹动，灯具多，散热量大，而且不稳定。另外，要求室内温度使用范围大。

国内一些工程设计常用的气流形式介绍如下。

① 舞台两侧天桥下布置送风管，向下或倾向舞台中心送风，两侧墙下方回风，送风气

流应避开侧幕。

② 前台天桥下布置送风管，向台中心部位送风，侧墙下方回风。侧面天桥和前台天桥下均布置送风管同时送风，侧墙下方回风。

剧场演出艺术形式多，有许多类型演出，如音乐会、话剧等。对室内噪声要求高。因此，空调系统应设计消声装置。

5.4 体育建筑空调设计特点

体育建筑是作为体育竞技、体育教学、体育娱乐和体育锻炼活动之用的建筑物，是城市的主要公共建筑之一。

体育建筑包括：室外体育场和室内体育馆两大部分。室内体育馆一般由比赛大厅、训练馆、休息厅及辅助性房间组成。比赛大厅又包括比赛区和观众席。

一座现代化的体育馆，不仅要求建筑体形美观，体育设施齐全，而且要求室内有较舒适的热、湿环境。比赛区还要满足各类比赛项目的特殊要求。因此，暖通空调在体育馆建筑中具有十分重要的地位。

5.4.1 体育建筑空调特点

体育建筑除了一般舒适性空调的共性外，由其性质决定，具有下列特点。

① 特级和甲级体育馆要承担奥运会和单项国际比赛的任务（体育建筑等级分类见表5.19），由于其重要性和观众人数很多，应设全年使用的空调装置。乙级也承担比较重要的比赛，观众人数也较多，比赛时间以夏秋为主，根据我国的气候，夏季必须设空气调节装置才能达到室内参数要求。游泳馆的室内参数一般需要空调装置才能达到冬夏要求，因此要求乙级以上的游泳馆设全年使用的空气调节装置。因馆内人数多，当布设空调装置时，也应进行通风，为室内提供新鲜空气，排除室内异味和空气。

表 5.19 体育建筑等级分类

等级	主要使用要求	等级	主要使用要求
特级	举办亚运会、奥运会及世界级比赛主场	乙级	举办地区性和全国单项比赛
甲级	举办全国性和单项国际比赛	丙级	举办地方性、群众性运动会

② 体育建筑的容积约在10000m^{2}以上，顶棚高度均在10m以上，属于高大空间建筑。室内观众和照明等产生热量向上升，在顶棚下形成热空气层，至少要有10%～20%空调风量排至室外，因此，空调所需的风量较大。

③ 室内热、湿负荷较大，且主要是照明和人员负荷。如比赛大厅的照明负荷在比赛时，中小型体育馆的比赛场地为50～70W/m^2，大型体育馆可达100～200W/m^2。比赛大厅总的冷负荷可达230～580W/ m^2。

④ 由于容纳观众数很多，新鲜空气量和送风量均比一般建筑大，才能满足卫生条件。

⑤ 由于建筑本身特征，一般为轻型结构，窗墙比大，要特别注意围护结构表面结露的问题，尤其是屋顶和窗，必须采取保温措施。室内游泳馆、冰球馆更应注意结露问题。

⑥ 比赛大厅一年四季都有余热量，除了在冬季空场预热时送热风外，满场时也需送冷风或等温风。春秋季时，要考虑100%利用新风的可能性。

⑦ 观众区和比赛区的要求不同，如观众区只要保证舒适性条件，而比赛区要满足体育项目要求的温度、湿度和风速。

5.4.2 体育建筑空调设计要点

根据体育建筑类型和特点，结合具体对象进行空调设计时应综合考虑：

① 建筑体形与规模；

② 容纳观众的数量；

③ 使用功能；

④ 对环境条件的要求等因素。

以便采取相应的采暖通风和空调方案与措施，满足各类体育建筑的各种功能需要。为此，体育建筑空调设计要点为：

① 室内空调设计参数的确定；

② 空调系统划分原则；

③ 室内气流组织方式与设计计算方法；

④ 冷热负荷的特点与考虑（包括冷热源选择）；

⑤ 节能与热回收；

⑥ 对围护结构的要求；

⑦ 防火与排烟；

⑧ 消声与隔振等。

这里主要讨论几个共性问题，如室内设计参数、气流组织形式与设计计算、系统划分和热回收装置与设计选择计算等。

（1）空调设计室内温度、相对湿度和风速计算参数 体育建筑的空调属于舒适性空调范畴，目前我国对体育建筑的空调设计参数尚无统一标准和规定，因此，只能按卫生标准和比赛项目的要求，参照国外标准规范和手册的规定，结合我国实际情况和已建成的体育馆的经验，由设计人员加以确定。待体育建筑空调设计规范制定批准后，应按规范要求执行。由于室内设计参数直接影响到能源消耗、一次投资、运转费用、比赛成绩以及人们舒适与健康，因此，正确地选择所采用的室内空调设计参数，是空调设计好坏的先决条件。

① 体育馆比赛大厅的设计温、湿度是根据我国多年来的使用情况确定的，这样的温度条件能够满足全国各地的要求。

② 游泳池池区的温度是根据水文条件来确定的。国际泳联对水温有明确的要求，并要求空气温度最少比池水温度高 2℃，因为人体刚出水面时，温度太低会有寒冷感，温度太高则建筑热损失增大。观众区夏季 27～28℃时，因游泳池厅内相对湿度较大，观众会产生闷热感，若温、湿度均取下限值附近，则可以满足要求；但观众区与池区温、湿度相差较大时，空调系统的气流组织设计难度很大，因此观众区冬季温度取值可偏高。设计者应根据工程的重要程度进行设计参数的选取。

③ 游泳池的相对湿度。相对湿度过高，则使冬季维护结构表面易结露，相对湿度过低，会加速刚出水面的游泳者皮肤表面水的蒸发，使之产生寒冷感。一般为 60%±10%较合适。为减少除湿的通风量可取 60%～70%，但不应超过 75%。

④ 风速。根据我国多年的使用经验，场地内风速小于 0.2m/s 时，已不影响乒乓球和羽毛球的正常比赛，而且现在乒乓球的体积和重量均比以前增大，应更无问题。如果根据比

赛时的现场条件，需停止空调送风，则再停止送风也无妨。

根据国内一些工程设计统计，多功能室内体育馆空调设计计算参数推荐值列于表 5.20。

现将一些国家和我国的体育馆采用的室内温度、相对湿度和风速分别列于表 5.21 和表 5.22。

表 5.20 多功能体育馆空调设计计算参数

客房级别	夏季			冬季			新风量/[m³/(人·h)]	空气含尘浓度/(mg/m³)
	温度/℃	相对湿度/%	风速/(m/s)	温度/℃	相对湿度/%	风速/(m/s)		
观众区	26～28	60～65	0.3	18～20	35～50	0.15	30～40	0.15
比赛区	28	60～65		18	35～50			

表 5.21 一些国家采用的室内设计参数

国别		室内设计参数			备注
		温度/℃	相对湿度/%	空气流速/(m/s)	
美国	夏季	23.9～25.6	50～55	0.2～0.25	乒乓球、羽毛球等比赛时要求在 0.15m/s
	冬季	18～20	35～55	0.2～0.25	
俄罗斯	夏季	22～23	55	0.2～0.25	
	冬季	19～21	35～55	0.1～0.15	
日本	夏季	26～27	40～60	0.1～0.2	
	冬季	20～22	40 左右	0.1～0.2	

表 5.22 我国建成的体育馆采用的室内设计参数

体育馆名称		室内设计参数			备注
		温度/℃	相对湿度/%	空气流速/(m/s)	
北京工人体育馆	夏季	28	65	0.2～0.5	乒乓球、羽毛球等小球比赛时≤0.2m/s
首都体育馆	冬季	18～20	35～55	0.16	
北京月坛(地坛)体育馆	夏季	26	60	0.2～0.5	
	冬季	18			
上海体育馆	夏季	27	50±5	0.2	冬季不送热风
	冬季	15～18			
江苏省体育馆	夏季	28	60	0.2～0.5	冬季不送暖风
山东省体育馆	夏季	27	55	小球风速≤0.2m/s	
陕西省体育馆	夏季	27	55	小球风速≤0.2m/s	
河北省体育馆	夏季	27	55	0.2～0.5	
	冬季	16			
浙江省体育馆	夏季	28	65	0.2 左右	冬季不送热风
深圳体育馆	夏季	25～26	55	0.2～0.5	冬季无加热
	冬季	18～20	50	0.2～0.5	
湖北体育馆	夏季	28	60	0.1～0.2	
建议采用	夏季	26～28	55～65	≤0.5	小球比赛时≤0.2m/s
	冬季	16～18	35～50	≤0.2	

表 5.21 和表 5.22 比较，在夏季，国外设计温度比国内低，在冬季，国外设计温度比国内高。分析其原因，主要是我国夏季气候炎热，如温度太低，室内外温差太大，人体不舒适，同时也不经济。而在冬季，人们穿衣较厚，我国有些地区本来就不采暖，因此，保持在

16℃左右已感到舒适。根据有关资料分析计算，夏季室内计算温度由26℃提高到28℃，冷负荷可减少21%～23%，冬季由22℃降为20℃，则热负荷可以减少26%～31%。

关于室内风速，比赛场地与观众看台是不相同的。对于比赛场地，在进行小球如羽毛球、乒乓球、冰球等比赛时，其风速不得大于0.2m/s（国外有的资料提出0.15m/s）。因为小球质量轻，一个乒乓球只有2.5g，如果风速太大，则会影响球路；而羽毛球比赛时，工作区高度要在离地10～11m范围内，其风速都不能超过0.2m/s，当进行其他球类比赛时，比赛场地风速可以加大，甚至为0.5m/s左右，也不会有影响。对于观众看台，根据舒适性要求，一般在0.15～0.3m，冬季取下限值，夏季可取上限值。

不同比赛项目对室内风速有不同的要求，但是多功能体育馆内往往要进行多种球类的比赛，冬季和夏季一般又是共同一套空调系统。为此，室内设计风速宜按要求最高的选取。

（2）新鲜空气量和换气次数　由于体育馆观众较多，必须保证有足够的新鲜空气量即新风量。最小新风量的数值是考虑观众等人员的卫生要求而定的，按卫生部的规定：室内CO_2的允许浓度为0.15%，与此对应的新风量是30 m^3/(人·h)。鉴于体育馆内人员停留时间较短，因此将CO_2的允许浓度适当提高，以0.15%计算，则对应的新风量是20 m^3/(人·h)。另外，体育馆、游泳馆一般内部空间较大，开赛前场内已充满新鲜空气，因此人均新风量还可适当减少。随着我国对室内空气品质要求的提高，《体育建筑设计规范》JGJ 31—2003将过去设计中经常采用的最小新风量由过去的10m^3/(人·h)提高到15～20m^3/(人·h)，其中特级、甲级体育馆应取上限值，在市内体积大或等级低的体育馆可取下限值。如果空调系统采用较好的过滤装置（如活性炭过滤器等），新风量还可以减少，但应经计算确定。游泳馆与体育馆不同，除满足人员卫生要求外，还应满足除湿所需的通风量。尤其是过渡季节采用通风除湿时，要求的通风量可能比人员所需要的量大，因而设计新风量时可能超过表中的数值。可以适当增加到20～30/(人·h)，甚至可全部采用新风，按此要求折算，新风比大约在30%左右。近几年来的设计也有增大的趋势。目前建设部和国家环保局正在制定室内空气质量的新标准。

关于体育建筑内的换气次数，根据我国暖通空调设计规范规定，高大空间建筑的换气次数小于5L/h左右，送风温差在6～10℃之间。目前我国建成的体育馆的风量都是在31～39m^3/(人·h)，例如：

北京工人体育馆为33m^3/(人·h)

首都体育馆38m^3/(人·h)

上海体育馆31m^3/(人·h)

山东体育馆35m^3/(人·h)

陕西省体育馆39m^3/(人·h)

江苏省体育馆39m^3/(人·h)

因此，一般至少要取风量为33m^3/(人·h)，其换气次数为4～6次/h。

（3）室内噪声标准　由于是公共场所，观众较多，又有比赛，一般要求为NC45～NC50。如果体育馆兼作音乐和文艺演出时，可取低值。

（4）冷热负荷指标　对于体育建筑而言，在比赛时要容纳的观众，可由几千人到万人以上，即观众密度可达2～2.5人/m^2，比赛场地内又有较强的照明，例如大型体育馆比赛时可达100～200W/m^2，中小型体育馆可为50～70W/m^2。因此，在总的冷热负荷中，观众和照明负荷占主要地位，其次是新风负荷，然后为围护结构的负荷，其比重较小，约占总负荷的20%以下。

根据经验估算，一般冷负荷估算指标约在180～470W/m²，热负荷估算指标约在120～180W/m²。由于我国幅员广阔，室外气象条件差别较大，又由于体育馆比赛项目要求不同，观众人数的变化，从节能角度出发，在体育馆空调设计时还需进行负荷计算。

5.4.3 空调方式

(1) 体育馆建筑空气调节系统类型 空气调节系统分类方法很多，一般有下列几种。

① 按空气处理设备的设置分，可分为集中式空调系统、分散式空调系统、半集中式空调系统。

② 按处理空调负荷所输送的介质分，可分为全空气空调系统、空气-水空调系统、全水系统和直接蒸发式系统。

③ 按送风管风速分，可分为低速系统和高速系统两种。低速系统的主风管风速不超过15m/s，高速系统主风管风速大于15m/s。

由于体育建筑比赛大厅的特点即容积大、净空高，人员密度高、热湿负荷和送风量以及新风量大，且间歇使用，因此，一般都采用集中式、定风量、单风道、全空气的低速空调系统（简称集中式空调系统）。集中式空调系统的空气处理设备（过滤、加热、冷却、加湿、风机等）均集中在空调机房内，用低速风道（风速不超过10m/s）输送空气到比赛大厅等需要空调的地方。而体育建筑中其余房间如贵宾室、练习室、休息室、办公室等，可采用整体式空调机或风机盘管组成空气-水系统。

空气处理设备应根据建筑面积、负荷状况进行选型，比赛大厅和观众席一般选用组合式空调器，宜分设系统。训练馆可根据建筑面积大小，选用组合式空调器或风柜。休息室可选用风机盘管或风柜。

集中式空调系统又可分为直流式（全新风）、一次回风，二次回风和全循环的方式。对于多功能体育馆，一般采用一次回风的集中式空调系统，在春秋季要有采用全新风（直流式）的可能性。对于室内游泳馆池厅通风，一般采用直流式系统。

为了管理简便、运行合理，应设置简单的空调自动控制和遥测，如风阀自动调节、空调器机器露点控制，馆内各区温湿度遥测等。

寒冷地区的冬季，空调系统一般在观众入场前用热风进行预热，以补充散热器的不足。观众入场后，由于灯光照明和人体散热，比赛大厅温度会升高，因此只需在比赛进行中以散热器维持场内温度。当后排观众区过热时，空调系统适当运行，送入较低温度的空气，既可以适当降低室内温度，又补充了新风。散热器还可在平时为一般使用功能服务。夜间及无人使用时，可调节或关闭一部分散热器（如某一支路），作为值班采暖用。而且采用散热器采暖，其运行成本较低，使用单位一般乐于接受。

(2) 空调系统划分原则 体育馆空调系统划分原则与一般建筑类似，应根据房间的设计参数、使用性质、热湿负荷状况进行划分。并应遵照下列几点：

① 空调系统要能保证达到所要求的空气温度、相对湿度和风速以及噪声标准；

② 要达到初投资和运行费用较为经济；

③ 空调系统便于管理，运行维护简单；

④ 空调系统不宜过大，便于施工和调试；

⑤ 应将有相同要求的区域或房间划为同一系统，例如体育馆比赛大厅和游泳馆池厅，

一般观众区和比赛区分设若干个空调系统，以保证各区所要求的空调参数。

(3) 体育建筑的空调机房布置

① 空调机房的布置应以管理使用方便、占地面积小、管道布置合理经济为原则。

② 空调机房一般设在地下室或底层，注意隔振和消声措施。由于体育建筑面积和容积大，根据空调系统划分原则，在体育馆比赛大厅内，空调系统应设两个以上。例如，浙江省、江苏省体育馆等均为四套空调系统，首都体育馆和北京工人体育馆均为八套空调系统。

③ 空调机房一般都与制冷机房分开设置。

④ 空调机房的面积和层高应按空调器、风管、风机及其他附属设备情况而定，并要满足各设备安装、检修、操作和测试的需要，层高不宜小于 4m，经常操作的工作面要有不小于 1m 的距离，需检修的设备旁要有不小于 700mm 的检修距离。

⑤ 在体育馆内，为便于过渡季节能够 100％新风运行，比赛间歇休息时间内，能够排除室内污浊空气，宜采用双风机系统或单风机和排风系统，所采用的空调器一般为卧式组装式。

⑥ 空调机房内部的布置与一般舒适性空调系统相同，空调系统设计时，要采取相应的防火排烟措施。

(4) 冷热源选取　由于各地能源结构和自然条件差别较大。采用适合当地的冷热源形式，可以达到节能的目的。在供电条件较好的地区可以电制冷为主；天然气丰富的地区可以直燃型吸收式冷热机组供暖制冷；西部干燥地区可以水蒸发冷却空调降温；靠近江河湖海（和土壤源）的地区可以水源（地源）热泵供暖制冷；等等。为了降低制冷机装机容量或是用低谷电，可以设置蓄冷装置。

5.4.4 体育建筑内气流组织与设计计算

对于一幢现代化的体育建筑，除了完善齐全的体育设施外，必须有良好的空调，特别是比赛大厅的空调是体育建筑空调设计的重点。而室内气流组织又是体育建筑比赛大厅空调设计成败的关键之一，也是体育建筑空调设计方案研究和讨论得最多的问题。因为它不仅直接影响到建筑物内能否达到预期的空调效果，而且还涉及空调设计方案的经济性，即能否节省能量和投资以及运行费用，因此，这是空调设计中必须认真考虑的问题。

(1) 比赛大厅气流组织设计要求　由于体育建筑比赛大厅的空调方式（即送、回风方式）既要满足观众舒适要求，又要适应各种体育项目比赛时要求的环境条件，同时还要结合建筑体形式进行综合考虑。因此，对比赛大厅的气流组织设计要求如下。

① 送风气流能在观众区形成均匀温度场和速度场，无吹风感，并尽量避免脑后风。

② 观众看台上部和下部的温差不能太大，建议不要超过 2℃。

③ 送风气流要满足比赛场地各种体育项目比赛的要求，例如小球比赛时，风速不超过 0.2m/s，其他比赛时，风速不超过 0.5m/s。

④ 在满足上述要求下，要做到调节灵活，尽可能节省能量。

(2) 比赛大厅气流组织形式　体育馆属于高大空间建筑，要求室内气流速度场比较均匀。为适应上述要求，目前体育建筑比赛大厅的气流组织形式，常用的有上送下回、侧送下回、下送上回和分区送下回等几种方式。其送风口有喷口、散流器、旋流风口、百叶风口、诱导风口、条缝和孔板等，回风口有地面格栅、百叶风口等。由于室内游泳馆具有不同特点和要求，其气流组织形式将单独叙述。另外，体育建筑中其他的附属房间如休息厅、运动员休息室、训练室、工作人员室以及浴室厕所等，与一般公共建筑要求相同，这里不再赘述。送风方式如下。

① 上送方式送风　上送方式送风，常采用上送下回的气流形式，可采用散流器、旋流风口、喷口及条缝或孔板送风。风口一般设置在比赛厅上部的网架空间或吊顶内，回风口设在观众席座位台阶的侧壁上或其他墙壁侧面上，气流从上部送出，经比赛场或观众席后，由回风口回风，气流比较均匀，布置比较方便。由于大厅层高比较高，送风射程较远，应注意冬季送热风时的空调效果。目前，在有些体育馆设计中，普遍选用了旋流风口或喷口送风，使用效果比较好。

② 侧送方式送风　侧送方式送风有喷口侧送和百叶风口侧送风形式，喷口侧送可设单排喷口和双排风口，双排风口进行远程和近程侧送。百叶风口侧送可设计为向场中心送风或由场中心向四周侧送。回风形式有下回或侧回，下回适用于观众席，在观众席后的侧墙上水平向下倾送出，从观众席座位下台阶的侧壁上或后面的侧墙上回风，观众处于回风气流中，系统布置简单。

③ 下送方式送风　下送方式送风有座椅送风（椅背送风、椅角送风）和地面送风。常将送风口设在观众席座位台阶的侧壁上，回风口设在上部，送风先经过人流区，可以提高送、回风温差，冬夏送风效果都比较好，节约能量，非常适用于观众席的空调气流。

④ 分区送风　根据观众区和比赛区对空气调节要求的不同，亦可采用不同送风方式分区送风。

a. 观众区：喷口侧送；比赛场：局部孔板、条缝上送。

b. 观众区：旋流风口侧送；比赛场：旋流风口上送。

c. 观众区：上送；比赛场：上送。

上述气流形式各具特点，应根据不同建筑形式及比赛场馆要求选择，并应当考虑以下特点。

a. 观众席座位是阶梯形状，采用上送下回气流时，应考虑后排观众气流速度。

b. 观众席采用下送上回气流时，送风速度不应过大，并避免直接吹向人体。

c. 比赛大厅属于高大空间建筑，冬季送热风时，容易造成上、下温度梯度过大。另外，综合性场馆比赛项目类型多，要求不同，如比赛场内的风速要求。因此，场、馆的设计应以要求高的标准为准，或选用可调式风口。

(3) 喷口送风的气流组织计算　喷口送风时的送风温差宜取 8～12℃，送风口高度宜保持 6～10m。由于喷口送风出口风速高，气流射程长，与室内空气强烈掺混，能在室内形成较大的回流区，达到布置少量的风口即可满足气流均布的要求，同时具有风管布置简单，便于安装、经济等特点。

喷口送风喷流主要取决于盆口的位置和阿基米德数 Ar。喷口风速 v_0 的大小直接影响喷流的射程，也影响涡流区的大小。v_0 越大，射程就越远，涡流区越小。回流主要取决于喷流构造、建筑布置和回风口的位置。

喷口与水平方向有一倾角 α，向下为正，向上为负，如图 5.1 所示。通常送热风时下倾，α 大于 15°，送冷风时可取 $\alpha=0$，一般小于 15°。

① 射流轨迹计算公式

由于喷口送风的射程较长，一般又不贴顶布置，故射流弯曲在喷口送风计算中是不能忽视的。非等温射流中心线轨迹计算公式为：

$$y = x\tan\alpha \pm K_1 Ar\left(\frac{x}{\cos\alpha}\right)^3 \tag{5-1}$$

式中 K_1——系数，$K_1=\frac{0.42}{K}$，K 为比例常数，即射流的相对等速核心长度，对于圆喷口，在 $v_0>5\text{m/s}$，$d_0>150\text{mm}$ 时，$K=6.0\sim6.5$。对于边长比<40 的矩形风口，当 $v_0>5\text{m/s}$ 时，$K=5.3$ 左右。对于一般情况下，喷口送冷风时，$K_1=0.065$；

x——射流的射程，m；

y——射流轨迹中心距风口中心的垂直落差，m。

正负号在送冷风时取正，送热风时取负。

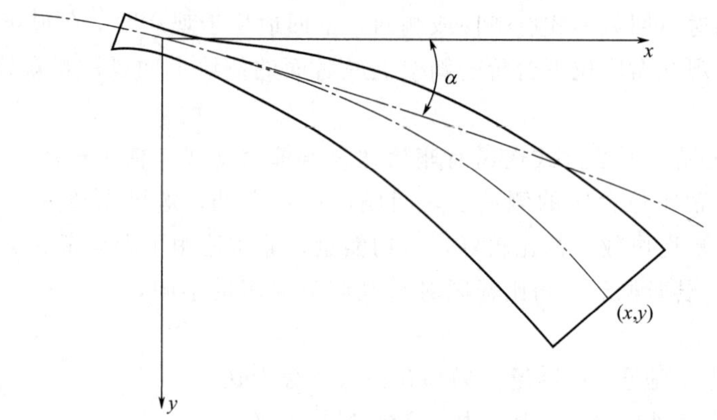

图 5.1 喷口侧送风轨迹

② 射流轴心风速与平均流速

$$\frac{v_x}{v_0}=\frac{K^3}{\frac{x}{d_0}}$$

工作区的平均风速可认为等于射流末端处的轴心速度 v_x 的一半，即 $0.5v_x$，以此可校核工作区的最大允许风速是否满足要求。

设计步骤：

① 定喷口直径 d_0 和喷口角度 α，d_0 一般在 0.2～0.8m 之间，一般冷射流时 $\alpha=0°\sim15°$，热射流时，$\alpha>15°$。

② 根据建筑尺寸，计算要求的射程及射流轨迹的落差，要求的射流轨迹落差应为喷口高度减去工作区高度。

③ 根据式（5-1）求出 Ar。

④ 由 Ar 的定义即 $Ar=\frac{gd_0\Delta t_0}{v_0^2 T_N}$，计算出 v_0。

⑤ 由 d_0，v_0 单个风口送风量 q_v/n 确定喷口个数 n。

计算并校核工作区风速是否满足要求。

5.4.5 室内游泳馆的空调设计要点

室内旅游馆一般是由标准游泳池（50m×21m），跳水池（23m× 21m）或标准水池和跳水台、池厅和观众厅组成。而观众席是按照使用要求建设的，可设有单面观众席和双面观众席两种。根据使用功能不同，游泳馆可分为娱乐性、训练性、比赛性和治疗性四类，每一类又可分为大、中、小三种。

所谓大型游泳馆，一般认为凡是具有一个标准池和跳水池，或不带跳水池，而在标准池一端设置多个跳水台，水池大厅面积在 2000m^2 以上，池厅高度在 15m 以上者，可称为大型游泳馆。这样的比赛性游泳馆，还设有单面或双面观众席，并具备进行游泳、跳水、水球等训练、比赛以及各种水上运动（如水上舞蹈表演）等功能，平时还可作为训练和群众性游泳活动场所使用。

(1) 游泳馆空调设计特点　室内游泳馆属于高大空间建筑，一般包括游泳池、观众席和附属用房。游泳池和观众席可统称为池厅。其主要特点如下。

① 热、湿负荷大，由于馆内空间大，特别是水池的池面有大量水汽蒸发，排除室内余湿和余热所需的空气量比一般建筑要多，因此热、湿负荷较大。

② 由于馆内一般采用顶部照明，又考虑要利用天然采光，玻璃面积较大，有时做成双层大玻璃窗或墙和透光屋顶，在冬季，除了热负荷较大外，还需防止围护结构表面结露的问题。

③ 池水要采用加液氯灭菌处理，含有氯气散发到空气中，当含量超过 1mg/kg 时，将对人体有害，而氯气与空气中水蒸气相遇，形成酸性气体，将对馆内金属制品有腐蚀作用。

④ 运动员活动的池区与观众区域，要求的空气参数不同。

⑤ 耗热量相当大，由于游泳池通风一般不能循环使用，池水也需定期更换，再加上淋浴废水耗热以及池水加热等耗热量，这是相当可观的，因此，要考虑废热回收与利用的问题。

根据游泳馆使用功能和特点，在采暖通风空调设计中，必须考虑下列几个问题。

① 正确选择和确定池水温度和池厅空气参数，它关系到运动员的舒适和比赛成绩。

② 空调系统和气流组织，特别是如何解决池区和观众区温差问题。

③ 如何防止围护结构内表面结露和金属构件腐蚀的问题。

④ 游泳馆的节能，主要是废热的回收与利用，包括通风排气和水的废热回收以及热量的综合利用。

(2) 池水温度和空气参数　对于室内游泳池而言，在考虑和确定空气参数时，应首先考虑游泳者的运动和舒适要求，在有观众席的情况下，也要兼顾到观众的舒适感。

众所周知，人体由于新陈代谢作用不断产生热量，所产生的热量除了满足人体必要的生理要求外，还必须通过对流、辐射和蒸发，不断地向体外散发，以保持人体热量的均衡，这样才使人们感到舒适。如果周围环境温度太高，使人体产生的热量不易散发，人们就会感到太热，如果周围温度太低，使人体产热量散发得太快，人们就会感到太冷。这不仅在空气中如此，在水中更是如此，因为人体对水的热转移系数比对空气要大得多，因而对水温的要求比对空气温度的要求也就更加严格。所以先确定水温，然后再确定空气温度。

游泳馆池厅的池水表面蒸发出大量水蒸气，室内除了保持一定的温度、相对湿度和气流速度外，还要求控制室内空气露点温度，以防止冬季室外空气温度低时建筑内表面结露。

游泳馆池厅的室内空调设计计算参数，是以游泳池池水温度为基准，一般室温高出水温 1～2℃。国际游泳池标准规定，池水温度为 26～28℃，空气含湿量小于 14g/kg，池区的空气流动速度要加以限制，一般在 0.2m/s 左右，这种限制的区域是指池区（包括游泳池和池边运动员活动区）在距地面 2.4m 以下的范围内，跳水区是指跳水运动员活动范围的空间内。观众厅主要是满足观众的舒适要求为准。冬季室内、外温差不宜过大。观众席区域内的空气温度和相对湿度在夏季与池区相同，而在冬季，空气温度为 20～24℃、相对湿度为 45%～60%，空气流动速度为 0.2～0.25m/s，各国采用的数据大致相同。例如，日本采用 20℃左右，德国慕尼黑奥林匹克游泳馆观众区为 26℃，我国大约为 22～24℃，综合有关资料，室内游泳馆空调设计计算参数推荐值见表 5.23。

表 5.23 室内游泳馆空调设计计算参数

项目	池水温度/℃	冬季室内温度/℃	冬季相对湿度/%	风速/(m/s)
比赛池	24～26	25～28	60～75	0.15～0.25
联系池	27～30	28～32	60～75	0.15～0.25
娱乐池	24～27	25～29	60～75	0.15～0.25
观众厅		20～24	45～60	0.2～0.25

（3）空调方式

① 通风量计算　室内游泳馆池厅蒸发出的水蒸气，在冬季主要是依靠室外低温、低湿空气以通风方式消除，观众厅为一般舒适性空调。池厅通风量的计算方法如下：

$$L=1000\frac{W}{d_n-d_w} \tag{5-2}$$

式中 L——通风量（即新风量），kg/h；

W——游泳池和地面散发的水蒸气，kg/h；

d_n——室内空气含湿量，g/kg；

d_w——室外空气设计计算含湿量，g/kg。

冬季空调室外计算参数含湿量很小，因此，含湿量所计算的通风量为最小新风量。在停止供暖前室外温度比较高，含湿量也比较大，以此参数作为计算通风量是比较合理的。

② 通风方式　游泳馆池厅，在冬季主要是以送热风为主的通风除湿方法，为了改善人的舒适感觉，可配合设置地板辐射采暖。

游泳馆池厅与观众厅的室内设计参数不一样，另外，它们的热、湿比值也不相同。因此，游泳池厅与观众厅应分别设置通风系统。根据游泳池厅的特点，气流组织以上送下回或侧送下回较好。也有提出下送下回的方案，可节省能量，但往往在设计布置送风口时会遇到困难，且送风量大，气流难免会吹向人体。

观众厅采用上送下回或侧送下回均可，也可考虑采用下送上回的形式，基本方法与室内体育馆相同。

游泳馆通风量比较大，一般采用组合式空调器处理空气，宜采用双风机系统（送风机和回风机）。室内排风通过回风机引入空调机房后排出，以保持游泳池厅内气流组织稳定，避免了厅内无组织排风对周围房间所造成的影响。

为了节约能量，新风量的调节应很灵活。根据室外空气参数的变化调节新、回风量的比例。有条件时应采用自动控制。

③ 游泳馆池厅新风量大，能耗也大。据统计，暖通空调系统耗热最约占冬季耗热量的一半左右。因此，热量回收是十分重要的。常用的热回收装置有板式热回收器、排管热回收装置和转轮式全热回收器等。

5.5 医疗建筑空调设计特点

医疗建筑中的使用功能十分复杂，暖通、空气调节及洁净室的设置按使用功能的要求区别很大，这些装置在患者的治疗及康复过程中，可起重要的辅助治疗作用。

5.5.1 医疗建筑空气调节的特点

医疗建筑的空调系统能控制室内的温度、湿度、气流、洁净度、压力差等各种参数，它不仅能给患者提供舒适的环境，而且已发展为治疗疾病、减少感染、降低死亡率的一种技术保障。洁净室的应用，在治疗白血病、烧伤等方面收到了可喜的效果。在洁净手术室中，由于降低了切口的感染率，收到了巨大的社会效益，也给患者减少了不少痛苦及可能发生的后遗症。所有这些，都与医学技术的进步与空调技术的发展分不开。

空调设备品种很多，只要按照医院各部门的使用要求，就可以组成各种功能不同的空调系统，而这些系统可以满足医疗、仪器、教学及科研的使用要求。由于医疗部门使用要求不同，设计空调系统前必须首先了解各部门、甚至各房间的要求，并应防止相互干扰及污染。空调系统特别是风道系统不宜过大，风道过大或过长，势必使用不够灵活，或者互相串通，难免互相干扰或污染，对有较高洁净要求的房间，最好设置独立系统，这样，房间内的尘、菌不会经风道相互渗透，使用上也方便。对于像手术室这样的部门，还应了解手术的全过程及医疗仪器的布置位置，以便更好地确定送、回风方式及风口布置位置。空调系统是耗能很多的建筑设备，因此应考虑尽量利用蒸汽或热水作为能源，少用电加热器等耗电量大的电器设备。小的系统不仅使用灵活方便，节省投资，而且也节约能源，但过于分散造成管理不便。较大型的集中控制能补充这方面的不足，但造价较高。

由于空调机房往往就近布置，其动力部分的噪声，将影响周围房间的使用，必须很仔细地解决好空气或固体的振动传递，做好消声、隔振措施。

至于空调系统的具体方式，随选用的设备不同而不同，它们与一般民用的空调系统方式没有太多差别，这里不再重复。对某些部门有特殊要求的系统，将在下面的内容中介绍。

5.5.2 医院空调设计的室内温、湿度

医院空调设计的室内温、湿度和换气次数可参考表 5.24。

5.5.3 空调系统及其选择与设计原则

比起其他建筑来，医院建筑各部门功能不同，对空调的要求不同，难于统一选择。因此空调系统复杂、方式繁多，在设计、施工和管理各方面难度大一些。医院空调设计原则可简介如下。

(1) 空调应分区合理　空调系统应慎重分区。首先针对医院各部门、各房间的功能，室内空调的设计参数、设备概况、卫生要求、使用时间（见表 5.25）、空调负荷等进行详细调查研究，反复比较，才能合理地将系统分区，以便能够确保各室要求的参数，减少不同区域间的不利影响，也便于管理与维护，降低运行费用。一般来说，高洁净要求或严重污染的房间，或者独立的并自成体系的区域等最好单独成为一个系统。

(2) 选择合适空调的方式　医院空调方式除了能确保各室特殊的温、湿度与洁净度外，还对系统的初投资、运行费用、室内噪声和振动、污染的排除能力等有很大的影响。空调方式的选择还特别强调其使用方便，维修量少，可靠性高，尤其是手术室、新生儿室、特别监护室等。这也是因为考虑到国内医院中空调管理和维修力量较弱的缘故，如空调系统或运行模式过于复杂，往往达不到应有的效果。

表 5.24 医院空调设计的室内温、湿度和换气次数

房间名称	夏季		冬季		换气次数/(次/h)	
	空气温度/℃	相对湿度/%	空气温度(换风)/℃	相对湿度(换风)/%	进风	换风
病房	26～27	40～50	22～23	40～45	每床 40m³	每床 40m³
诊室	26～27	40～50	21～22	40～45	1.5	2
候诊室	26～27	45～50	20～21	40～45	2	2
急诊手术室	23～26	55～60	24～26	55～60	—	—
手术室	23～26	55～60	24～26	55～60	—	—
ICU 特别监护室	23～26	55～60	24～26	50～55	—	—
恢复室	24～26	55～60	23～24	50～55	2	2
分娩室	24～26	55～60	23～24	50～55	6	5
婴儿室	26～27	55～60	25～27	55～60	—	—
中心供应	26～27	—	21～22	—	2	2
各种试验室	26～27	45～50	21～22	45～50	—	—
红外线分光器室	25	35	25	35	—	—
X 射线、放射线室	26～27	45～50	23～24	40～45	2	3
动物室	25～27	45～50	25～27	30～40	8～15	8～15
药房	26～27	45～50	21～22	40～45	1	1
药品储存	16	60 以下	16	60 以下	3	3
管理室	26～27	45～50	21～22	40～45	2	2

表 5.25 医院各科室通风空调运行时间

运行时间	科室名称
每日定时运行	门诊部(急诊除外)、诊疗中心、管理部门、洗衣房、厨房餐厅
全天连续运行	住院部、新生儿室、早产儿室、康复室、特别护理室
随时需要运行	手术室、紧急手术室、急救室、分娩室
夜间需要运行	值班室(医生、护士、药房、检查部门)
要求独立运行	检查室(细菌)、X 光室、同位素室、洁净病房、解剖室、太平间、动物房

(3) 系统应灵活并有备量 系统的灵活性主要表现在对医疗技术的变革和诊疗设备更新的适应能力。强调系统（包括冷、热源）灵活性并留有备量，在于适应医院建筑平面布置的更改、室内负荷变化，以及建筑的改建或扩建的需要。

(4) 系统的消声减振要求高 医院大多数的科室对消声减振要求高，否则会影响病人的康复，干扰医护人员正常的医疗工作，甚至影响一些精密的诊疗设备。消声减振问题需综合考虑，这要从系统分区、系统形式的选择、设备的选用、机房的设置等方面进行综合考虑。

(5) 系统要有节能对策 医院空调系统同时使用率较低，有的（如病房等）部门需要全天运行，有的（如手术室等）部门需要短时运行，有的（如紧急处置室等）部门需要随时运行，造成峰谷负荷相差较大。一些部门需要提前供热或供冷，延迟停止供热或供冷，造成系统季节转换的复杂性。一般来说，医院空调的新风需要量较大，一些科室需要全新风。这些都要求在系统设计时考虑相应的节能对策。

(6) 系统大小应适宜 医院建筑各个科室功能差异很大，运行时间也各不相同。因此空调系统不宜过大、过于集中，但也不必过多采用分散式系统。一般宜用集中给冷热源，分区布置系统为佳。国内医院除病房等外，晚间都停止空调。要注意各空调区域能互相封闭的原则，否则很容易通过管道或区间无组织的空气流动，引起交叉感染。

医院建筑各部门各科室空调系统的特点以及设计注意事项见表 5.26。

表 5.26 医院各部门的空调要求

部门	室名		考虑因素					空调系统设计注意事项	空调系统特点
			热	湿	臭气	有害气	菌、尘		
住院部	病房	一般病房	/	/	○	/	○	不同疾病不同温、湿度要求，要有臭气对策	①系统变更少 ②许多场所要全天运行 ③即使有的场所是定时运行，其运行时间也长 ④要从病人长期住院的角度，考虑温、湿度，气流，洁净度，噪声和除臭
住院部	病房	隔离病房	/	/	○	/	○	设单独排风并进行特殊处理	
住院部	病房	放射治疗室	/	/	○	○	/	注意排风，梅雨季节防结露	
住院部	病房	特别护理室	/	/	/	/	○	湿度要求偏高（55%～60%）	
住院部	病房	洁净病房	○	/	/	/	○	注意风机发热和噪声	
门诊部	各科室	诊疗室	/	/	/	/	○	保持所需温、湿度，设防霉排风	①建筑平面、设备变更较多、系统有相应的灵活性 ②与诊疗部相比、系统规模较小 ③会出现内部负荷、特殊负荷 ④系统中会有特殊排风 ⑤系统定时运行
门诊部	各科室	隔离观察室	/	/	/	/	○	设专用排风，室内保持负压	
门诊部	各科室	内诊室	/	/	/	○	/	室温可以调节，要有臭气对策	
门诊部	各科室	候诊大厅	○	/	/	/	○	换气量大，室外渗透风多，注意空气流向	
诊疗室	手术室	一般手术室	/	/	/	○	○	室内温、湿度可以调节	①建筑平面、设备变更多，要求系统具有更大的灵活性 ②出现内部负荷、特殊负荷，冬季可能出现供冷区域 ③有特殊的温、湿度和洁净要求 ④系统有特殊的送、排风要求以及排风处理要求 ⑤独立的空调系统较多 ⑥一般都定时运行
诊疗室	手术室		/	/	/	○	○	最好单独成为一个系统	
诊疗室	手术室	洁净手术室	○	/	/	○	○	注意风机发热和噪声	
诊疗室	材料消毒	污衣、物室	/	/	○	/	○	菌尘量大，设局部排风的紫外线消毒装置	
诊疗室	材料消毒	洗衣室	○	○	/	/	/	发热发湿量大，有相对排风对策	
诊疗室	材料消毒	已消毒室	○	/	/	/	○	热辐射量大，有相应对策，室内保持正压	
诊疗室	放射线	普通X光	/	/	○	/	/	室温可以调节，注意防止镜头结露	
诊疗室	放射线	CT机室	○	/	○	/	/	单独设置一个系统，保持所需的温、湿度	
诊疗室	放射线	60Co放射	/	/	○	○	/	室温可以调节，患部局部排风	
诊疗室	理疗	电疗	○	/	/	/	○	设局部排风	
诊疗室	理疗	水疗	/	○	/	/	/	最好采用辐射采暖，湿气排风	
诊疗室	理疗	康复	/	/	/	/	/	采用辐射采暖	
诊疗室	药局	制剂	○	○	/	/	/	符合 GMP 要求	
诊疗室	药局	调剂	/	/	/	/	○	高压釜和蒸馏水发热量大	
诊疗室	药局	药品库	/	/	/	○	/	有温、湿度要求，注意危险品的通风	
	急救室		/	/	/	/	/	最好采用独立的机组	

注：○为主要排除物质；/为无此类污染或非主要排出污染物质。

5.5.4 医院内几种生物洁净病房

随着医疗设施的不断完善，除建立洁净手术室外，对于某些不能采用开放性治疗的疾病，已开始建立各类无菌病房，并已摸索出一套管理办法，使感染率大为降低，缩短了治疗周期。国外在现代化医院内，生物洁净病房已经扩展到各类护理室，如危重病人护理室(ICU)，心血管病人护理室（CCU），早产儿护理室（NICU），呼吸道疾病护理室(RRCU)，配制高卡路里输液（IVH)、敷料室等各种场合，各种护理室采用不同的洁净等级标准，护理病室的洁净等级一般在1万～10万级。

(1) 白血病房　白血病的临床表现分为两种，急性白血病主要表现在骨髓增生极度活跃或明显活跃，原始白细胞增多超过10%，或原始早幼粒细胞超过30%，周围血白细胞计数超过15000时，可见不成熟白细胞，慢性白血病白细胞计数可达百万以上，分类以中、晚幼粒细胞居多。可见白血病为白细胞不成熟，导致对疾病缺乏抵抗力。当前主要通过化学疗法或通过骨髓移植的治疗方法，由于化学疗法使患者几乎完全丧失对疾病的抵抗能力，因此，只有在无菌环境中治疗，才能防止感染其他疾病。上海新华医院总结了我国的经验且行之有效：首先对病室用福尔马林消毒并封闭二天熏蒸，经通风1～2天后，再用1%洗必泰擦洗全室，以后每天还应用消毒液擦洗，此外，患者在入室前对体外表各部位进行擦洗消毒，并剃头发及剪指甲；对体内要口服肠道不吸收的抗菌素，进无菌饮食，入室用品均应经消毒灭菌处理。室内可保持舒适空调的环境，一般可控制室内温度（24±2)℃，风速保持0.15～0.3m/s，白天和晚上睡眠时保持不同的风速，相对湿度60%以下，洁净度为100级。对于白血病房，应使送入的最洁净空气首先到达患者的头部，使口鼻的呼吸区在送风侧，所以采用水平层流较好。

(2) 烧伤病房　对于大面积深度烧伤的患者多采用开放治疗（暴露疗法)，但冬季要有保温条件，室温可在28～34℃，亦可采用热风器经粗孔泡沫床垫吹干背侧受压创面，热风温度为35～40℃。烧伤病区各部温、湿度见表5.27。

表5.27　烧伤病区各部温、湿度

部　位	冬　季		夏　季	
	温度/℃	相对湿度/%	温度/℃	相对湿度/%
病区周围的走廊	20	55	26	55
一般病房	24	55	24	55
急症室、手术室、浴室	24	55	24	55
更衣室、服务室	20	55	24	55
重病者病房	28		28	

据国内某医院烧伤隔离小室进行的细菌浓度测定表明，采用垂直层流对开放治疗有明显的优越性，护理室尺寸为2.4m×1.8m×2.1m，其侧壁可倾斜移动，使靠近床边。侧壁两侧各有三个活动窗口以便进行护理操作，送风量为3000m^3/h，新风量约占30%，换气次数约300次/h，送风经高效过滤器及送风阻尼层垂直送下，经两侧下部回风口排至外面回廊，层流速度0.2m/s。

(3) 呼吸器官病房　呼吸器官疾病的专用病房国内很少见到，这方面的资料也少，但这种疾病对室内的温、湿度比较敏感，因此对室内的环境应予以控制。如果创造一个良好的环境，可减少对患者的刺激，病人痛苦少。由于患者生活上均能自理，出入病房的医护人员较少，对病房的无菌管理较易实现，其室内温度控制在23～30℃之间，相对湿度40%～60%，各病房可自行调节，洁净度控制在100～1000级范围，噪声小于45dB（A），人员进入病房应经过更衣、吹淋等人身净化，病房内保持正压。

5.5.5 洁净手术部空调设计要点

外科是综合性医院的重要医疗部门，而手术部则是外科必不可少的重要治疗部门。随着近代医学及其器械装备的发展，手术治疗有了重大进展，具体表现在提高了手术的成功率及降低了术后感染率，特别反映在深部手术如心脏、关节置换，脏器移植等方面更有新的成就。而洁净手术部的出现，突出反映了近代医疗建筑与洁净空调技术的结合，是现代科学的成功，也是医疗建筑现代化的重要标志。它对于防止手术交叉感染，提高手术成功率，防止术后后遗症，起了重要保证作用，同时又改善了医护人员的工作环境和病员的治疗环境，在我国，它是一门全新的现代化的建筑技术。

（1）洁净手术室的空调系统　洁净手术室的空调系统实质上是属舒适空调系统，虽然手术室的温、湿度有一定要求，但最终还是针对人而言，它不像工业生产那样，由于生产物件的加工精度要受到温、湿度影响，但洁净室的一个特点是为了尽快将污染粒子排出室外，需要有较大的送回风量，所以其送回风的温差较普通空调系统为小。随着洁净等级的不同，其一次投资及运行费用差别也大。此外，为了保持室内的正压值，所需的新风量也要大些，如手术室采用平开门，其漏风量较大，通用的空调机就超过了规定的15%的新风负荷，就应考虑增设一台空气预处理机，以降低空调机的负荷。由于具体情况各不相同，设计时应按具体条件选用经济可靠的方案。由于手术室需要排除消毒及麻醉气体，过渡季仍应使用空调系统。对于改造原有空调系统，当原有系统风量不能满足净化要求时，可增加循环风量，也可以利用原有的风机盘管冷热源改造成洁净护理间；或者是由净化单元机组组成的水平层流区域，由层流罩组成垂直层流区域。这些空调方案，大大简化，不论是一次投资，或经常运行费用均较低，同样可以达到较高的净化级别，但在维持室内正压值、室内噪声、有效面积的使用等方面均要仔细考虑。净化单元机组、层流罩等均利用了风压高、风量大、效率较高的小风机作为送风动力设备，其噪声在60dB左右。当用在例如护理间等场合时，最好再采取一些消声措施，以保持室内的安静度。

（2）手术室的温、湿度确定　空调系统控制的温、湿度，在一般建筑物中主要决定于人的舒适感或生产成品过程中产品工艺要求，但手术室中的温、湿度，应该考虑切口的感染率及切口的愈合率，同时也考虑到病人、医护人员的舒适感。

在早期有空调系统的手术室，一般室温为25～30℃，并保持正压值，但现代洁净手术室仅把室温看成是使人舒适是很不够的，而必须同时考虑到有利于切口愈合、控制细菌繁殖等因素。在医院中，一般科室的温度为18～27℃，相对湿度在40%～60%左右，各国对于手术室的温度要求不尽一致，美国《供暖制冷空调工程师学会（ASHRAE）手册》建议为20～24.4℃，美国公共卫生局规定为22.2～24.4℃、ϕ 为55%左右；日本井上宇市教授建议为22～24℃；英国为20～21.1℃；法国为20℃；东北欧为20～22.2℃；中欧为22～25℃；瑞士为17.8～26.1℃；ϕ 为50%～70%；德国DIN规定为 ϕ 为60%～65%。从这些资料可看出，有些国家把室温定得较低，但要注意到除了多耗能量外，病人在手术中全身皮肤裸露，消毒剂吸收病人皮肤热量迅速蒸发，室温过低，病人易出现机体障碍性症状。

据美国 A. A. 非尔特（A. A Field）介绍，除非手术时间很短，否则几乎对所有病人在室温小于 21.1℃时，都能发生低温机能性障碍，当手术时间越过 1h，室温在 21.1～23.9℃范围内时，有 1/3 病人会发生低温障碍。另一方面，室温又不希望定得过高，病人皮肤消毒后，应控制其排汗量到最低程度，以免汗液增多，随汗液排出的尘菌污染消毒过的皮肤；对医生来说，手术时，长时间处于非常紧张的状态，一个中型手术往往要连续工作 3～5h，为动作方便，又不能多穿衣服，同时，医生的排汗也应控制到最小限度，因此需要较低的室温。考虑到这两方面的原因，把手术室的室温定为 23～25℃较为合适，考虑到各个医生对环境适应力的不同，室温在一定范围内应是可调的。至于相对湿度，普遍认为湿度过高，人会感到气闷，排汗增加，器械易锈蚀，有些细菌生长很快，如葡萄球菌在中湿度大于 65%时能很快繁殖；但湿度过低，切口的水分散发过快，切口干燥不易愈合，皮肤易干燥而起皮屑，而皮屑中带有大量细菌，静电不易消除，对另外一些细菌如肺炎球菌，在相对湿度为 20%时繁殖很快，因此一般相对湿度控制在 45%～60%较适宜。

（3）洁净手术室的空气流速　一个普通空调系统的送风量，是由其所担负的热、湿负荷来决定的，送风量一定时，其送风空气流速也就一定。但在层流洁净手术室中，其送风量及由此决定的送风速度，并不像一般的空调系统那样由热、湿负荷来决定，而仅与热、湿负荷有关。它也不像一般排气系统那样，空调系统需要补充大量新风。按照手术室外科学的观点，空调系统同时必须为提高手术的成功率、减少切口污染、有利切口愈合为目的，为此，其送风空气流速应首先满足能够把室内所产生的尘菌很快地排出手术室。或者说，应使尘菌在水平层流或垂直层流中很快飘移出手术区，不使沉降在切口内，以保证手术区的净化程度。各种测定及建议值归纳出合适的送风速度，水平层流最大送风速度可采用 0.4～0.5m/s，而垂直层流的送风速度可采用 0.3～0.35m/s。由于具体情况不同及末端过滤器阻力变化，风机最好能采用可调转速的电机带动，以适应上述情况变化，同时也可稳定层流气流的抗干扰能力。除了在高级别的洁净手术室中采用层流系统外，对于较低级别的洁净手术室，可以采用乱流型式的送风系统，同样可以达到某些手术的洁净要求。所谓乱流洁净室，就是将经过过滤器后的洁净空气，由若干个送风口送入室内，这几股洁净空气迅速向四周同时扩散，与室内空气同时进行混合，并把室内空气从回风口排出室外，洁净空气稀释着室内污染空气，而把本来尘菌浓度较高的室内空气中的微粒冲淡，最后达到尘菌数量稳定。基于这样的原理，所以，希望送入的空气能迅速扩散，这样效果就愈好。乱流不能像层流那样按整个房间的面积来覆盖整个室内工作面，但作为手术室，其工作面仅手术台上一块局部面积，因此，又不能和普通工业洁净室那样有较多的单个工作面。针对手术室这一特点，在实际工程中，出现了多种乱流的送风形式，因为其出发点是应该将洁净空气以最短的距离达到切口附近，这样，洁净空气被污染的机会最少，能起到最好的保护作用。乱流送风系统的稀释程度，在一定范围内与室内换气次数成正比，为达到稀释空气中含的尘菌浓度的作用，乱流洁净室换气次数不应小于 15 次/h。

（4）洁净手术室的空调方式　手术室空调多采用全空气集中式单风道系统，洁净手术室空调的特点是为了尽快将污染粒子排出室外，需要有较大的送回风量，所以其送回风的焓差较普通空调系统为小。随着洁净等级的不同其一次投资及运行费用差别也大。此外，为了保持室内的正压值，所需的新风量也要大些。如手术室采用平开门，其漏风量较大，通用的空调机就超过了规定的 15%的新风负荷，就应考虑增设一台空气预处理机以降低空调机的负荷。由于具体情况各不相同，设计时应按具体条件选用经济可靠的方案。

5.5.6 医院排风系统的设计

（1）医院排风系统的作用　医院中许多房间均需设置通风排气系统，目的是为了排除这些部门产生的臭味、粉尘、有害气体、余热及散发出来的致病菌，例如产生蒸汽及余热的部门有洗衣房、厨房、制剂房等场所；产生臭味的部门有放射科、蜡疗及配制室等；产生粉尘的部门有牙科模型室等。医院门诊部大厅、往往布置成挂号、取药、付费结账等集中又向各科室分散的中心，这儿有大量患者在此集散，各种疾病所散发出来的致病菌，也在这里传播，门诊部大厅设置通风系统，集中排除细菌，可防止细菌扩散；排除人员余热；送入新鲜空气，排除 CO_2，这是近代医院中提高卫生条件的重大措施。医院各部门需注意排出的有害物，见表 5.26。

对排除有害气体时的进风，一般采用初效过滤器即可。然而，对有组织的排风系统的气体净化往往被忽视，进而污染了室外空气环境，最终仍将影响到室内环境，对改善室内环境不利，对于排出气体采用何种处理方式，应根据环保要求的标准妥善加以解决。

（2）医院排风的方式　医院中机械送、排风方式可分为以下三种类型。

① 机械送风及机械排风。可以有较好的气流组织形式，室内可满足正压或负压的要求，效果较好，但造价及运行费用也较高，适用于卫生标准较高的场所。

② 机械送风无组织排风。室内可满足正压的要求，不能产生负压，这就势必造成室内的污染源向压力低的场所流动，并且不能控制其流动的方向。这种方式只能用于污染并不严重的部门，需特别注意其送风口不能设置在污染严重的房间或部门。

③ 机械排风自然进风。由于排风是有组织的系统，可以基本达到规定的气流流向，使产生污染源的房间形成负压，防止污染扩散，所以这类系统使用的场所较多。由于进风处于无组织状态，进风的空气质量无法保证，所以应该很好保护外环境的清洁。其空气排出口应很好地选择，一般都向高空排放，但应注意周围是否建有高层建筑物，特别需注意排出口应在下风向处。如设置为集中进风口，应对进风口的外环境加以特别保护。

一个良好、舒适、清洁的环境仅是空调的目的，也是现代医疗的一个不可缺少的部分。医院建筑的现代化，必将使医院空调担负起更重的责任、更新的使命，空调也一定会为医疗事业作出更大的贡献。

5.6 空调工程应用实例

5.6.1 空调工程应用实例 1

上海某国际展览中心建筑面积 18000m^2，有上、下两层。其中底层层高 9.5m，二层层高 6.5m。

空调送风系统采用喷口送风系统，由于展厅面积很大，对其内部空间的使用有可能只使用一部分，要求系统有一定灵活性以利节能，因此在两侧（7m 跨）夹层内设空调机房，布置若干台空调器。底层以 10m 跨为一单元，每跨设置喷口（二层因受层高限制，采用风管顶送）。计算结果：每 10m 跨内设喷口 7 个，喷口直径 350mm，喷口风速 7.4m/s，喷口射程 23m。空调排风系统：排风口设在夹层走道平顶上，室外排风口安排在建筑挑出部分，与新风口处于同一直线上。

5.6.2 空调工程应用实例 2

上海某剧院总建筑面积 65000m^2，其中空调总面积 35000m^2，总高度 40m，地下 2 层，主体 6 层，拱顶 2 层。内设三个剧场：大剧场 1800 座，中剧场 550 座，小剧场 250 座。

除一般辅助用房外，厅堂大空间一律采用全空气低风速集中式空调方式。观众厅的气流组织采用地板下静压室送风的下送风方式，用与座椅结合的多孔圆柱椅角送风，每座送风量 50～55m^3/h，夏季送风温度为 19～20℃，足踝处风速为 0.1～0.15m/s。观众厅两侧包厢采用上送下回的气流组织方式。

主舞台和侧舞台共用一套空调系统。侧舞台为散流器下送风方式，主舞台根据剧场需要既可下送风也可侧送风。一小部分回风自舞台缝隙下部排出，大部分回风在上部高处进入回风管道。

空调冷热源：大剧院夏季总冷负荷为 8523kW；冬季总热负荷为 4628kW。冷源选用三台 600RT 型离心式冷水机组，每台制冷量为 2110kW，一台 300RT 型离心式冷水机组，制冷量为 1055kW。热源选用一台产热量 3488kW 的热水锅炉，冬季为空调系统提供 60℃/50℃热水。

制冷机房、锅炉房、冷却塔均位于拱顶 33.9m 处，水泵房位于拱顶 29.9m 处。

5.6.3 空调工程应用实例 3

浙江省某会议建筑面积 58500m^2，其中地上 43400m^2，地下 15100m^2。主体建筑分南楼、中楼、北楼三部分。南楼为东门厅、主会场、化妆室、电影厅、餐饮包厢；中楼为中门厅、国际会议厅、视听室、贵宾休息厅、宴会厅；北楼为北门厅、会议厅、地方厅、办公管理用房；地下层为展厅、车库及设备用房。

主会场总座位 2186 个，其中池座 1043 个，二层楼座 628 个，三层楼座 515 个，观众座位高差达 15m 左右，空间气流组织的设计采用座椅下送风方式，将新鲜清洁的空气直接送入人体活动区，既保证了最高的空气品质，有利于缩小观众区竖向温差，又可以达到节能的效果。

主门厅是一个面积达 1700 m^2，高度近 20m 的中厅式高大空间，空调送风采用自动喷流型风口侧送方式。为避免冬季时主门厅在垂直方向出现过大的温度梯度，在主门厅设计了低温热水地板辐射采暖系统。

会议厅、宴会厅等高大空间，空调送风结合建筑装饰采用变流态送风口，夏季送冷风时为散流流态，冬季送热风时为喷口流态顶送。地方会议厅、接见厅、休息廊等空调送风采用散流器顶送。

观众厅、国际会议厅、宴会厅、接见厅、视听室等大空间部分空调设计为全空气集中空调系统。机组采用分段组装式（含冷却段、加热段、加湿段、过滤段等）。

主门厅、中门厅、北门厅、交谊厅、休息厅等大空间部分空调设计为全空气集中空调系统。机组采用分段组装式（含冷却段、加热段、过滤段等）。

北楼东侧地方会议厅空调分别设计为全空气集中空调系统。机组采用吊挂式空调箱。

北楼西侧地方会议厅、办公等采用风机盘管加新风的空调方式。

中楼休息室、南楼化妆室、包厢等采用风机盘管加新风的空调方式。

地下室变配电房因发热量较大，通风条件差，除机械通风系统外，另设有独立的 VRV

空调系统降温除湿。

国际会议厅的放映室、同声传译室和消防控制中心、弱电机房采用独立的 VRV 空调系统。空调总冷负荷约 7800kW，总热负荷约 5000kW。空调冷源选用 2290kW 离心式冷水机组 3 台，1200kW 螺杆式冷水机组 1 台，设于地下室冷冻机房。冷冻水出水温度 6℃，回水温度 12℃。空调热源由城市热力管网提供，经设在地下室冷冻机房内的三台水-水板式热交换器将热量转换到空调系统。热水系统由 3 台全自动热交换机组和空调箱、风机盘管组成。热水供水温度 60℃，回水温度 50℃。冷却塔设于南楼六层屋面隐蔽漏空处。冷却水进出水温度 32～37℃。空调冷水热水设计为四管制机械循环系统，以解决大面积内区的全年空调问题，较好地控制室内相对湿度。

各章习题

第 1 章

1. 简述暖通空调工程设计包括哪些阶段？各阶段主要有哪些设计内容？

2. 暖通空调工程施工图设计中常见有哪些问题？

3. 暖通空调工程流程图和系统图有哪些不同？哪些场合下使用？

4. 暖通空调工程平面图和系统图表达内容有哪些不同？

5. 如何正确布置暖通空调工程管道和设备及标注尺寸？

6. 我国暖通空调设计常用设计规范有哪些？

第 2 章

1. 我国高层建筑如何划分？高层建筑供暖与多层建筑供暖相比有何特点？

2. 高层建筑竖向分区供暖系统种类与特点有哪些？

3. 简述供暖用户与热水网路直接连接特点、使用场合，并说出直接连接有哪些连接方式及其特点？

4. 热力站设计中应注意哪些问题？

5. 一供热小区热负荷 3000kW，热力站选用顺流换热器的传热系数 4000W/(m^2 · K)，垢系数为 0.75，网路供回水温度为 110℃/70℃，供暖用户的设计供回水温度为 70℃/50℃，试计算所需换热器的换热面积？

6. 一设有混合水泵的直接连接热水供暖系统，已知网路设计供回水温度为 130℃/70℃，供暖用户的设计供回水温度为 95℃/70℃，网路的供水量为 130t/h，问需从网路回水中抽引的水量为多少？

第 3 章

1. 空调系统中冷冻水泵、热水泵、冷却水泵扬程各由哪几部分组成？

2. 空调风系统中防火、消声设计应注意哪些问题？

3. 空调冷热源选择应主要考虑哪些问题？

4. 如何选择风机盘管？选择风机盘管时应注意哪些问题？

5. 若一空调水系统设计管路阻力为 280kPa，冷水机组蒸发器阻力为 6m 水柱，空调末端装置阻力为 150kPa，考虑 10%的安全系数，问循环水泵的扬程为多少？

6. 一 VRV 系统中全热交换器，显热效率 70%，全热效率 65%，已知夏季室外空气干球温度为 33.2℃，湿球温度为 26.4℃（焓值 82.5kJ/kg）；室内设计温度为 25℃，相对湿度为 60%（焓值 55.8 kJ/kg）。试求经全热交换器处理后的新风送风状态点的参数。

7. 一压缩式冷水机组，制冷量为 5000kW，估算冷却水量为多少？应选配冷却水泵流量为多少？

第 4 章

1. 防火排烟设计意义是什么？

2. 如何进行防火和防烟分区？

3. 高层建筑防火排烟方式有哪些？各有何不同特点？

4. 地下停车场、汽车库的排烟设计应注意哪些问题？

5. 如何正确选用防排烟类阀门？

6. 一机械排烟系统共为 A、B、C 三个房间服务，A 房间面积 $380m^2$，B 房间面积 $200m^2$，C 房间面积 $350m^2$，试确定系统总风量和每段管段的风量。

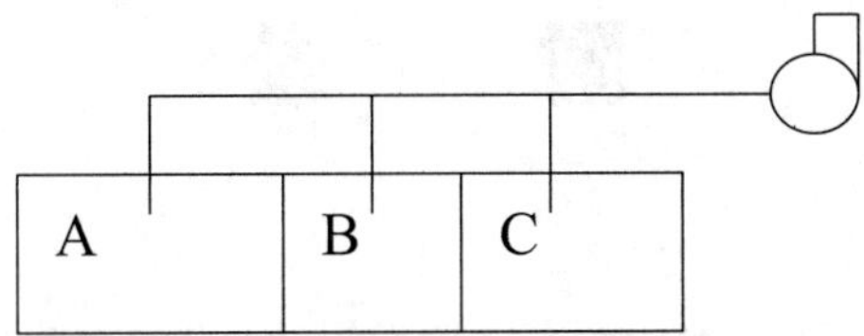

7. 一 22 层建筑防烟楼梯间前室的送风量如何计算？加压送风口的风量为多少？风口如何布置？

第 5 章

1. 旅馆建筑空调设计有哪些特点？
2. 商场空调设计有哪些特点？
3. 影剧院空调设计有哪些特点？
4. 体育建筑空调设计有哪些特点？
5. 医疗建筑空调设计有哪些特点？
6. 某大空间建筑长、宽、高为 21m×13m×9m，室温要求 $t_N=27℃$，房间显热冷负荷 $Q=7000W$，采用安装在 5m 高的圆形喷口水平送风，喷口湍流系数 $\alpha=0.07$，试进行集中送风设计计算。

附　　录

附录 1　BIM 简介

一、什么是 BIM

建筑信息模型（Building Information Modeling），简称 BIM。

建筑信息模型（BIM）是一种全新的建筑设计、施工、管理的方法，以三维数字技术为基础，将规划、设计、建造、营运等各阶段的数据资料，全部包含在 3D 模型之中，让建筑物整个生命周期中任何阶段的工作人员在使用该模型时，都能拥有精确完整的数据，并提升决策的效率与正确性。

建筑信息模型（BIM）以三维数字技术为基础，集成了建筑工程项目各种相关信息的工程数据模型，在各阶段，通过多维及多种方式的数据表达，创建明确信息，并把这些信息贯穿建筑生命周期，消除信息孤岛。信息数据之间适时关联，智能互动，避免信息流失。

建筑信息模型（BIM）通过数字信息仿真模拟建筑物所具有的真实信息。在这里，信息的内涵不仅仅是几何形状描述的视觉信息，还包含大量的非几何信息，如材料的耐火等级、材料的传热系数、构件的造价、采购信息等。

建筑信息模型（BIM）的技术核心是一个由计算机三维模型所形成的数据库，不仅包含了建筑师的设计信息，而且可以容纳从设计到建成使用，甚至是使用周期终结的全过程信息，并且各种信息始终是建立在一个三维模型数据库中。

建筑信息模型（BIM）可以持续即时地提供项目设计范围、进度以及成本信息，这些信息完整可靠并且相互协调。

建筑信息模型（BIM）能够在综合数字环境中保持信息不断更新并可提供访问，使建筑师、工程师、施工人员以及业主可以清楚全面地了解项目。这些信息在建筑设计、施工和管理的过程中能促使加快决策进度、提高决策质量，从而使项目质量提高，效益增加。

二、BIM 的主要特点

1. 可视化（visualization）

对于 BIM 来说，可视化是其中的一个固有特性，BIM 的工作过程和结果就是建筑物的实际形状（几何信息，三维的），加上构件的属性信息（例如门的宽度和高度）和规则信息（例如墙上的门窗移走了，墙就应该自然封闭）。

2. 协调性（coordination）

通过使用 BIM 技术，建立建筑物的 BIM 模型，可以完成的设计协调工作包括（但不限于）下述内容：

- 地下排水布置与其他设计布置之协调
- 不同类型车辆在停车场之行驶路径与其他设计布置及净空要求之协调

- 楼梯布置与其他设计布置及净空要求之协调
- 市政工程布置与其他设计布置及净空要求之协调
- 公共设备布置与私人空间之协调
- 竖井/管道间布置与净空要求之协调
- 设备房机电设备布置与维护及更换安装之协调
- 电梯井布置与其他设计布置及净空要求之协调
- 防火分区与其他设计布置之协调
- 排烟管道布置其他设计布置及净空要求之协调
- 房间门户与其他设计布置及净空要求之协调
- 主要设备及机电管道布置与其他设计布置及净空要求之协调
- 预制件布置与其他设计布置之协调
- 玻璃幕墙布置与其他设计布置之协调
- 住宅空调喉管及排水管布置与其他设计布置及净空要求之协调
- 排烟口布置其他设计布置及净空要求之协调
- 建筑、结构、设备平面图布置及楼层高度之检查及协调

3. 模拟性（simulation）

BIM的模拟是一种可视化效果。“设计-分析-模拟”一体化动态表达建筑物的实际状态，如设计有变化就对变化以后的设计进行不同专业的分析研究，同时把需要分析结果模拟出来，供业主对此进行决策。

目前基于BIM的模拟有以下几类。

a. 设计阶段：日照模拟、视线模拟、节能（绿色建筑）模拟、紧急疏散模拟、CFD模拟等；

b. 招投标和施工阶段：4D模拟（包括基于施工计划的宏观4D模拟和基于可建造性的微观4D模拟），5D模拟（与施工计划匹配的投资流动模拟）等；

c. 销售运营阶段：基于web的互动场景模拟，基于实际建筑物所有系统的培训和演练模拟（包括日常操作、紧急情况处置）等。

4. 优化性（optimization）

设计、施工、运营的过程是一个不断优化的过程，优化受信息、复杂程度、时间的制约，没有准确的信息做不出合理的优化结果，BIM模型提供了建筑物的实际存在（几何信息、物理信息、规则信息），包括变化以后的实际存在，在BIM的基础上可以更好地做优化。目前基于BIM的优化可以做下面的工作。

a. 项目方案优化：把项目设计和投资回报分析集成起来，设计变化对投资回报的影响可以实时计算出来。

b. 特殊（异型）设计优化：裙楼、幕墙、屋顶、大空间等异型设计，投资和施工难度比较大和施工问题比较多，对这些内容的设计施工方案进行优化，可以带来显著的工期和造价改进。

c. 限额设计：实现按照投资或造价的限额进行满足设计要求的设计。

三、BIM的应用

建筑信息模型（BIM）的应用不仅仅局限于设计阶段，而是贯穿于整个项目全生命周期

的各个阶段，BIM电子文件可在参与项目的各部门间共享。建筑设计专业可以直接生成三维实体模型；结构专业则可取其中墙材料强度及墙上孔洞大小进行计算；设备专业可以据此进行建筑能量分析、声学分析、光学分析等；施工单位则可取其墙上混凝土类型、配筋等信息进行水泥等材料的备料及下料；开发商则可取其中的造价、门窗类型、工程量等信息进行工程造价总预算、产品订货等；而物业单位也可以用之进行可视化物业管理。BIM在整个建筑各环节间不断完善，从而实现项目全生命周期的信息化管理。具体来看：

1. 设计阶段

建筑信息模型（BIM）使建筑师们抛弃了传统的二维图纸，不再苦于如何用传统的二维施工图来表达一个空间的三维复杂形态，从而极大地拓展了建筑师对建筑形态探索的可实施性。BIM让建筑设计从二维走向了三维，并走向了数字化建造，这是建筑设计方法的一次重大转型。一些特殊的、复杂的工程，用二维是表达不清楚的，例如2008年奥运会主体育场“鸟巢”，其外壳的巢型钢是曲线的，如果用二维图表达就非常困难。而使用基于建筑信息模型（BIM）的软件系统，就可以直观地看到“鸟巢”的三维模型，甚至可以使用这个模型通过计算机直接加工那些异型钢构件而实现无纸化建造。基于BIM的三维模型不同于通常效果图的所谓三维模型，而是包含了材料信息、工艺设备信息、进度及成本信息等，它是一个完整的建筑信息系统。

建筑信息模型（BIM）使建筑、结构、给排水、空调、电气等各个专业基于同一个模型进行工作，从而使真正意义上的三维集成协同设计成为可能。在二维图纸时代，各个设备专业的管道综合是一个繁琐费时的工作，做得不好甚至经常引起施工中的反复变更。而BIM将整个设计整合到一个共享的建筑信息模型中，结构与设备、设备与设备间的冲突会直观地显现出来，工程师们可在三维模型中随意查看，且能准确查看可能存在问题的地方，并及时调整自己的设计。

建筑信息模型（BIM）使得设计修改更容易。只要对项目做出更改，由此产生的所有结果都会在整个项目中自动协调，各个视图中的平、立、剖面图自动修改。建筑信息模型提供的自动协调更改功能可以消除协调错误，提高工作整体质量，使得设计团队创建关键项目交付文件（例如可视化文档和管理机构审批文档）更加省时省力，再也不会出现平、立、剖面不一致之类的错误。

2. 施工阶段

由于采用BIM技术使得在实际工程中使用的4D（3维的建筑信息模型+基于时间的施工管理）甚至5D（在4D的基础上再加上资金流动管理）施工管理技术成为可能。

建筑信息模型（BIM）在建筑生命周期的施工阶段，可以同步提供有关建筑质量、进度以及成本的信息。它可以方便地提供工程量清单、概预算、各阶段材料准备等施工过程中需要的信息，甚至可以帮助人们实现建筑构件的直接无纸化加工建造。利用建筑信息模型，可以实现整个施工周期的可视化模拟与可视化管理。帮助施工人员促进建筑的量化，以进行评估和工程估价，并生成最新评估与施工规划。施工人员可以迅速为业主制定展示场地使用情况或更新调整情况的规划，从而和业主进行沟通，将施工过程对业主的运营和人员的影响降到最低。建筑信息模型还能提高文档质量，改善施工规划，从而节省施工中在过程与管理问题上投入的时间与资金。最终结果就是，能将业主更多的施工资金投入到建筑，而不是行政和管理中。

3. 运营阶段

通过全真的建筑信息模型迅速定位到问题部位，即可迅速解决。

建筑信息模型（BIM）在建筑生命周期的运营管理阶段，可同步提供有关建筑使用情况或性能、入住人员与容量、建筑已用时间以及建筑财务方面的信息。建筑信息模型可提供数字更新记录，并改善搬迁规划与管理。它还促进了标准建筑模型对商业场地条件（例如零售业场地，这些场地需要在许多不同地点建造相似的建筑）的适应。有关建筑的物理信息（例如完工情况、承租人或部门分配、家具和设备库存）和关于可出租面积、租赁收入或部门成本分配的重要财务数据都更易于管理和使用。稳定访问这些类型的信息可以提高建筑运营过程中的收益与成本管理水平。2008 年北京奥运会的“奥运村空间规划及物资管理信息系统”即采用了以 BIM 建筑信息模型为基础的数据信息管理。设计师将奥运村空间规划及设施以三维图形方式处理并创建 BIM 建筑信息模型数据，在完成奥运村空间规划的同时，就自动产生与奥运村三维图形对应的奥运村物资、设施数据库，这确保了奥运村的资产管理、物流服务直观、准确、高效。该信息管理系统以 BIM 为基础，同时配合专业的协同作业软件，使得奥运村的空间规划、物流服务可以实现在线设计与管理。

附录 2　勘察设计注册公用设备工程师考试

一、考试条件

（一）凡中华人民共和国公民，遵守国家法律、法规，恪守职业道德，并具备相应专业教育和职业实践条件者，均可申请参加注册公用设备工程师执业资格考试。同时具备以下条件之一者，可申请参加基础考试：

1. 取得本专业或相近专业大学本科及以上学历或学位。

2. 取得本专业或相近专业大学专科学历，累计从事公用设备专业工程设计工作满 1 年。

3. 取得其他工科专业大学本科及以上学历或学位，累计从事公用设备专业工程设计工作满 1 年。

（二）基础考试合格，并具备以下条件之一者，可申请参加专业考试：

1. 取得本专业博士学位后，累计从事公用设备专业工程设计工作满 2 年；或取得相近专业博士学位后，累计从事公用设备专业工程设计工作满 3 年。

2. 取得本专业硕士学位后，累计从事公用设备专业工程设计工作满 3 年；或取得相近专业硕士学位后，累计从事公用设备专业工程设计工作满 4 年。

3. 取得含本专业在内的双学士学位或本专业研究生班毕业后，累计从事公用设备专业工程设计工作满 4 年；或取得相近专业双学士学位或研究生班毕业后，累计从事公用设备专业工程设计工作满 5 年。

4. 取得通过本专业教育评估的大学本科学历或学位后，累计从事公用设备专业工程设计工作满 4 年；或取得未通过本专业教育评估的大学本科学历或学位后，累计从事公用设备专业工程设计工作满 5 年；或取得相近专业大学本科学历或学位后，累计从事公用设备专业工程设计工作满 6 年。

5. 取得本专业大学专科学历后，累计从事公用设备专业工程设计工作满 6 年；或取得相近专业大学专科学历后，累计从事公用设备专业工程设计工作满 7 年。

6. 取得其他工科专业大学本科及以上学历或学位后，累计从事公用设备专业工程设计工作满 8 年。

（三）截止到 2002 年 12 月 31 日前，符合下列条件之一者，可免基础考试，只需参加专业考试：

1. 取得本专业博士学位后，累计从事公用设备专业工程设计工作满 5 年；或取得相近专业博士学位后，累计从事公用设备专业工程设计工作满 6 年。

2. 取得本专业硕士学位后，累计从事公用设备专业工程设计工作满 6 年；或取得相近专业硕士学位后，累计从事公用设备专业工程设计工作满 7 年。

3. 取得含本专业在内的双学士学位或本专业研究生班毕业后，累计从事公用设备专业工程设计工作满 7 年；或取得相近专业双学士学位或研究生班毕业后，累计从事公用设备专业工程设计工作满 8 年。

4. 取得本专业大学本科学历或学位后，累计从事公用设备专业工程设计工作满 8 年；或取得相近专业大学本科学历或学位后，累计从事公用设备专业工程设计工作满 9 年。

5. 取得本专业大学专科学历后，累计从事公用设备专业工程设计工作满 9 年；或取得相近专业大学专科学历后，累计从事公用设备专业工程设计工作满 10 年。

6. 取得其他工科专业大学本科及以上学历或学位后，累计从事公用设备专业工程设计工作满 12 年。

7. 取得其他工科专业大学专科学历后，累计从事公用设备专业工程设计工作满 15 年。

8. 取得本专业中专学历后，累计从事公用设备专业工程设计工作满 25 年；或取得相近专业中专学历后，累计从事公用设备专业工程设计工作满 30 年。

（四）报考条件中有关学历的要求是指国家教育行政主管部门承认的正规学历。以上报考条件中从事公用设备专业工程设计工作年限的截止日期为考试报名年度当年年底。

（五）经国务院有关部门同意，获准在中华人民共和国境内就业的外籍人员及港、澳、台地区的专业人员，符合《注册公用设备工程师执业资格制度暂行规定》和《注册公用设备工程师执业资格考试实施办法》的规定，也可按规定程序申请参加考试。

（六）报考人员应参照规定的报考条件，结合自身情况，自行确定是否符合报考条件，并经本人所在单位审核通过后，方可报名。凡不符合基础考试报考条件的人员，其考试成绩无效。专业考试成绩合格后，报考人员需持符合相关报考条件的证件（原件）进行资格审查，审查合格者方可获得相应执业资格证书。

二、时间和要求

（一）注册公用设备工程师执业资格考试实行全国统一大纲、统一命题的考试制度，原则上每年举行一次。

（二）考试分为基础考试和专业考试。参加基础考试合格并按规定完成职业实践年限者，方能报名参加专业考试。专业考试合格后，方可获得《中华人民共和国注册公用设备工程师执业资格证书》。

基础考试一天，分 2 个半天进行，各为 4 小时；专业考试二天，分专业知识和专业案例两部分内容，每部分内容均分 2 个半天进行，每个半天均为 3 小时。

基础考试分为公共基础和专业基础两部分，均为客观题，在答题卡上作答。专业考试分为专业知识考试和专业案例考试两部分，其中专业知识考试部分为客观题，在答题卡上作答；专业案例考试部分采取主、客观相结合的考试方法，即：要求考生在填涂答题卡的同时，在答题纸上写出计算过程。

三、注册

（一）取得《中华人民共和国注册公用设备工程师执业资格证书》者，可向所在省、自治区、直辖市勘察设计注册工程师管理委员会提出申请，由该委员会向公用设备专业委员会报送办理注册的有关材料。

（二）公用设备专业委员会向准予注册的申请人核发由建设部统一制作，全国勘察设计注册工程师管理委员会和公用设备专业委员会用印的《中华人民共和国注册公用设备工程师执业资格注册证书》和执业印章。申请人经注册后，方可在规定的业务范围内执业。

公用设备专业委员会应将准予注册的注册公用设备工程师名单报全国勘察设计注册工程师管理委员会备案。

（三）注册公用设备工程师执业资格注册有效期为 2 年。有效期满需继续执业的，应在期满前 30 日内办理再次注册手续。

（四）有下列情形之一的，不予注册：

1. 不具备完全民事行为能力的；

2. 在从事公用设备专业工程设计或相关业务中犯有错误，受到行政处罚或者撤职以上行政处分，自处罚、处分决定之日起至申请注册之日不满 2 年的；

3. 自受刑事处罚完毕之日起至申请注册之日不满 5 年的；

4. 国务院各有关部门规定的不予注册的其他情形。

（五）公用设备专业委员会依照本规定第十五条决定不予注册的，应自决定之日起 15 个工作日内书面通知申请人。如有异议，申请人可自收到通知之日起 15 个工作日内向全国勘察设计注册工程师管理委员会提出申诉。

（六）注册公用设备工程师注册后，有下列情形之一的，由公用设备专业委员会撤销其注册：

1. 不具备完全民事行为能力的；

2. 受刑事处罚的；

3. 在公用设备专业工程设计和相关业务中造成工程事故，受到行政处罚或者撤职以上行政处分的；

4. 经查实有与注册规定不符的；

5. 严重违反职业道德规范的。

（七）被撤销注册人员对撤销注册有异议的，可自接到撤销注册通知之日起 15 个工作日内向全国勘察设计注册工程师管理委员会提出申诉。

（八）被撤销注册的人员在处罚期满 5 年后可依照本规定重新申请注册。

四、执业

（一）注册公用设备工程师的执业范围：

1. 公用设备专业工程设计（含本专业环保工程）；

2. 公用设备专业工程技术咨询（含本专业环保工程）；

3. 公用设备专业工程设备招标、采购咨询；

4. 公用设备工程的项目管理业务；

5. 对本专业设计项目的施工进行指导和监督；

6. 国务院有关部门规定的其他业务。

（二）注册公用设备工程师只能受聘于一个具有工程设计资质的单位。

（三）注册公用设备工程师执业，由其所在单位接受委托并统一收费。

（四）因公用设备专业工程设计质量事故及相关业务造成的经济损失，接受委托单位应承担赔偿责任，并有权根据合约向签章的注册公用设备工程师追偿。

（五）注册公用设备工程师执业管理和处罚办法由住房和城乡建设部会同有关部门另行制定。

参考文献

[1] 贺平，孙刚编．供热工程．北京：中国建筑工业出版社，1993.

[2] 刘梦真，王宇清著．高层建筑采暖设计技术．北京：机械工业出版社，2004.

[3] 李援瑛主编．空气调节技术与应用．北京：机械工业出版社，2002.

[4] 愈炳丰主编．制冷与空调应用新技术．北京：化学工业出版社，2002.

[5] 刘旭，冯玉琪主编．实用空调技术精华．北京：人民邮电出版社，2001.

[6] 何耀东，何青主编．中央空调．北京：冶金工业出版社，2002.

[7] 陆亚俊，马最良，邹平华．暖通空调．北京：中国建筑工业出版社，2003.

[8] 中国建筑标准设计研究所编著．全国民用建筑工程设计技术措施．北京：中国计划出版社，2003.

[9] 宋孝春主编．建筑工程设计编制深度实例范本．北京：中国建筑工业出版社，2004.

[10] 李德英主编．建筑节能技术．北京：机械工业出版社，2006.

[11] 全国勘察设计注册工程师公用设备专业管理委员会秘书处．全国勘察设计注册工程师公用设备工程师暖通空调专业考试复习教材．北京：中国建筑工业出版社，2004.

[12] 杨昌智，刘光大，李念平编．暖通空调工程设计方法与系统分析．北京：中国建筑工业出版社，2001.

[13] 黄绪镜编著．百货商场空调设计．北京：建筑工业出版社，1992.

[14] 陆亚俊，马最良，邹平华编著．暖通空调．北京：中国建筑工业出版社，2005.

[15] 何耀东，何青编．旅馆建筑空调设计．北京：中国建筑工业出版社，1995.

[16] 李惠风，王鸿章编．影剧院空调设计．北京：中国建筑工业出版社，1991.

[17] 邹月琴，贺绮华编．体育建筑空调设计．北京：中国建筑工业出版社，1993.

[18] 北京建筑设计研究院体育建筑设计规范 JGJ—2003. 北京：中国建筑工业出版社，2003.

[19] 何耀东编．中央空调．北京：冶金工业出版社，2002.

[20] 梅自力编著．医疗建筑空调设计．北京：中国建筑工业出版社，1995.

[21] 黄翔，空调工程．北京，化学工业出版社，2006.